职业院校机电类专业中高职衔接系列教材(中职)

ABB工业机器人技术应用项目教程

主　编　周正鼎　沈　阳　周志文

副主编　贺志盈　柳　睿　毕红林　胡桂丽

参　编　徐　巍　龙　欣　梅　彪　段　璇

西安电子科技大学出版社

内 容 简 介

本书共八个项目，即工业机器人概述、ABB 工业机器人基本操作、ABB 工业机器人仿真软件的基本操作、ABB 工业机器人坐标系及初始运动指令、ABB 工业机器人程序的编写、ABB 工业机器人 I/O 口、ABB 工业机器人 RAPID 程序和 ABB 工业机器人技术典型应用。每个项目又划分为多个不同的任务，以便读者能够由浅入深地掌握每个项目的知识点。

本书内容翔实，有较强的实际应用指导价值，可作为中等职业学校机电技术应用工业机器人专业的教材，也可作为高等职业院校机电一体化专业的教材。

图书在版编目(CIP)数据

ABB 工业机器人技术应用项目教程/周正鼎，沈阳，周志文主编. —西安：西安电子科技大学出版社，2019.10(2025.1 重印)
ISBN 978–7–5606–5437–9

Ⅰ. ① A…　Ⅱ. ① 周…　② 沈…　③ 周…　Ⅲ. ① 工业机器人—职业教育—教材
Ⅳ. ① TP242.2

中国版本图书馆 CIP 数据核字(2019)第 179500 号

策　　划　秦志峰　杨丕勇
责任编辑　秦志峰
出版发行　西安电子科技大学出版社(西安市太白南路 2 号)
电　　话　(029)88202421　88201467　　　邮　　编　710071
网　　址　www.xduph.com　　　　　　　电子邮箱　xdupfxb001@163.com
经　　销　新华书店
印刷单位　咸阳华盛印务有限责任公司
版　　次　2019 年 8 月第 1 版　　2025 年 1 月第 3 次印刷
开　　本　787 毫米×1092 毫米　1/16　印　张　12.75
字　　数　297 千字
定　　价　33.00 元
ISBN 978-7-5606-5437-9

XDUP 5739001–3

职业院校机电类专业中高职衔接系列教材(中职)

编审专家委员会名单

前　言

随着“中国制造2025”战略规划的推进和制造业的转型升级，工业机器人作为智能制造的重要终端设备，在汽车、电子、食品、化工、装备制造等行业中得到广泛应用，促使社会迫切需要工业机器人研发、工业机器人方案设计与维修以及工业机器人调试、操作与维护等方面的高科技人才。为响应国家政策，配合产业发展，服务企业技术升级和转型，越来越多的职业院校开设了工业机器人技术应用及相关专业。

为加快职业技术教育改革的步伐，突出实践技能的培养，充分体现“做中学，做中教”的职业教学特色，探索技能人才的培养模式，近年来，职业教育战线广大教育工作者不断进行教学理念的研究和教学方法的改革。在充满活力的课堂上，教师不应再照搬那些关于教学方法的训诫与教条。教学方法既包括教师的教法，也包括学生在教师指导下的学法，是二者的有机结合。不同的教学内容特点各异，教师在教学中应根据教学内容的特点选取最合适、最实用的教学方法。因此，开发一套项目化、教学体系完整的工业机器人教材是十分必要的。

本书包括八个项目，主要内容有：工业机器人概述、ABB工业机器人基本操作、ABB工业机器人仿真软件的基本操作、ABB工业机器人坐标系及初始运动指令、ABB工业机器人程序的编写、ABB工业机器人I/O口、ABB工业机器人RAPID程序ABB工业机器人技术典型应用。每个项目又划分为不同的任务。这些项目概括了工业机器人系统构成、机器手动操作、机器人编程控制、机器人参数设定及程序管理等内容，由易到难，由浅入深，由基本理论知识到提高知识与技能训练。学生通过学习，可以基本掌握本课程的核心知识与技能，初步具备工业机器人现场编程能力以及有关的创新创业技能。

本书由周正鼎、沈阳、周志文主编。沈阳负责编写项目一，同时还负责全书的修改和统稿工作；周正鼎、周志文负责编写项目二；贺志盈负责编写项目三；柳睿、毕红林负责编写项目四；胡桂丽负责编写项目五；徐巍、龙欣负责编写项目六；梅彪负责编写项目七；段璇负责编写项目八。

由于编者水平有限，书中难免有疏漏和不妥之处，恳请广大读者批评指正。

编　者

2019年7月

目　录

项目一　工业机器人概述

任务 1　工业机器人的发展

➢ 任务目标

1. 了解工业机器人的发展历程。
2. 掌握工业机器人的定义和特点。
3. 了解工业机器人的现状及发展趋势。

1. 工业机器人的发展历程

1920 年捷克斯洛伐克作家卡雷尔·恰佩克在他的科幻小说《罗萨姆的机器人万能公司》中，根据 Robota(捷克文，原意为“劳役、苦工”)和 Robotnik(波兰文，原意为“工人”)创造出“机器人”这个词。

1939 年美国纽约世博会上展出了西屋电气公司制造的家用机器人 Elektro，它由电缆控制，可以行走，会说 77 个字，甚至可以抽烟，不过离真正干家务活还差得远，但它让人们对家用机器人的憧憬变得更加具体。

图 1-1-1

1954 年美国人乔治·德沃尔制造出世界上第一台可编程的机器人，并注册了专利。这种机器人能按照不同的程序从事不同的工作，因此具有通用性和灵活性。

1959 年德沃尔与美国发明家约瑟夫·英格伯格联手制造出第一台工业机器人，如图 1-1-1 所示。随后，他们成立了世界上第一家机器人制造工厂——Unimation 公司。由于英格伯格对工业机器人的研发和宣传，他被称为“工业机器人之父”。

1962 年至 1963 年，传感器的应用提高了机器人的可操作性。人们试着在机器人上安

装各种各样的传感器，包括 1961 年恩斯特采用的触觉传感器，托莫维奇和博尼 1962 年在世界上最早的“灵巧手”上使用了压力传感器，而麦卡锡 1963 年则开始在机器人中加入视觉传感系统，并在 1965 年帮助 MIT(麻省理工学院)推出了世界上第一个带有视觉传感器、能识别并定位积木的机器人系统。

1968 年美国斯坦福研究所公布了他们研发成功的世界上第一台智能机器人 Shakey。它带有视觉传感器，能根据人的指令发现并抓取积木，不过控制它的计算机有一个房间那么大。Shakey 可以算是世界上第一台智能机器人，它的出现拉开了第三代机器人研发的序幕。

1978 年美国 Unimation 公司推出通用工业机器人 PUMA，这标志着工业机器人技术已经完全成熟。PUMA 至今仍然工作在工厂第一线。

2002 年美国 iRobot 公司推出了吸尘器机器人 Roomba，它能避开障碍，自动设计行进路线，还能在电量不足时自动驶向充电座。Roomba 是目前世界上销量最大、最商业化的家用机器人。

2006 年 6 月，微软公司推出 Microsoft Robotics Studio，机器人模块化、平台统一化的趋势越来越明显，比尔·盖茨预言，家用机器人很快将席卷全球。

20 世纪 70 年代初期，我国科技人员从外文杂志上敏锐地捕捉到国外机器人研究的信息，开始自发地研究机器人。

20 世纪 80 年代中期，我国机器人的研发单位大大小小已有 200 多家，然而这些单位多半从事的是低水平、重复性的研究，直至 1985 年，我国机器人技术的发展才迎来了“春天”。1985 年，工业机器人被列入了国家“七五”科技攻关计划研究重点，目标锁定在工业机器人基础技术，基础器件开发，搬运、喷涂和焊接机器人的开发研究等五个方面。

从 20 世纪 90 年代初期起，在国家“863”计划支持下，我国工业机器人又在实践中迈进一大步，具有自主知识产权的点焊、弧焊、装配、喷漆、切割、搬运、包装码垛等七种工业机器人产品相继问世，还实施了 100 多项机器人应用工程，建立了 20 余个机器人产业化基地。

2. 机器人与工业机器人的定义及特点

机器人：是一种在计算机控制下的可编程的自动机器，根据所处的环境和作业需要，它具有至少一项或多项拟人功能，能执行某些操作或移动动作。

工业机器人：是一种面向工业领域的多关节机械手或多自由度的机器人。工业机器人是自动执行工作的机器装置，是靠自身动力和控制能力来实现各种功能的一种机器。它可以接受人类指挥，也可以按照预先编排的程序运行，现代的工业机器人还可以根据人工智能技术制定的规则行动。工业机器人是一种能自动定位，可重复编程的多功能、多自由度的操作机；它可以搬运材料、零件或夹持工具，用以完成各种作业；它由操作机(机械本体)、控制器、伺服驱动系统和检测传感装置构成，是一种仿人操作、自动控制、可重复编程、能在三维空间完成各种作业的机电一体化的自动化生产设备，特别适合于多品种、变批量的柔性生产；它对稳定和提高产品质量，提高生产效率，改善劳动条件和产品的快速更新换代起着十分重要的作用。

3. 工业机器人的应用领域及在我国的发展现状

1) 工业机器人的应用领域

工业机器人是集机械、电子、控制、计算机、传感器、人工智能等多学科先进技术于一体的现代制造业重要的自动化装备。在国外，工业机器人技术日趋成熟，已经成为一种标准设备而得到工业界的广泛应用，从而也形成了一批在国际上较有影响力的、知名工业机器人公司。

目前，国际上的工业机器人公司主要分为日系和欧系。日系中主要有三菱(如图 1-1-2 所示为三菱工业机器人)、FANUC、安川、OTC、松下、不二越、川崎等公司的产品。欧系中主要有德国的 KUKA、瑞士的 ABB、意大利的 COMAU 及奥地利的 IGM 公司。而国内主要机器人公司有沈阳新松、广州数控等。

工业机器人多作为自动工具应用于柔性制造系统(FMS)、工厂自动化(FA)、计算机集成制造系统(CIMS)中。如图 1-1-3 所示为以 ABB 工业机器人为平台的工厂自动化案例。

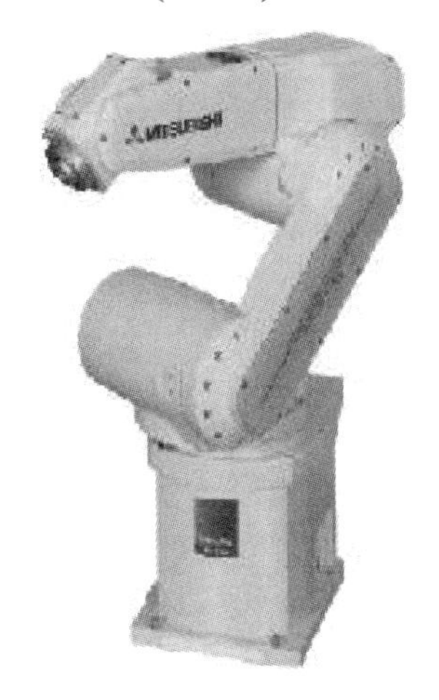

图 1-1-2

图 1-1-3

广泛采用工业机器人，不仅可提高产品的质量与产量，而且对保障人身安全、改善劳动环境、减轻劳动强度、提高劳动生产率、节约原材料消耗以及降低生产成本有着十分重要的意义。在制造业中，尤其是在汽车产业中，工业机器人得到了广泛的应用。如在毛坯制造、机械加工、焊接、热处理、表面涂覆、上下料、装配、检测及仓库堆垛等作业中，机器人都已逐步取代了人工作业。如图 1-1-4 所示为工业机器人应用在汽车车身焊接工作中。

随着工业机器人向更深更广方向的发展以及机器人智能化水平的提高，机器人的应用范围还在不断地扩大，已从汽车制造业推广到其他制造业，进而推广到机械加工行业、电子电气行业、橡胶及塑料工业、食品工业、木材与家具制造业等领域中。如图 1-1-5 所示为 ABB 工业机器人上下料应用场景，图 1-1-6 所示为 ABB 双臂工业机器人制造零件应用场景。

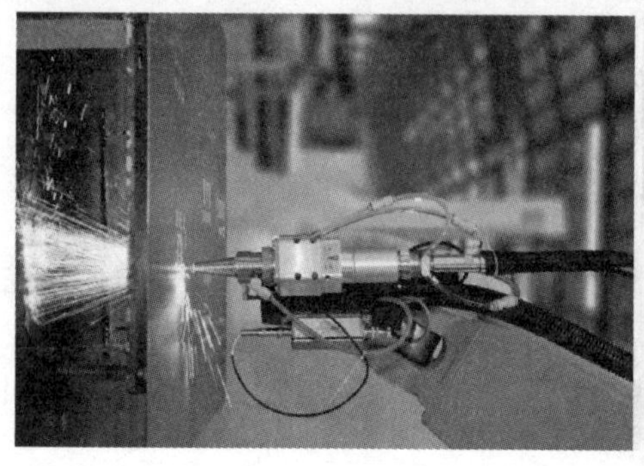

图 1-1-4

图 1-1-5

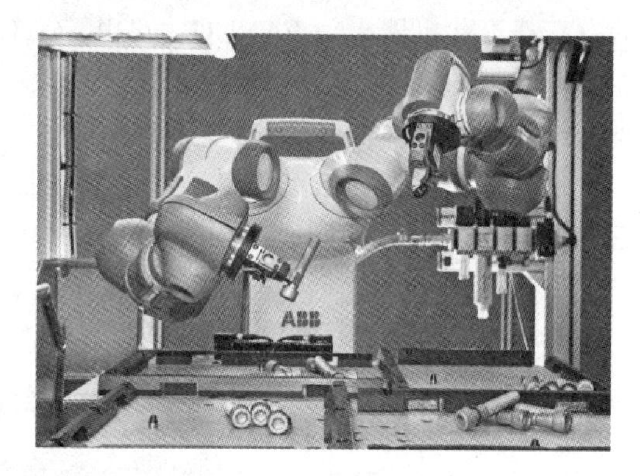

图 1-1-6

2) 工业机器人在我国的发展现状

我国发展机器人的历程一波三折。

20 世纪 70 年代末 80 年代初，在时任沈阳自动化所所长蒋新松教授的倡导和推动下，开始了中国第一次机器人研究学方面的探索和研究，在机器人控制算法和控制系统原理设计等方面取得了一定的突破。

1985 年，上海交通大学机器人研究所完成了“上海一号”弧焊机器人的研发，这是中国自主研制的第一台 6 自由度关节机器人。1988 年，上海交通大学机器人研究所完成了“上海三号”机器人的研制。

由于当时国内科研条件的限制，在多轴插补控制器、机器人关节减速机、驱动控制研究方面难以取得实质性的突破。同时，国内基本不具备支撑机器人产业化生产的条件。因此，这些研究只是作为前沿探索性的研究，并没有实现产业应用。20 世纪 80 到 90 年代，中国的国情是劳动力过剩，大量工人下岗，解决就业问题是政府的头等大事，发展自动化、使用机器人等时机未到。

2007 年 11 月，时任国家“十一五”“863”计划先进制造领域专家组组长的北京航空航天大学王田苗教授在北京召集国内机器人相关的研究机构、企业开会，讨论“中国到底要不要做机器人”，当时的意见很不统一，做数控系统研究的院所以及企业倾向于将机器人并入高端数控系统进行研究。

2008 年，中国“十一五”期间重启机器人产业化的第一个项目由哈尔滨工业大学和奇瑞汽车联合开发，由于西方国家高端多轴控制系统对华存在出口限制，这台机器人控制系统采用两块PMAC三轴运动控制卡通过PCI总线进行数据交互，实现六轴控制，由于控制实时性问题以及控制功能和安全性方面的诸多问题，开发工作并不顺利。2009年，第一台奇瑞机器人研制成功，并投入到奇瑞第三焊接车间进行点焊应用。

经过十多年的发展，中国的机器人产业已经初具规模，形成了一些优秀的国产机器人品牌。这一路走来，道路并不平坦。2014年以前，机器人厂家层出不穷，主要都处在本体技术攻关阶段。2014年以后，主要的机器人厂家都在产品推广方面遇到了问题。这是一个充满竞争的市场，国外的品牌已经成为市场上的绝对主力。经过多年的产业链积累，国际品牌已经打通了上下游产业链。上游由于它们的采购批量更大，更容易得到价格低廉的零部件；下游由于它们已经借助集成商的专业优势和服务进入了众多的行业和市场，这是共生共荣的产业链，合作关系相对紧密。

国产机器人厂家由于批量小，上游零部件采购不具有价格优势，下游没有产业链支撑，身处尴尬局面。国产机器人采购成本高，利润水平低。此外，由于没有得到更加专业的集成商的支持，机器人厂家往往选择机器人研发、生产、工程一起做，边际成本极高，几乎无法盈利。经过三四年的煎熬，众多的国产工业机器人厂家蜂拥而起，又如潮水般退去，剩下的少数几家，逐渐形成了自己的品牌和不同专业市场的竞争力。浮华过后，我们希望国产机器人能在市场上找到自己的定位，并逐渐发展壮大。

任务2　ABB工业机器人简介

➢ 任务目标

1. 了解ABB工业机器人的各种类型。
2. 了解ABB工业机器人的应用范围。
3. 了解ABB工业机器人的基本参数。

1. IRB 120型ABB工业机器人

IRB 120型ABB工业机器人基本参数见表1-2-1。

表1-2-1　IRB 120型ABB工业机器人基本参数

	应用领域	载重	防护等级	安装方式	重复定位精度
	1. 装配 2. 上下料 3. 物料搬运 4. 包装 5. 涂胶	3 kg	1. 标配：IP20 2. 选配：IPA认证洁净室5级	1. 地面 2. 挂壁 3. 倒置 4. 角度任意	0.01 mm

IRB 120 是由 ABB(中国)机器人研发团队首次自主研发的一款新型机器人。

IRB 120 是 ABB 推出的一款迄今最小的多用途工业机器人，它是紧凑、敏捷、轻量的六轴机器人，仅重 25 kg，荷重 3 kg(垂直腕为 4 kg)，工作范围达 580 mm。

在尺寸大幅缩小的情况下，IRB 120 继承了该系列机器人的所有功能和技术，为缩减机器人工作站占地面积创造了良好条件。紧凑的机型结合轻量化的设计，成就了 IRB 120 卓越的经济性与可靠性，具有低投资、高产出的优势。

IRB 120 的最大工作行程为 411 mm，底座下方拾取距离为 112 mm，广泛适用于电子、食品饮料、机械、太阳能、制药、医疗、研究等领域。

为缩减机器人占用空间，IRB 120 可以任何角度安装在工作站内部、机械设备上方或生产线上其他机器人的近旁。机器人第 1 轴回转半径极小，更有助于缩短与其他设备的间距。

2. IRB 140 型 ABB 工业机器人

IRB 140 型 ABB 工业机器人基本参数见表 1-2-2。

表 1-2-2　IRB 140 型 ABB 工业机器人基本参数

	应用领域	载重	防护等级	安装方式	重复定位精度
	1. 弧焊 2. 装配 3. 清洁、喷雾 4. 去毛刺 5. 上下料 6. 物料搬运 7. 包装	6 kg	1. 标配：IP67 2. 选配：洁净室 6 级、铸造专家	1. 地面 2. 挂壁 3. 倒置 4. 角度任意	0.03 mm

外形紧凑、功能强劲的 IRB 140 是一款六轴多用途工业机器人，有效荷重 6 kg，工作范围长达 810 mm，可选落地安装、倒置安装或任意角度挂壁安装方式。

IRB 140 分标准型、铸造专家型、洁净室型、可冲洗型四种机型，所有机械臂均全面达到 IP67 防护等级，易于同各类工艺应用相集成与融合。

IRB 140 设计紧凑、牢靠，采用集成式线缆包，进一步提高了整体柔性；可选配碰撞检测功能(实现全路径回退)，使可靠性和安全性更有保障。

3. IRB 910SC 型 ABB 工业机器人

IRB 910SC 型 ABB 工业机器人基本参数见表 1-2-3。

表 1-2-3　IRB 910SC 型 ABB 工业机器人基本参数

	应用领域	载重	防护等级	安装方式	重复定位精度
	1. 部件放置 2. 装配 3. 配件装载 4. 上下料	6 kg	标配：IP67	台面	0.01 mm

作为 ABB 小型机器人家族的新成员，ABB IRB 910SC 系列 SCARA 机器人最大负载达 6 kg。IRB 910SC 现有三种配置(IRB 910SC-3/0.45、IRB 910SC-3/0.55、IRB 910SC-3/0.65)，所有型号均为模块化设计，通过配置不同长度的连杆臂，分别提供三种不同的工作范围：450 mm、550 mm 和 650 mm。

SCARA 产品已然拥有成熟的技术和广阔的市场，ABB 机器人此次进军 SCARA 产品系列，自然也带来了更高精度、更快速度、更可靠的机器人品质保证。“在设计 IRB 910SC 时，我们重点考虑的是速度和精确性。”ABB 小型机器人产品经理 Phil Crowther 说道，“我们的 IRB 910SC 机器人不仅体积小，而且还融合了其他 ABB 小型机器人的性能特点和设计理念，如卓越的路径控制和小空间内的精准度。”

SCARA 家族产品中 450 mm、550 mm 和 650 mm 三种不同的工作范围可以供客户选择工作所需的最佳臂长。SCARA 系列产品为桌面安装型，防护等级达 IP54，可以实现最佳的防尘防水保护。

4. IRB 1200 型 ABB 工业机器人

IRB 1200 型 ABB 工业机器人基本参数见表 1-2-4。

表 1-2-4　IRB 1200 型 ABB 工业机器人基本参数

	应用领域	载重	防护等级	安装方式	重复定位精度
	1. 上下料 2. 物料搬运	5/7 kg	1. 标配：IP40 2. 选配：IP67 洁净室 ISO 4 级、食品级润滑	角度任意	0.025/0.02 mm

作为一个高效率的产品系列，IRB 1200 提供的两种型号广泛适用于各类作业，且两者间零部件通用，显著降低了备件成本。两种型号的工作范围分别为 700 mm 和 900 mm，最大有效负载分别为 7 kg 和 5 kg，均能以任意角度安装，标配 IP40 防护等级，也可选 IP67 防护等级。

IRB 1200 第 2 轴无外凸，这一创新设计使其具有比其他机器人更长的行程，大幅缩短了机器人与工件之间的距离，同时不失其优异性能。对于电子加工、抛光之类的小型工作站，当机器人采用倒置安装时，IRB 1200 的行程优势在增强紧凑性方面表现尤为突出。

随着 IRB 1200 的面市，ABB 在保持机器人工作范围宽广这一优势的同时，一举满足了物料搬运和上下料环节对柔性、节拍、易用性及紧凑性的各项要求。

“IRB 1200 的推出让我们非常兴奋！”小型机器人产品经理 Phil Crowther 感慨道，“这是我们经过详尽的市场调研和不懈的产品开发而取得的成果。这款机器人紧凑度极高，不仅将有效工作范围扩大到极致，还尽最大限度缩短了机器人与工件之间的距离。”

IRB 1200 的设计兼顾功能与美观。其光洁的表面便于清洁和保养，是数控机床上下料和食品业物料搬运的理想之选。IRB 1200 的每个细节都体现了这一注重效率的设计理念。

例如，电路和气路均可经由侧门或底部(可选)接入机器人；还预设以太网端口，便于机器人同其他设备集成。所有线路上至手腕法兰处，下至底座，全程在机器人内部走线，使系统结构更为紧凑。

作为一款整体解决方案，IRB 1200 能够在狭小空间内淋漓尽致地发挥其工作范围与性能优势。两次动作间移动距离短，既可以缩短节拍时间，又有利于工作站体积的最小化。IRB 1200 堪称以小取胜的设计典范。

5. IRB 1410 型 ABB 工业机器人

IRB 1410 型 ABB 工业机器人基本参数见表 1-2-5。

表 1-2-5　IRB 1410 型 ABB 工业机器人基本参数

	应用领域	载重	防护等级	安装方式	重复定位精度
	1. 弧焊 2. 上胶、密封 3. 机械管理	5 kg	—	落地	0.02 mm

IRB 1410 的工作范围大，到达距离长、结构紧凑、手腕极为纤细，即使在条件苛刻、限制颇多的场所，仍能实现高性能操作。

IRB 1410 在弧焊、物料搬运和过程应用领域历经考验，自 1992 年以来的全球安装数量已超过 14 000 台。IRB 1410 性能卓越、经济效益显著，资金回收周期短。

IRB 1410 的特点如下：

(1) 可靠性：IRB 1410 以其坚固可靠的结构而著称，而由此带来的其他优势是噪音水平低、例行维护间隔时间长、使用寿命长。

(2) 准确性：卓越的控制水平和循径精度(+ 0.05 mm) 确保了出色的工作质量。

(3) 强硬：工作范围大、到达距离长 (最长 1.44 m)；承重能力为 5 kg，上臂可承受 18 kg 的附加载荷。这在同类机器人中绝无仅有。

(4) 快速：配备快速精确的 IRC5 控制器有效缩短了工作周期。

6. IRB 1520ID 型 ABB 工业机器人

IRB 1520ID 型 ABB 工业机器人基本参数见表 1-2-6。

表 1-2-6　IRB 1520ID 型 ABB 工业机器人基本参数

	应用领域	载重	防护等级	安装方式	重复定位精度
	弧焊	4 kg	标配：IP40	1. 落地 2. 倒置	0.05 mm

IRB 1520ID 是一款高精度中空臂弧焊机器人(集成配套型)，能够实现连续不间断地生产，可节省高达 50%的维护成本，与同类产品相比，焊接单位成本最低。

IRB 1520ID 在数小时内即可完成安装进行使用，帮助企业提高生产效率，实现高成本效益的稳定生产。中空臂设计的 IRB 1520ID(集成配套型)将软管束和焊接线缆分别同上臂和底座紧密集成，这就意味着弧焊所需的所有介质(包括电源、焊丝、保护气和压缩空气)均采用这种方式走线，可实现性能与能效的最优化。

IRB 1520ID 能实现稳定的焊接，获得高度精确的焊接路径，缩短焊接周期，延长管件和线缆寿命。这得益于集成配套式设计，该机器人在焊接圆柱形工件时，动作毫无停顿，一气呵成；而在窄小空间内，该机器人同样行动自如，游刃有余。

IRB 1520ID 具有以下优点：

(1) 数小时内即可完成安装进行使用。

(2) 占地空间小。

(3) 狭小空间里同样适用。

(4) 出众的焊接稳定性。

(5) 价格实惠。

(6) 焊接质量高。

(7) 可实现高产量的连续生产，维护成本低。

(8) 能效最优化。

7. IRB 1600ID 型 ABB 工业机器人

IRB 1600ID 型 ABB 工业机器人基本参数见表 1-2-7。

表 1-2-7　IRB 1600ID 型 ABB 工业机器人基本参数

	应用领域	载重	防护等级	安装方式	重复定位精度
	弧焊	4 kg	标配：IP40	1. 落地 2. 倒置 3. 斜置	0.02 mm

传统的焊接技术对眼睛的伤害比较大，工位流动性大，为了稳定生产模式，许多企业采用焊接机器人来完成生产任务。IRB 1600ID 是一款高精度的焊接系统。IRB 1600ID 机器人采用集成式配套设计，所有电缆和软管均内嵌于机器人上臂，是弧焊应用的理想选择。该款机器人线缆包供应弧焊所需的全部介质，包括电源、焊丝、保护气和压缩空气。

IRB 1600ID 的优势如下：

(1) 提高电缆寿命精确度。机器人背负的线缆发生故障是生产线意外停产的常见原因之一，而采用 IRB 1600ID 则可将此类停产现象减少到最低限度。线缆装嵌于机器人上臂之内，通过对一定工作节拍内的电缆动作情况进行分析，就可以精确算出电缆的使用寿命。

(2) 扩大工作范围。机器人背负线缆的集成式设计，使得机器人占据的外部空间尺寸相对变小，当机器人工作的焊接夹具形状结构十分复杂时，这种设计就相当于增加了机器人实际的工作范围。该款机器人设计的另一大亮点是，当机器人一旦与夹具发生碰撞时，可确保内嵌的线缆安然无恙。

(3) 简化机器人编程。传统机器人的编程不可避免地会遇到“盲点”，因为其机器人背负的线缆暴露在外，运动路线难以衡量，程序员必须运用想象力才能确保附件在作业中不与他物发生碰撞和干扰。而 IRB 1600ID 的编程则全无上述顾虑。

(4) 延长电缆寿命。机器人背负的线缆内嵌于机器人上臂，可减少电缆摆动，从而延长电缆及电缆护套的使用寿命。这款超强性能的工业机器人系统在延长电缆使用寿命的同时，增加了机器人的实际工作范围，提升了喷涂工件的品质，在焊接领域得到广泛应用。

8. IRB 2400 型 ABB 工业机器人

IRB 2400 型 ABB 工业机器人基本参数见表 1-2-8。

表 1-2-8　IRB 2400 型 ABB 工业机器人基本参数

	应用领域	载重	防护等级	安装方式	重复定位精度
	1. 切割 2. 去毛刺 3. 研磨 4. 抛光	12/20 kg	1. 标配：IP54 2. 选配：IP67 配套铸造专家 II 代	1. 落地 2. 倒置	0.03 mm

IRB 2400 机器人有多种不同版本备选，拥有极高的作业精度，在物料搬运、机械管理和过程应用等方面均有出色表现。IRB 2400 机器人可提高生产效率、缩短生产提前期、加快交货速度。

IRB 2400 的特点如下：

(1) 可靠性强——正常运行时间长：IRB 2400 是全球应用最广的工业机器人。该机器人坚固耐用，使用零部件数量降至最少，可靠性强、维护间隔时间长。

(2) 速度快——操作周期时间短：采用 ABB 独有的运动控制技术，优化了机器人的加减速性能，使机器人工作循环时间降至最短。

(3) 精度高——零件生产质量稳定：具有最佳的轨迹精度和重复定位精度。

(4) 功率大——适用范围广：有效载荷选项为 7～20 kg，最大到达距离达 1.81 m。

(5) 坚固耐用——适合恶劣生产环境：IP67 防护等级，可蒸汽清洗，有“洁净室型(100 级)”和“铸造专家型”。

(6) 通用性——柔性化集成和生产：所有型号均可倒置安装。

9. IRB 2600ID 型 ABB 工业机器人

IRB 2600ID 型 ABB 工业机器人基本参数见表 1-2-9。

表 1-2-9　IRB 2600ID 型 ABB 工业机器人基本参数

	应用领域	载重	防护等级	安装方式	重复定位精度
	1. 弧焊 2. 挤胶 3. 上下料 4. 物料搬运	8 kg	标配：IP67（底座、下臂、手腕）IP54（轴 4）	1. 落地 2. 倒置 3. 壁挂 4. 斜置 5. 支架	0.02 mm

IRB 2600ID 工业机器人在弧焊、物料搬运以及上下料的应用中省空间增产能。该机型采用集成配套(ID)技术并扩大了工作范围，弧焊节拍时间最多可缩短 15%，占地成本减少 75%。IRB 2600ID 有两种机型：荷重 15 kg、到达距离 1.85 m；荷重 8 kg、到达距离 2.0 m。

IRB 2600ID 能显著缩短节拍时间，增强生产可靠性。所有管线均牢牢固定，其运动易于预测，使编程和模拟能如实反映机器人系统的运行状态，大大提高了编程速度及可靠性。由于管线摆幅很小，机器人可始终保持最高加速度运行。

IRB 2600ID 管线的使用寿命大幅延长。所有管线均采用妥善的紧固和保护措施，不仅减小了运行时的摆幅，还能有效防止焊接飞溅物和切削液的侵蚀。

IRB 2600ID 设计紧凑，无松弛管线，占地极小，为高密度、高产能作业创造了有利条件。同样一座生产工作站，IRB 2600ID 的安装台数可增加 50%，产能最高也可提升 50%。

采用集成配套技术的 IRB 2600ID 手腕纤细，即使在狭窄空间内也能完成复杂动作。

以弧焊为例，IRB 2600ID 能不间断地进行高品质环形焊接，大幅缩短了节拍时间。

10. IRB 4400 型 ABB 工业机器人

IRB 4400 型 ABB 工业机器人基本参数见表 1-2-10。

表 1-2-10　IRB 4400 型 ABB 工业机器人基本参数

	应用领域	载重	防护等级	安装方式	重复定位精度
	1. 切割、去毛刺 2. 模具喷雾 3. 挤胶 4. 研磨、抛光 5. 测量	10 kg	1. 标配：IP54 2. 选配：IP67	落地	0.05 mm

IRB 4400 是一种机身紧凑的机器人，可承受载荷最高可达 60 kg。除此之外，IRB 4400 能胜任各种高精度、高速度和高灵活性的应用。

ABB 机器人 IRB 4400 具有以下优点：

(1) 速度快——操作周期时间短。

(2) 精度高——零件生产质量稳定。

(3) 通用性——柔性化集成和生产。

(4) 恶劣生产环境防护。

(5) 铸造专家版——IP67 防护等级，可水洗和高压蒸汽进行清洗。

(6) 铸造权威版——铸件和机加件的水射流清洗。

11. IRB 4600 型 ABB 工业机器人

IRB 4600 型 ABB 工业机器人基本参数见表 1-2-11。

表 1-2-11　IRB 4600 型 ABB 工业机器人基本参数

	应用领域	载重	防护等级	安装方式	重复定位精度
	1. 弧焊 2. 装配 3. 挤胶 4. 激光焊接 5. 上下料 6. 物料搬运 7. 包装、码垛 8. 弯板机上下料	20 kg	1. 标配：IP67 2. 选配：铸造专家 II 代	1. 落地 2. 斜置 3. 倒置 4. 支架	0.05 mm

ABB IRB 4600 工业机器人是携增强、创新功能率先问世的工业机器人。该机型采用优化设计，对目标应用具备出众的适应能力。其纤巧的机身使生产单元布置更紧凑，实现了产能与质量双提升，推动生产效率迈上了新台阶。

ABB IRB 4600 工业机器人主要应用在物料搬运、弧焊、切割、注塑机上下料、数控机床上下料、压铸等领域。

ABB IRB 4600 工业机器人的特点如下：

(1) 精度至高：ABB IRB 4600 的精度为同类产品之最，其操作速度更快，废品率更低，在扩大产能、提升效率方面，将起到举足轻重的作用，尤其适合切削、点胶、机加工、测量、装配及焊接应用。此外，该机器人采用“所编即所得”的编程机制，尽可能缩短了编程时间和周期时间。在任何应用场合下，当新程序或新产品上线时，上述编程性能均有助于最大限度加快调试过程、缩短停线时间。

(2) 周期至短：ABB IRB 4600 采用创新的优化设计，机身紧凑轻巧，加速度达到同类最高，结合其超快的运行速度，所获周期时间与行业标准相比最短可缩减 25%。操作中，机器人在避绕障碍物和跟踪路径时，可始终保持最高加速度，从而提高产能与效率。

(3) 范围超大：ABB IRB 4600 超大的工作范围，能实现到达距离、周期时间、辅助设备等诸方面的综合优化。该机器人可灵活采用落地、斜置、半支架、倒置等安装方式，为模拟最佳工艺布局提供了极大便利。

(4) 机身纤巧：ABB IRB 4600 占地面积小、轴 1 转座半径短、轴 3 后方肘部纤细、上下臂小巧、手腕紧凑，这些特点使其成为同类产品中最“苗条”的一款机器人。在规划生产单元的布局时，ABB IRB 4600 可以与机械设备靠得更近，从而缩小整个工作站的占地面积，提高单位面积产量，推升工作效率。

(5) 防护周密：ABB 产品防护计划之周全居业内领先水平，对 ABB IRB 4600 的防护保障措施更是做了进一步强化。Foundry Plus 系统达到 IP67 防护等级标准，还包括涂覆抗腐蚀涂层，采用防锈安装法兰，机器人后部固定电缆防熔融金属飞溅，底脚地板电缆接口加设护盖等一系列措施。

(6) 随需应变：性能优异的 IRBP 变位机、IRBT 轨迹运动系统和电机系列产品，从各方面增强了 ABB IRB 4600 对目标应用的适应能力。运用 RobotStudio(以“订阅”模式提供)及 PowerPac 功能组(按应用提供)，可通过模拟生产工作站找准机器人的最佳位置，并实现离线编程。

12. IRB 6620 型 ABB 工业机器人

IRB 6620 型 ABB 工业机器人基本参数见表 1-2-12。

表 1-2-12　IRB 6620 型 ABB 工业机器人基本参数

	应用领域	载重	防护等级	安装方式	重复定位精度
	1. 点焊 2. 装配 3. 清洁、喷雾 4. 切割、去毛刺 5. 挤胶 6. 研磨、抛光 7. 上下料 8. 物料搬运	150 kg	IP54，铸造专家Ⅱ代	1. 落地 2. 斜置 3. 倒置	0.1 mm

IRB 6620 专为汽车工业客户度身定制，除 ABB 标志性的防碰撞、低维修成本之外，增添了紧凑性、敏捷性等多种特色。具体的特点如下：

(1) 敏捷——大型车辆抓取。敏捷性允许机器人在非标准工位上运动。IRB 6620 的设计舍弃了平衡汽缸，使得机器人更紧凑更敏捷。

(2) 紧凑——机器人密度增加。IRB 6620 是一款设计紧凑的机器人，可拥挤的汽车生产线上增加机器人密度，更多操作可同时进行，因而缩短生产节拍。

(3) 可靠——正常运行时间延长。内置式服务信息系统(SIS) 可监控动作、机械上料及优化服务需求。IRB 6620 具有专为点焊设计的特色，例如：平滑手腕，可减少磨损；延长

电缆包寿命，降低维修成本。

(4) 快速——生产节拍短。依赖 ABB 独特的运动控制技术，机器人加速和延迟得到最优化，从而缩短生产节拍。

(5) 强壮——最大化利用。载荷和可达距离分别为 150 kg 和 2.2 m。IRB 6620 不仅可抓取较重、较大工件，比竞争对手更适合处理更大转动惯性的工件。

(6) 坚固——防碰撞设计。软件选项“碰撞检测”可立刻检查到碰撞力。IRB 6620 齿轮箱为柔性紧凑设计，意味着碰撞中对机器人的损坏更小。

(7) 通用——四合一。IRB 6620 是目前市场上最通用的一款大型机器人。

(8) IRB 6620 可适用于四种安装方式：

① 地面安装：可探至底座下方 1.1 米。

② 倾斜安装：最大可达 15 度。

③ 支架安装：用于汽车装配的第二层。

④ 倒置安装：可达距离和载荷的全面性能。

13. IRB 6640 型 ABB 工业机器人

IRB 6640 型 ABB 工业机器人基本参数见表 1-2-13。

表 1-2-13　IRB 6640 型 ABB 工业机器人基本参数

应用领域	载重	防护等级	安装方式	重复定位精度
1. 物料搬运 2. 机床管理 3. 清洗 4. 点焊	185/235 kg	标配：铸造权威 II 代	落地	0.1 mm

IRB 6640 工业机器人用于物料搬运、机床管理、点焊。IRB 6640 是机器人家族中更强壮的新一代机器人，是一款高产能且适合各类应用的机器人产品。高生产效率、紧凑型设计、维护保养简单使 IRB 6640 成为可应用于多种领域的最佳机器人。更长的上臂配合多种手腕形式使 IRB 6640 能够适应多种工艺过程。手臂可向后弯曲到底，大大扩展了工作范围。有效载荷 235 kg，使其适合众多重型工件搬运。IRB 6640 的有效载荷为 200 kg，可满足点焊应用的最大需求。IRB 6640 配备第二代 TrueMove 和 QuickMove 技术，机器人能够更精确地运动，使编程时间更短且工艺效果更好。此种机器人有一些新特点，如简化的铲车叉槽和机器人底部空间更大，都使得维修变得更方便。为方便吊装，重量减轻近 400 kg。其多种防护等级可在不同环境下使用，如铸造专家型、铸造加强型及洁净室型等。IRB 6640 机器人经过特殊工艺制造而成，全面检测包装，最大程度减少操作中产生的微粒。IRB 6640 已通过了权威洁净室研究机构 IPA 认证。

14. IRB 260 型 ABB 工业机器人

IRB 260 型 ABB 工业机器人基本参数见表 1-2-14。

表 1-2-14　IRB 260 型 ABB 工业机器人基本参数

	应用领域	载重	防护等级	安装方式	重复定位精度
	包装	30 kg	标配：IP67	落地	0.03 mm

IRB 260 机器人主要针对包装应用设计和优化，虽机身小巧，能集成于紧凑型包装机械中，却又能满足在到达距离和有效载荷方面的所有要求。配以 ABB 运动控制和跟踪性能，该机器人非常适合应用于柔性包装系统。IRB 260 型机器人的特点如下：

(1) 可靠性强——正常运行时间长。IRB 260 机器人以全球应用最广的工业机器人 IRB 2400(安装数量超过 14 000 台)为设计基础。

(2) 速度快——操作周期时间短。该机器人专为包装应用优化设计，配以 ABB 独有的运动控制功能，大大缩短了包装周期时间。

(3) 精度高——零件生产质量稳定。该机器人具有极高的精度，再加上 ABB 卓越的传送带跟踪性能，不论是固定位置操作，还是运动中操作，其拾放精度均为一流。

(4) 功能强——适用范围广。该机器人专为包装应用优化设计，体积小、速度快、有效载荷高达 30 kg。

(5) 坚固耐用——适合恶劣生产环境。该机器人适于恶劣环境应用，防护等级达到 IP67。

(6) 通用性佳——柔性化集成和生产。该机器人重量轻、高度低，便于集成在紧凑型包装机械中。专门根据包装应用进行过优化，是机器人自动化的必然选择。配有全套辅助设备(从集成式空气与信号系统至抓料器)，可配套使用 ABB 包装软件 PickMasterTM，机械方面集成简单，编程十分方便。

15. IRB 360 型 ABB 工业机器人

IRB 360 型 ABB 工业机器人基本参数见表 1-2-5。

表 1-2-15　IRB 360 型 ABB 工业机器人基本参数

	应用领域	载重	防护等级	安装方式	重复定位精度
	1. 包装 2. 装配 3. 物料搬运 4. 拾料	1 kg	1. 标配：IP54 2. 选配：可冲洗不锈钢洁净室	倒置	0.10 mm

近十几年来，ABB 的 IRB 360 FlexPicker 拾料和包装技术一直处于领先地位。与传统刚性自动化技术相比，IRB 360 具有灵活性高、占地面积小、精度高和负载大等优势。

通过引入 IRB 360-6(IRB 360 系列的最后一款机器人)，ABB 推出了拥有 1600 mm 横向活动范围和 6 kg 中等负载的 FlexPicker。相较于 8kg FlexPicker，负载的减少使横向活动范围增大，可在输送机必须相隔较远或者拾放动作之间需要较长距离的其他环境因素下使用。

IRB 360 系列现包括负载为 1 kg、3 kg、6 kg 和 8 kg 以及横向活动范围为 800 mm、1130 mm 和 1600 mm 等几个型号，这意味着 IRB 360 几乎可满足任何需求。IRB 360 具有运动性能佳、节拍时间短、精度高等优势，能够在狭窄或者广阔空间内高速运行，误差极小。每款 FlexPicker 的法兰工具经过重新设计，能够安装更大夹具，从而高速高效地处理同步传动带上的流水线包装产品。

任务 3　了解工业机器人操作安全注意事项

➢ 任务目标

1. 看懂常见安全标识。
2. 掌握急停装置的使用。
3. 注意机器人安装调试过程中的安全事项。
4. 了解各类安全风险。

1. 常见安全标识的认知

常见安全标识见表 1-3-1。

表 1-3-1　常见安全标识

	注意	描述一些重要的事实和条件，提醒特别关注
	总电源	在进行机器人的安装、维护和保养时切记要将总电源关闭。带电作业可能会导致性命后果。如不慎遭高压电击，可能会导致心跳停止、烧伤或其他严重伤害
	静电	ESD(静电放电)是电势不同的两个物体间的静电传导，它可以通过直接接触传导，也可以通过感应电场传导。搬运部件或部件容器时，未接地的人员可能会传导大量的静电荷。这一放电过程可能会损坏敏感的电子设备。所以在有此标示的情况下，要做好静电放电防护

续表

<table>
<tr><td rowspan="1"></td><td>紧急停止</td><td>紧急停止优先于任何其他机器人的控制操作，它会断开机器人电动机的驱动电源，停止所有运转部件，并切断机器人系统控制且存在潜在危险的功能部件的电源。出现下列情况时应立即按下任意紧急停止按钮：
(1) 机器人运行中，工作区域内有工作人员。
(2) 机器人伤害了工作人员或损伤了机器设备</td></tr>
<tr><td rowspan="2"></td><td>安全距离</td><td>在调试与运行机器人时，它可能会执行一些意外的或不规范的运动。所有的运动都会产生很大的力量，从而可能严重伤害个人或损坏机器人工作范围内的任何设备。所以要时刻警惕与机器人保持足够的安全距离</td></tr>
<tr><td>防火</td><td>发生火灾时，应确保全体人员安全撤离后再进行灭火，首先处理受伤人员。当电气设备(例如机器人或控制器)起火时，使用二氧化碳灭火器，切勿使用水或泡沫</td></tr>
<tr><td rowspan="4"></td><td>工作注意事项</td><td>机器人速度慢，但是很重并且力度很大。运动中的停顿或停止都会产生危险。即使可以预测运动轨迹，外部信号也有可能改变操作，会在没有任何警告的情况下，产生预想不到的运动。因此，当进入保护空间时，务必遵循所有的安全条例</td></tr>
<tr><td>示教器</td><td>示教器是一种高品质的手持式终端，它配备了高灵敏度的一流电子设备。为避免操作不当引起的故障或损害，在操作时应遵循以下说明：
(1) 小心操作。不要摔打、抛掷或重击示教器。这样会导致破损或故障。在不使用该设备时，应将它挂到专门存放它的支架上，以防意外掉地上。
(2) 示教器的使用和存放应避免被人踩踏电缆。
(3) 切勿使用锋利的物体(例如螺钉旋具或笔尖)操作触摸屏。这样可能会使触摸屏受损。应用手指或触摸笔(位于带有 USB 端口的示教器的背面)区操作示教器触摸屏。
(4) 没有连接 USB 设备的时候务必盖上 USB 端口保护盖。如果端口暴露到灰尘中，那么它会中断或发生故障</td></tr>
<tr><td>手动模式</td><td>在手动减速模式下，机器人只能减速(250 mm/s 或更慢)操作(移动)。只要在安全保护空间之内工作，就应始终以手动速度进行操作。
手动模式下，机器人以程序预设速度移动。手动全速模式应仅用于所有人员都位于安全保护空间之外时，而且操作人员必须经过特殊训练，熟知潜在危险</td></tr>
<tr><td>自动模式</td><td>自动模式用于在生产中运行机器人程序。在自动模式操作情况下，常规模式停止(GS)机制、自动模式停止(AS)机制和上级停止(SS)机制都将处于活动状态。
GS 机制：在任何操作模式下始终有效。
AS 机制：仅在系统处于自动模式时有效。
SS 机制：在任何操作模式下始终有效</td></tr>
</table>

2. 带电部件相关安全风险

1) 电压电源相关风险注意事项

尽管有时需要在通电时进行故障排除，但维修故障、断开电线以及断开或连接单元时必须关闭机器人(将主开关设为 OFF)。必须按照能够从机器人工作空间外部关闭主电源的方式连接机器人的主电源。

2) IRC5 控制器电压相关风险注意事项

(1) 注意控制器(直流链路、超级电容器设备)存有电能。

(2) 注意 I/O 模块之类的设备可从外部电源供电。

(3) 注意主电源/主开关。

(4) 注意变压器。

(5) 注意电源单元。

(6) 注意控制电源(230 VAC)。

(7) 注意驱动系统电源(230 VAC)。

(8) 注意维修插座(115/230 VAC)。

(9) 注意机械加工过程中的额外工具电源单元或特殊电源单元。

(10) 注意即使机器人已断开与主电源的连接，控制器连接的外部电压仍存在。

3) 机器人电压相关风险注意事项

机器人的以下部件伴有高压危险：

(1) 电机电源(高达 800 VDC)。

(2) 工具的用户连接或系统的其他部件(最高 230 VAC)。

4) 工具、材料处理装置等电压相关风险注意事项

即使机器人系统处于 OFF 位置，工具、材料处理装置等也可能带电。在工作过程中处于运动状态的电源电缆也可能受损。

3. 机器人安装和检修工作期间的安全风险注意事项

1) 安装和检修过程中的一般风险注意事项

(1) 紧急停止按钮必须置于易接近处，以便能迅速停止机器人。

(2) 负责操作的人员必须准备安全说明，以备相关安装之用。

(3) 安装机器人的人员必须接受有关上述设备和某些相关安全事项的相应培训。

2) 国家/地区特定规定

要防止安装机器人期间受伤或受损，必须遵守相关国家/地区的适用法规和ABBRobotics 的说明。

3) 非电压相关风险注意事项

(1) 机器人工作区域前必须设置安全区，并且封闭以防擅自进入。光束或感应垫为配

套装置。

(2) 应当使用转盘或同类设备使操作人员处于机器人的工作区域之外。

(3) 释放制动闸时，轴会受到重力影响。除了被运动的操纵器部件撞击的风险外，还可能存在被平行手臂挤压的风险(如有此部件)。

(4) 机器人中存储的用于平衡某些轴的电量可能在拆卸机器人或其部件时释放。

(5) 拆卸/组装机械单元时，应提防掉落的物体。

(6) 注意控制器中存有热能。

(7) 切勿将机器人当做梯子来使用，即在检修过程中切勿攀爬操纵器电机或其他部件。由于机器人可能产生高温以及发生漏油，所以攀爬者会有极大的滑落风险，且机器人还有受损的风险。

4) 示教器操作安全风险注意事项

(1) 不要摔打、抛掷或重击示教器，这样会导致破损或故障。在不使用该设备时，将它挂到专门存放它的支架上，以防意外掉到地上。

(2) 示教器的使用和存放应避免被人踩踏电缆。

(3) 切勿使用锋利的物体(例如螺钉、刀具或笔尖)操作触摸屏。这样可能会使触摸屏受损。应用手指或触摸笔去操作示教器触摸屏。

(4) 定期清洁触摸屏。灰尘和小颗粒可能会挡住屏幕造成故障，

(5) 切勿使用溶剂、洗涤剂或擦洗海绵清洁示教器，使用软布蘸少量水或中性清洁剂清洁。

(6) 没有连接 USB 设备时务必盖上 USB 端口的保护盖。如果端口暴露到灰尘中，那么它会中断或发生故障。

5) 电缆风险标识

电缆风险标识见表 1-3-2。

表 1-3-2　电缆风险标识

安全风险	描　述
!	小心 电缆包装易受机械损坏，必须小心处理电缆包装，尤其是连接器，以避免损坏电缆包装

6) 平衡装置风险标识

平衡装置风险标识见表 1-3-3。

表 1-3-3　平衡装置风险标识

安全风险	描　述
!	任何情况下，切勿以产品文档中详细说明的方法之外的任何方法处理平衡装置，例如，试图打开平衡装置可能会造成生命危险

7) 禁用“减速 250 mm/s”功能的风险

切勿从示教器或 PC 更改 Transm gear ratio 或其他运动系统参数。这将会影响安全功能“减速 250 mm/s”。

8) 在操纵器工作范围内工作

如果必须在操纵器工作范围内执行工作，应务必遵守以下几点：

(1) 控制器上的操作模式选择器必须处于手动模式位置，以保证使动装置正常工作并阻止从计算机链路或远程控制面板操作。

(2) 操作模式选择器处于手动减速模式位置时，操纵器速度限制为最大 250 mm/s。此位置应当作为进入工作空间时的正常位置。全速手动模式(100%) 位置仅供接受过培训且熟知该操作所含风险的人员使用，且在美国或加拿大不可用。

(3) 注意操纵器的旋转轴。应与轴保持距离，以防止头发或衣服被缠扰。同时，应当心操纵器上或单元内安装的旋转工具或其他装置可能引起的任何危险。

(4) 在任何情况下，切勿站在操纵器任何轴的下方！在使用使动装置移动操纵器轴或在操纵器工作范围内进行其他工作时，始终存在操纵器意外移动的风险。

4. 急停装置的使用

在设备配置中，为了设备的安全运行，会在不同位置配置多个急停(按钮)装置，主要在设备遇到紧急或突发问题或事故时使用。

(1) 急停按钮外观红色，自锁旋放式结构，使用方式如图 1-3-1(急停时按下)、图 1-3-2(旋转复位)所示。

图 1-3-1

图 1-3-2

(2) 急停装置安装原则一般遵循安装到设备控制柜、示教器、操作台、工业现场等显眼位置，且在紧急或突发事故时易操作，如图 1-3-3(机器人带急停按钮)所示。

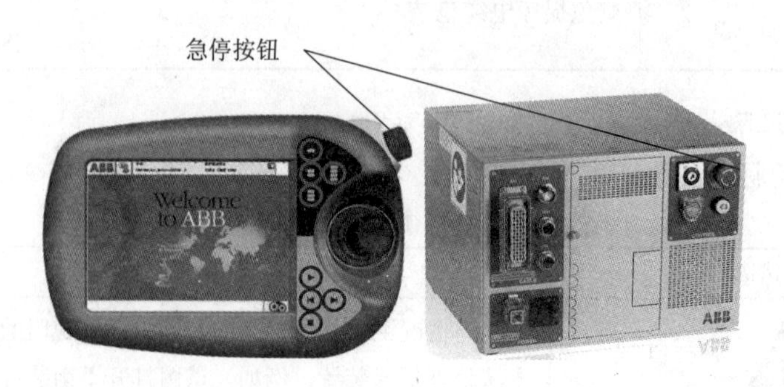

图 1-3-3

5. 安装调试过程安全事项

1) 设备安装

为保证设备安装连接时的安全，安装前一定要阅读、理解机器人操作手册，并严格遵循；线缆的连接要符合设备要求，设备的安装固定一定牢靠，严禁强制性扳动机器人运动轴及倚靠机器人或控制柜，禁止随意按动操作键等。如图 1-3-4 所示是对机器人违规操作示范。

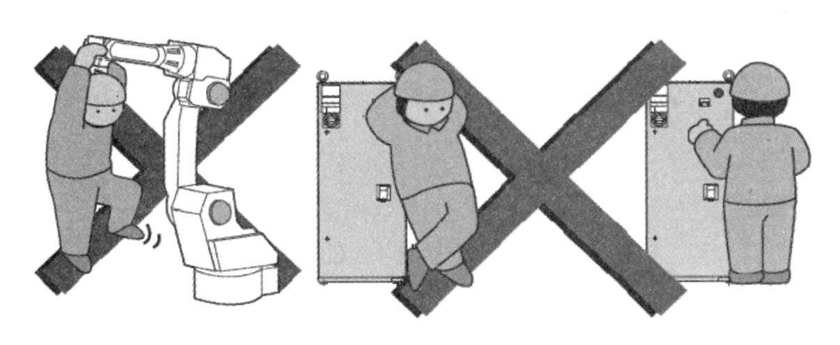

图 1-3-4

2) 设备调试

机器人调试前一定要进行严格仔细的检查，机器人行程范围内无人员及碰撞物，确保作业区内安全，避免粗心大意造成安全事故。如图 1-3-5 所示为机器人运动范围。

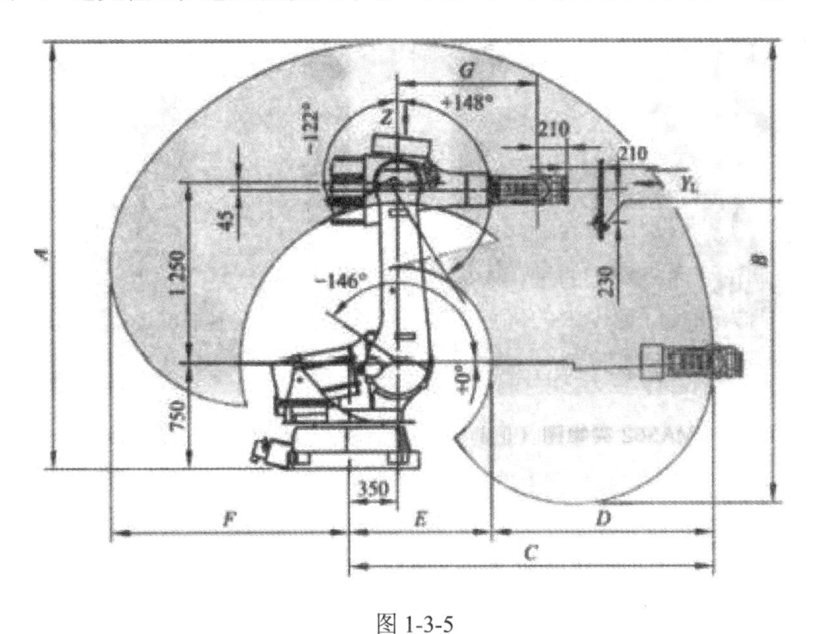

图 1-3-5

3) 用电安全

(1) 机器人配电必须按说明书要求配置，不得私自减少配电要求。

(2) 系统必须电气接地。

(3) 在设备断电 5 分钟内，不得接触机器人控制器或插拔机器人连接线。

(4) 在对设备进行维护或检修时，要按操作顺序断开各级电源，确保安全后方可进行操作。

(5) 对有用电安全警示区域禁止触摸操作。

(6) 每次设备上电前要对设备及线缆进行检查，发现线缆有破损或老化现象要及时更换，不得带伤运行。

习　题

一、单选题

1. ABB 机器人属于哪个国家？(　　)

A. 美国　　B. 中国　　C. 瑞典　　D. 日本

2. 机器人控制柜发生火灾，用何种灭火方式合适？(　　)

A. 浇水　　B. 二氧化碳灭火器　　C. 泡沫灭火器　　D. 毛毯扑打

3. 安川机器人属于哪个国家？ (　　)

A. 日本　　B. 挪威　　C. 俄罗斯　　D. 美国

二、判断题

1. 机器人四大家族是发那科、安川电机、ABB、酷卡。(　　)
2. 机器人工作时，工作范围可以站人。(　　)
3. 机器人不用定期保养。 (　　)
4. 机器人可以做搬运、焊接、打磨等项目。 (　　)
5. 机器人可以有六轴以上。　(　　)

三、简述题

1. 什么是工业机器人？
2. 工业机器人的应用领域有哪些？
3. 在安装调试工业机器人的过程中应该注意哪些事项？
4. 工业机器人在实际应用中的优势有哪些？
5. 简述 ABB IRB 120 型机器人的基本参数。

项目二　ABB 工业机器人基本操作

任务1　ABB 工业机器人组成

➢ 任务目标

1. 掌握 ABB 工业机器人的组成。
2. 了解 ABB 工业机器人的本体。
3. 了解 ABB 工业机器人的控制器。
4. 了解 ABB 工业机器人的示教器。

1. ABB 工业机器人组成

1) ABB 工业机器人组成部分

ABB 机器人由机器人本体、机器人控制柜、手持示教器组成，如图 2-1-1 所示。

本体

控制柜

示教器

图 2-1-1

机器人本体、控制柜、示教器之间的连接主要是电动机动力电缆与转数计数器电缆、用户电缆的连接，如图 2-1-2 所示。

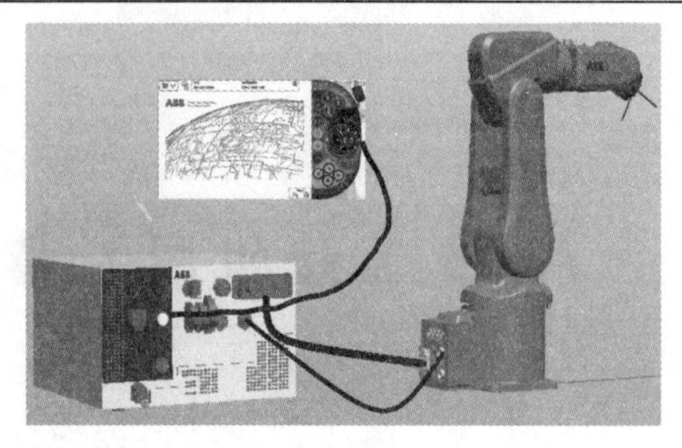

图 2-1-2

2) ABB 工业机器人本体

工业机器人由伺服电机驱动关节转动，主要部件有伺服电机，减速机，金属机身及线缆。如图 2-1-3 所示为 ABB 工业机器人关节示意图。

(1) 伺服电机。

伺服电机是可以将电信号转换成电动机轴上的角位移或角速度输出的闭环控制元件，如图 2-1-4 所示为伺服电机。

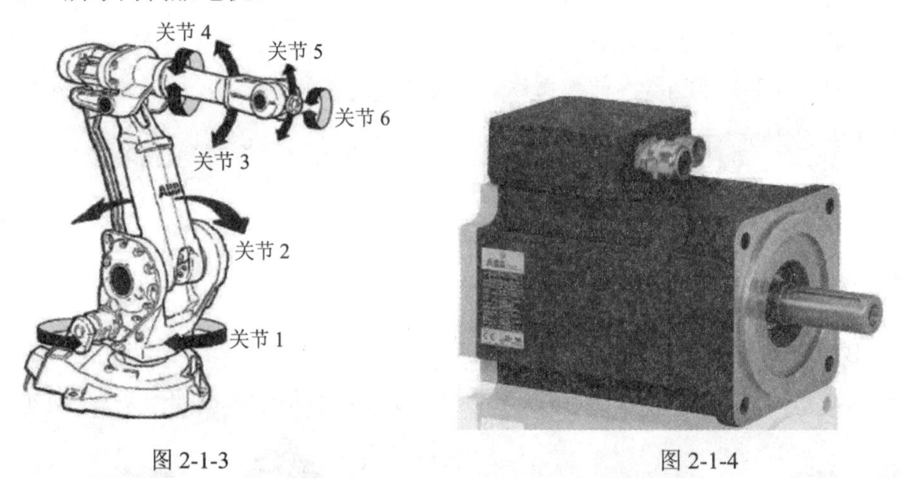

图 2-1-3　　图 2-1-4

(2) 编码器。

编码器用于速度控制或位置控制系统的检测元件，如图 2-1-5 所示为伺服电机编码器。

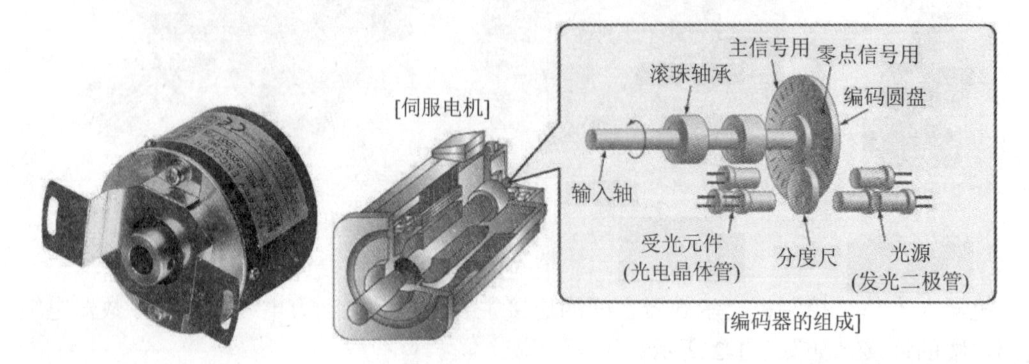

图 2-1-5

(3) 减速器。

机器人所使用的减速机是为了降低转速，增加转矩。机器人使用以 RV 减速器和谐波减速器为主，如图 2-1-6 所示为减速器。

图 2-1-6

3) ABB 工业机器人控制柜

(1) 机器人控制柜相当于人的大脑，用于控制机器人的运动和信号的输入输出，如图 2-1-7 所示为 ABB IRC5 紧凑型控制柜。

图 2-1-7

(2) 控制柜接线图例，如图 2-1-8 所示为 ABB 工业机器人控制柜接线图。

图 2-1-8

4) ABB 工业机器人示教器结构说明

ABB 工业机器人示教器外形如图 2-1-9 所示为示教器外形示意图。

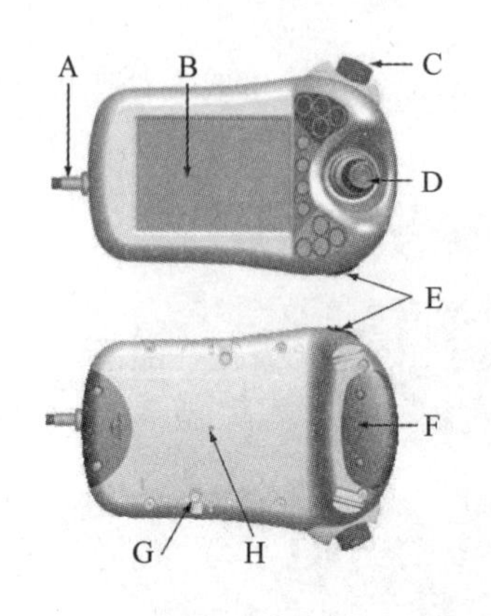

A—连接电缆；
B—触摸屏；
C—急停开关；
D—手动操作摇杆；
E—数据备份用 USB 接口；
F—使能器按钮；
G—触摸屏用笔；
H—示教器复位按钮

图 2-1-9

示教器是进行机器人的手动操纵、程序编写、参数配置以及监控用的手持装置，也是我们最常打交道的控制装置。示教器操作面板如图 2-1-10 所示。

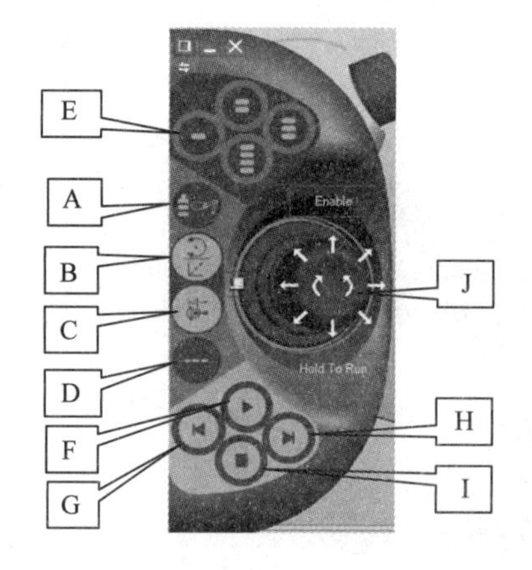

A—选择机械单元；
B—线性/重定位模式切换；
C—关节1-3/4-6轴模式切换；
D—增量切换；
E—自定义按键；
F—运行；
G—单步后退；
H—单步前进；
I—停止；
J—操作手柄

图 2-1-10

任务 2 ABB 工业机器人示教器操作

➢ 任务目标

1. 掌握 ABB 工业机器人示教器的握持方式。
2. 了解 ABB 工业机器人示教器的摇杆的操作技巧。
3. 了解 ABB 工业机器人示教器的操作按键。
4. 了解 ABB 工业机器人示教器的各类基本设置。

1. 示教器的使能键

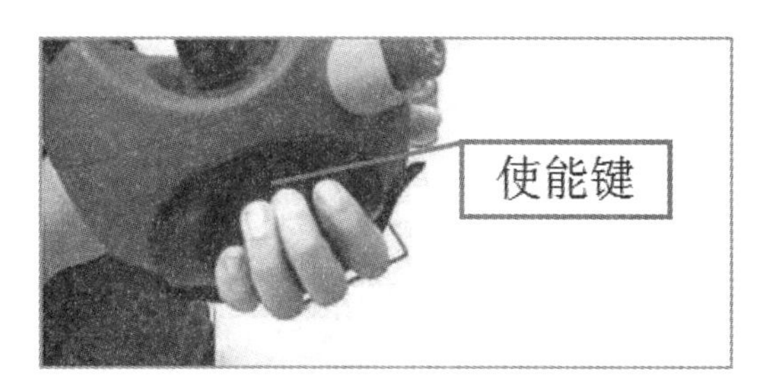

图 2-2-1

使能按钮位于示教器手动操作摇杆的右侧，如图 2-2-1 所示为示教器的使能键，机器人工作时，使能按钮必须在正确的位置，保证机器人各个关节电机上电。

使能器按钮分了两档，在手动状态下第一档按下去，机器人将处于电机开启状态。第二档按下去以后，机器人又处于防护装置停止状态。如图 2-2-2 为电机开启状态，图 2-2-3 为电机停止状态。

使能器按钮的作用是保证操作人员人身安全：只有在按下使能器按钮，并保持在“电机开启”的状态，才可对机器人进行手动的操作与程序的调试。

当发生危险时，人会本能地将使能器按钮松开或按紧，则机器人会马上停下来，保证安全。

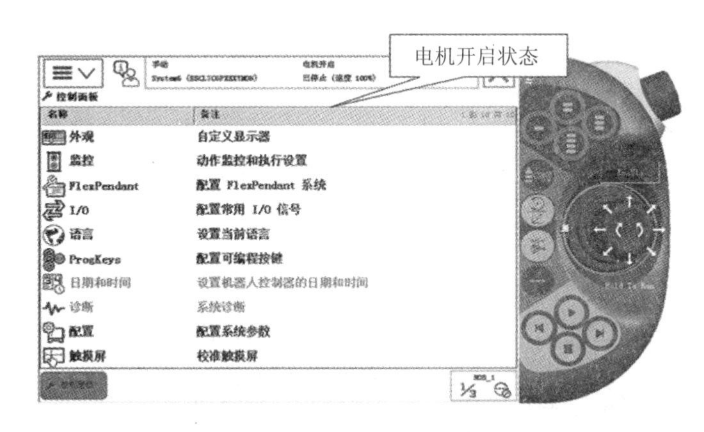

图 2-2-2

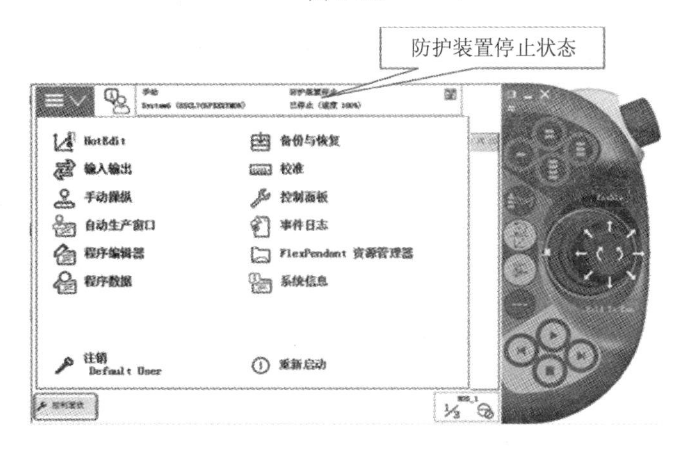

图 2-2-3

2. 示教器的握持方式

示教器应用左手臂托起扣紧，操作者应用左手四个手指进行操作，示教器的握持方式如图 2-2-4 所示。

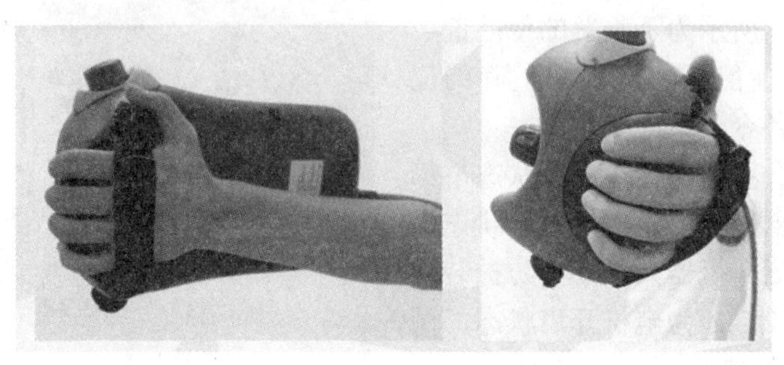

图 2-2-4

3. 示教器的摇杆操作方式

机器人的操纵杆相当于汽车的油门，操纵杆的操纵幅度是与机器人的运动速度相关的。操纵幅度较小则机器人运动速度较慢。操纵幅度较大则机器人运动速度较快。所以大家在操作的时候，尽量以操纵小幅度使机器人慢慢运动开始我们的手动操纵学习，如图 2-2-5 所示为操作示教器摇杆。

图 2-2-5

4. 设定示教器的显示语言

示教器出厂时，默认的显示语音是英语，为了更方便操作，下面介绍把显示语音设定为中文的操作步骤。

(1) 在主菜单页面下，单击 ABB 主菜单下拉菜单，如图 2-2-6 所示为菜单栏。

(2) 选择“Control Panel”，如图 2-2-7 所示。

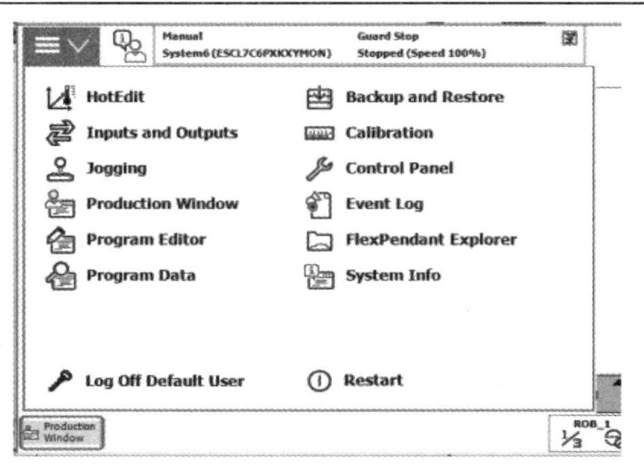

图 2-2-6

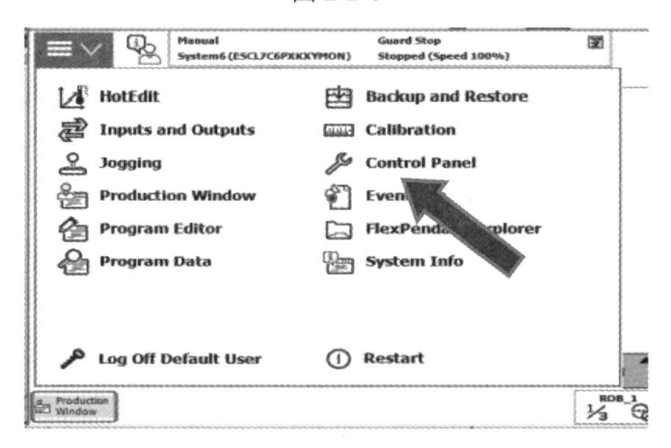

图 2-2-7

(3) 选择“Language”中的“Chinese”，如图 2-2-8 所示。

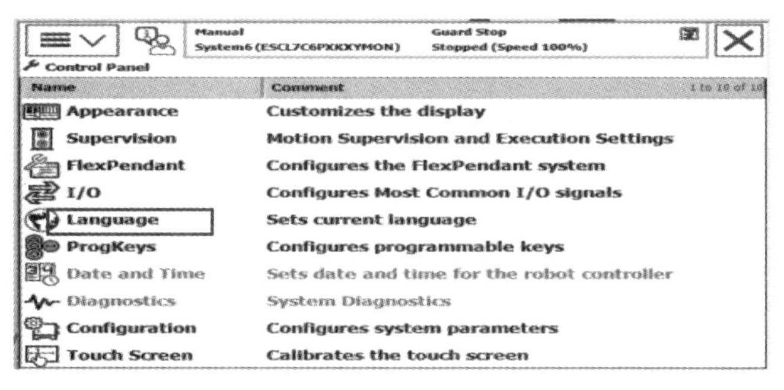

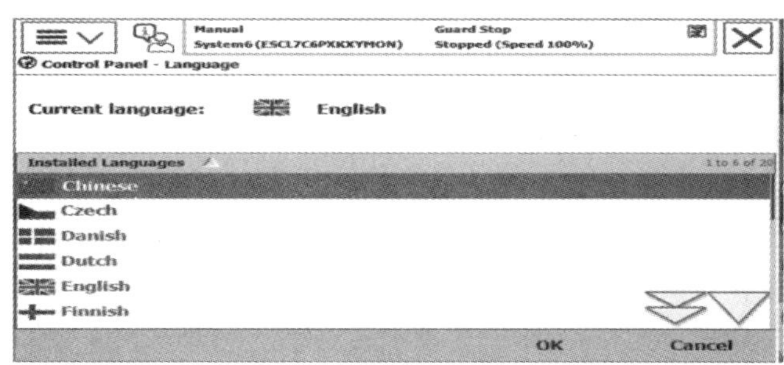

图 2-2-8

(4) 单击“Yes”，系统重新启动，如图 2-2-9 所示。

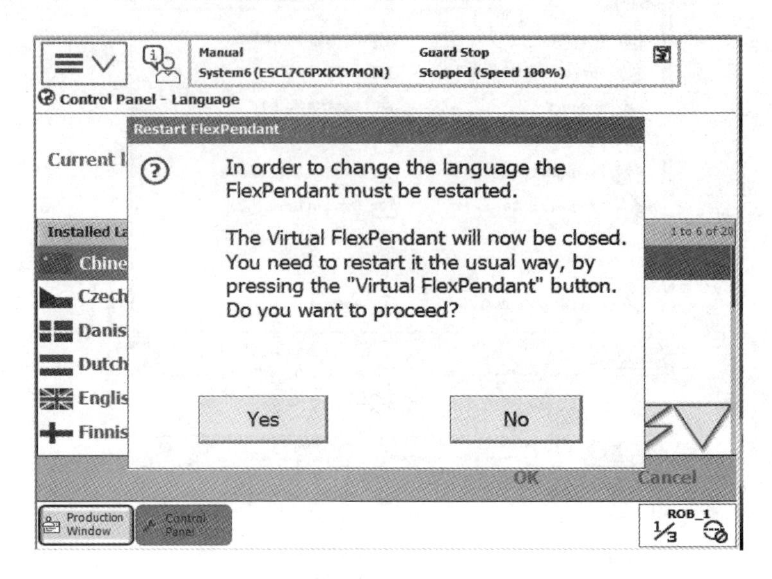

图 2-2-9

(5) 重启后，系统自动切换到中文模式，如图 2-2-10 所示。

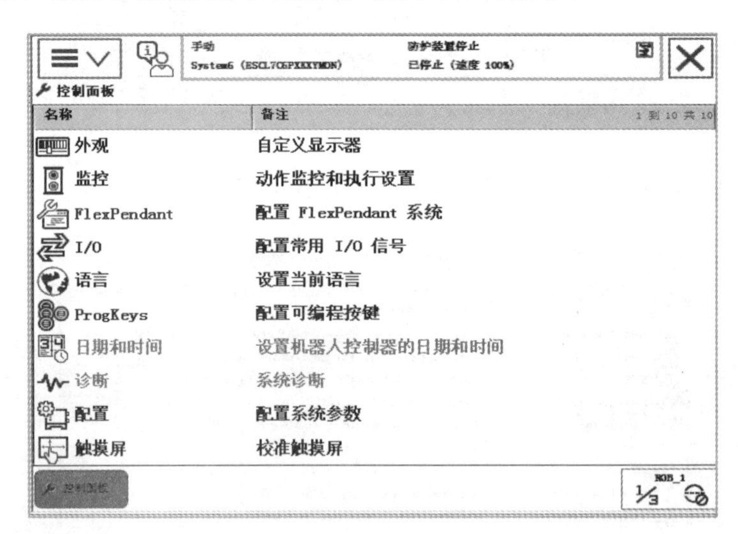

图 2-2-10

5. 设定示教器的显示时间

为了方便进行文件的管理和故障的查阅与管理，在进行机器人操作之前要将机器人系统的时间设定为本地区的时间，具体操作步骤如下：

(1) 在主菜单页面下，单击 ABB 主菜单下拉菜单，如图 2-2-11 所示。

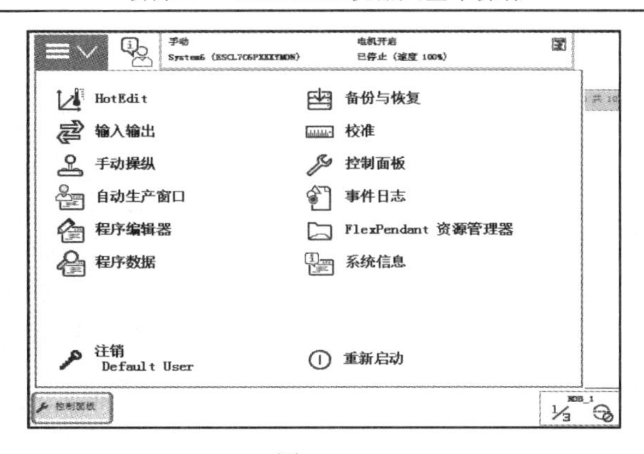

图 2-2-11

(2) 选择控制面板，选择日期与时间栏，如图 2-2-12 所示。

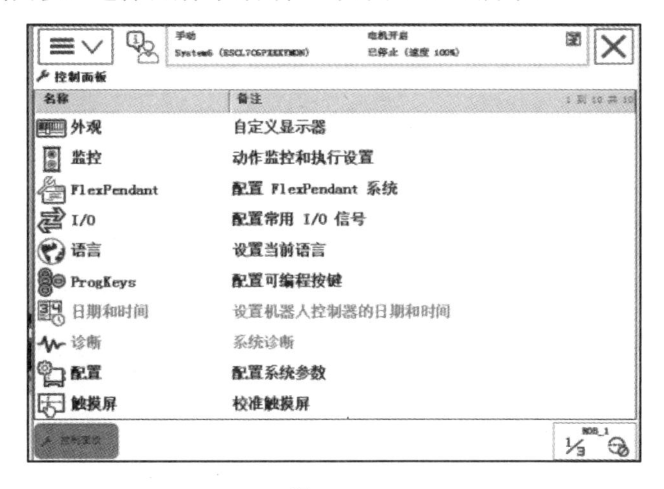

图 2-2-12

(3) 对时间和日期进行设定，时间和日期修改完成后，单击“确定”，完成机器人时间和日期的设定，如图 2-2-13 所示。

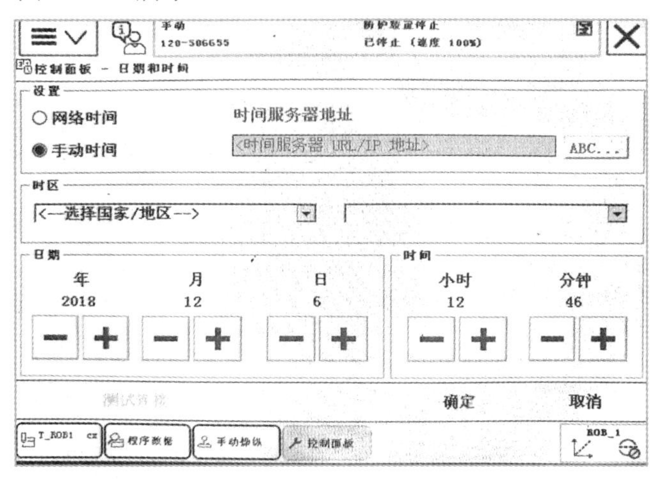

图 2-2-13

(4) 单击“是”，系统重新启动，如图 2-2-14 所示。

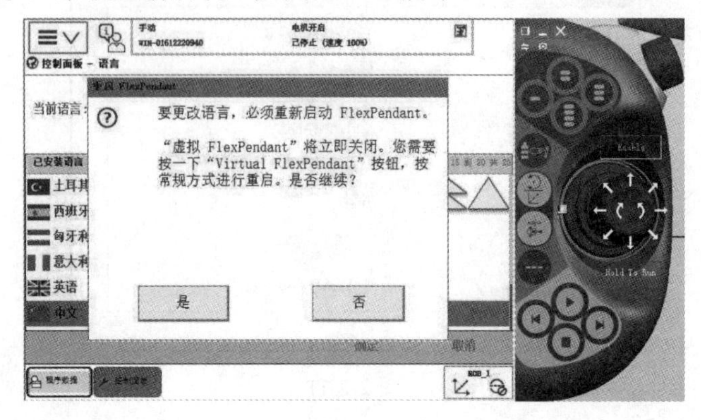

图 2-2-14

6. 数据的备份与恢复

数据的备份与恢复操作步骤如下：

(1) 打开“ABB”菜单，选择“备份与恢复”，如图 2-2-15 所示。

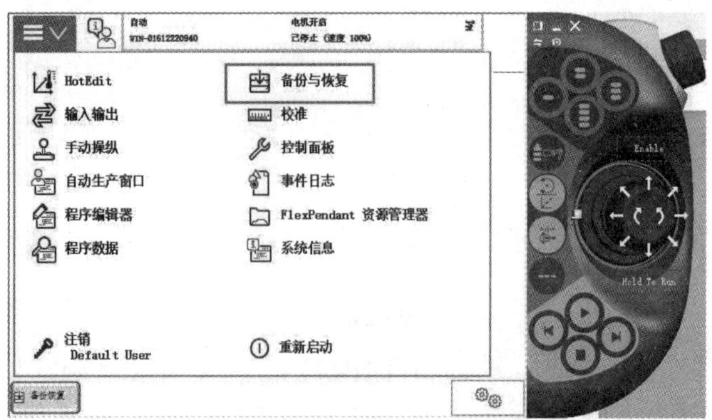

图 2-2-15

(2) 选择“备份当前系统...”，如图 2-2-16 所示。

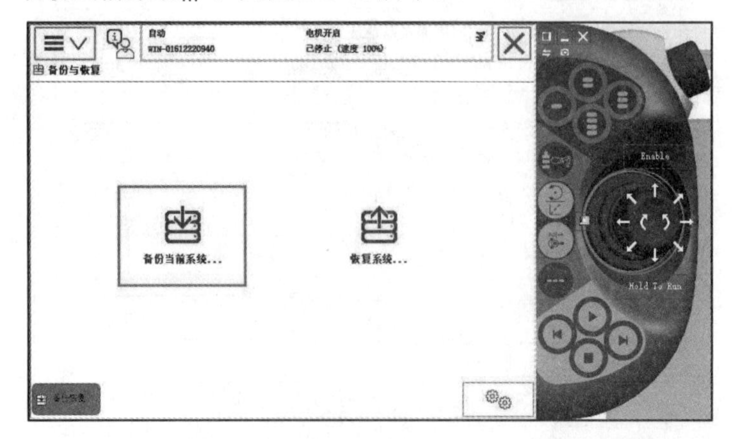

图 2-2-16

(3) 单击“ABC...”按钮，进行存放备份数据目录名称的设定，然后单击“...”，选择备份存放的位置(机器人硬盘或是 USB 存储设备)；最后单击“备份”进行备份操作。如图 2-2-17 所示。

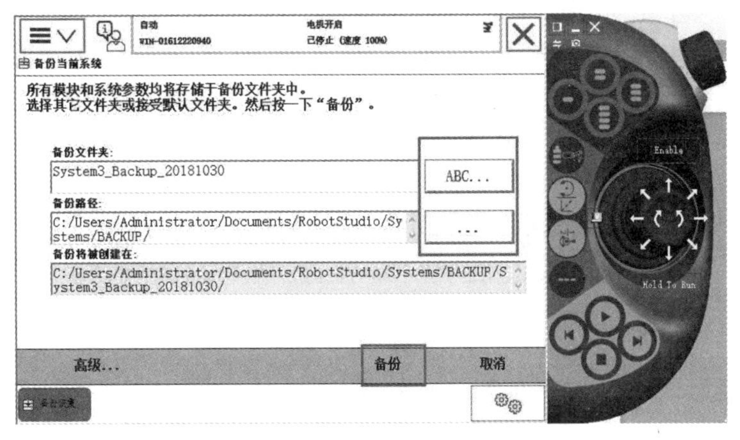

图 2-2-17

(4) 单击“恢复系统...”按钮，如图 2-2-18 所示。

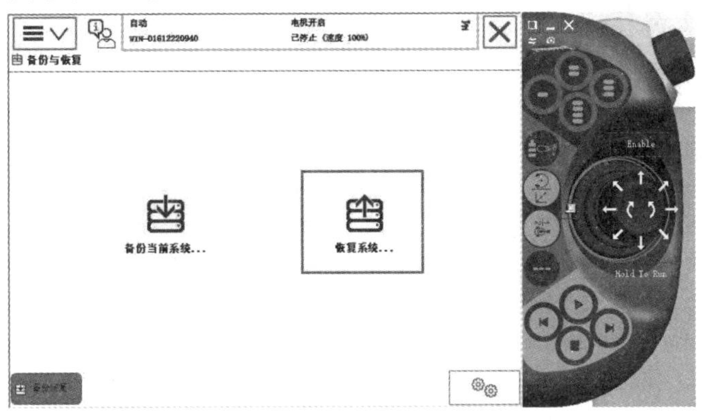

图 2-2-18

(5) 单击单击“...”，选择备份存放的目录，单击“恢复”，如图 2-2-19 所示。

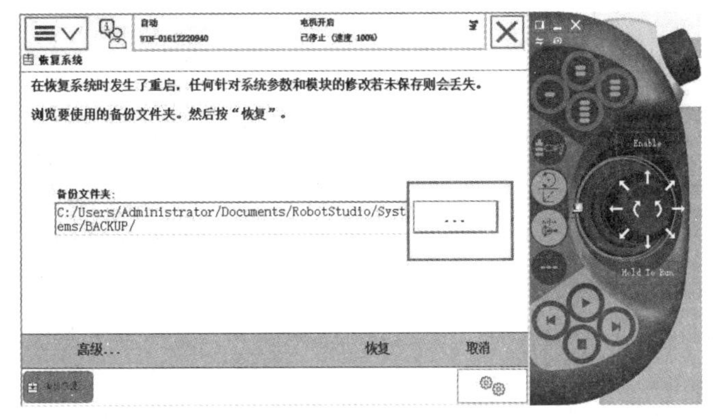

图 2-2-19

(6) 单击“是”，即完成机器人数据的恢复，如图 2-2-20 所示。

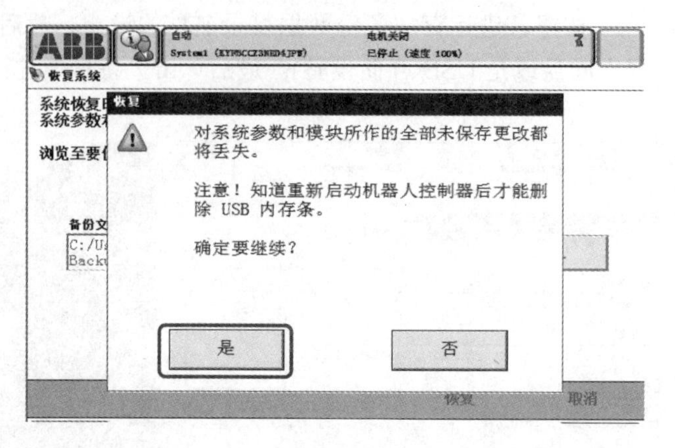

图 2-2-20

注意：在进行恢复时，备份数据是具有唯一性的，不能将一台机器人的备份恢复到另一台机器人中去，这样做的话，会造成系统故障。

7. 查看事件日志信息

将控制器调整成“手动”模式再按显示器上面“防护装置停止”按钮，即可显示事件信息，如图 2-2-21 所示。

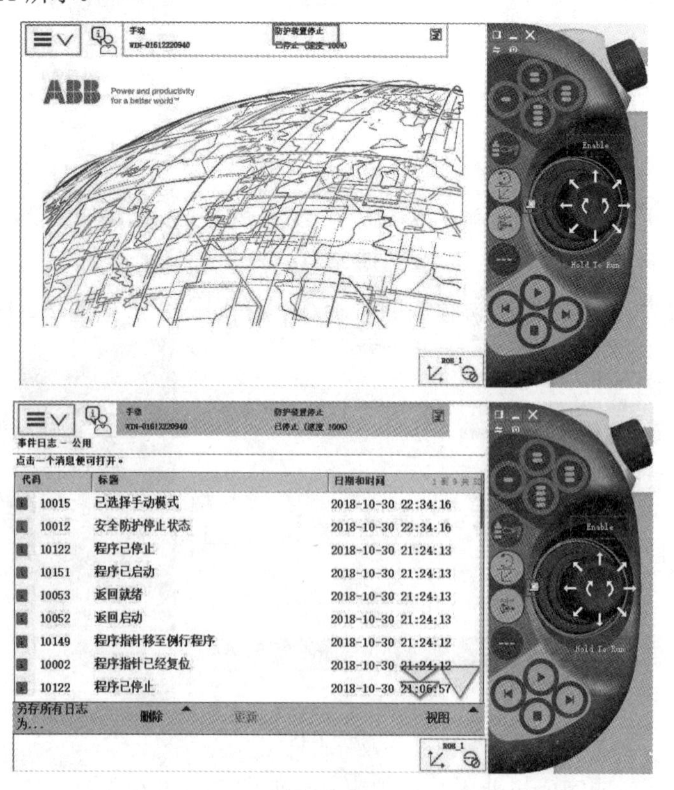

图 2-2-21

任务 3 ABB 工业机器人手动操作

➢ 任务目标

1. 掌握 ABB 工业机器人的单轴运动模式。
2. 掌握 ABB 工业机器人的线性运动模式。
3. 掌握 ABB 工业机器人重定位运动模式。
4. 通过示教器完成 ABB 工业机器人运行轨迹。

1. ABB 工业机器人手动操作方式

手动操作机器人运动共有三种模式，即单轴运动、线性运动和重定位运动，如图 2-3-1 所示。

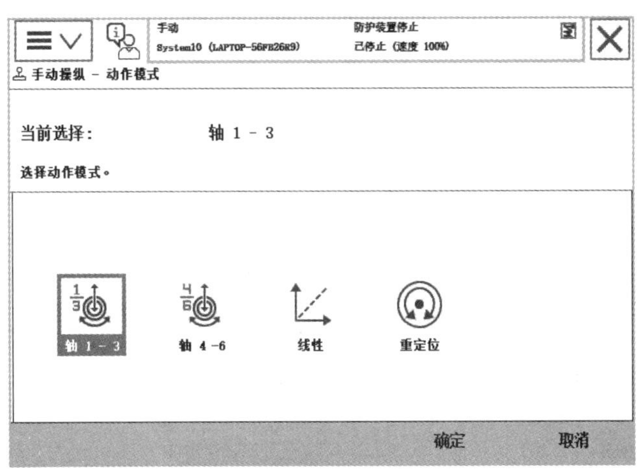

图 2-3-1

2. ABB 工业机器人的单轴运动

一般 ABB 机器人由六个伺服电动机分别驱动机器人的六个关节轴，每次手动操作一个关节轴的运动，就被称为单轴运动。单轴运动是指每一个轴都可以单独运动，所以在一些特别的场合使用单轴运动来操作会很方便快捷。比如说在进行转数计数器更新的时候可以用单轴运动的操作，还有机器人出现机械限位和软件限位，也就是超出移动范围而停止时，可以利用单轴运动的手动操作，将机器人移动到合适的位置。单轴运动在进行粗略的定位

和比较大幅度的移动时，相比其他的手动操作模式会方便快捷很多。

其操作步骤如下：

(1) 将机器人操作模式选择器置于手动限速模式，如图 2-3-2 所示。

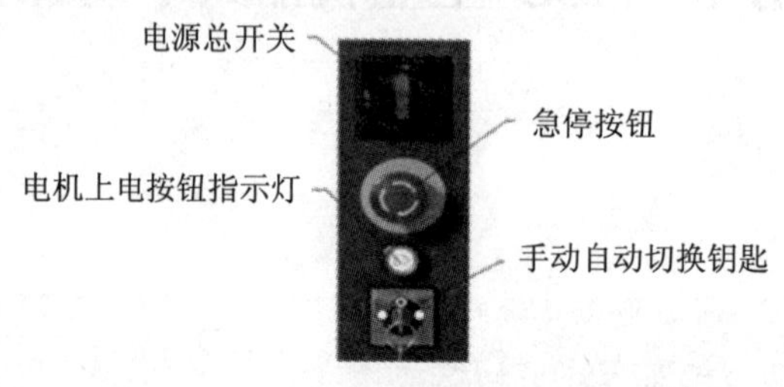

图 2-3-2

(2) 在状态栏中，确认机器人的状态已经切换为手动，如图 2-3-3 所示。

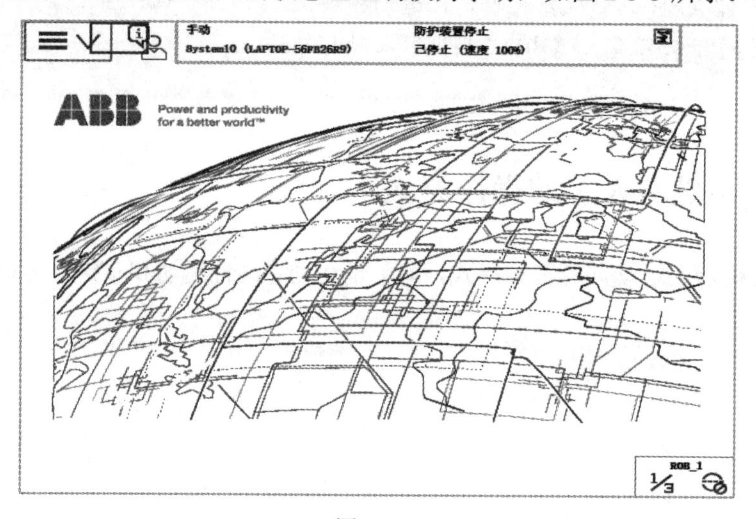

图 2-3-3

(3) 单击示教器左上角按钮，选择“手动操纵”。在手动操纵的属性界面，单击“动作模式”，如图 2-3-4 所示。

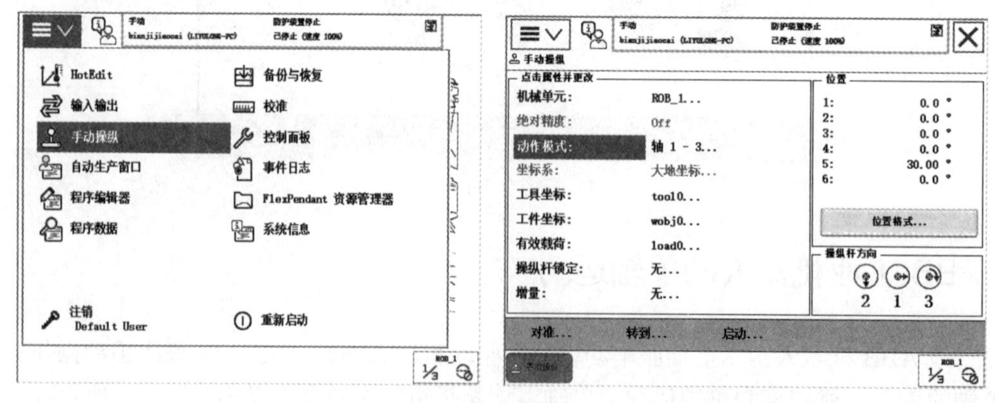

图 2-3-4

(4) 选中“轴 1-3”然后单击“确定”就能使机器人 1 到 3 轴动作，选中“轴 4-6”然后单击“确定”就能使机器人的 4 到 6 轴动作，如图 2-3-5 所示。

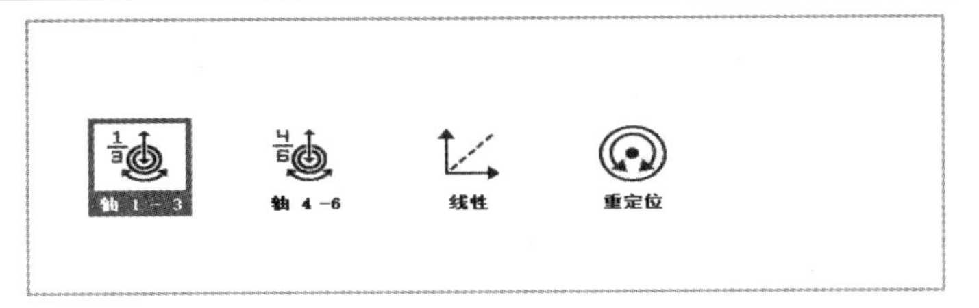

图 2-3-5

(5) 轻轻按下“使能器”，并在状态栏确认机器人已经处于“电机上电状态”，手动操作机器人摇杆，完成单轴运动，箭头所指方向为运动正方向，如图 2-3-6 所示。

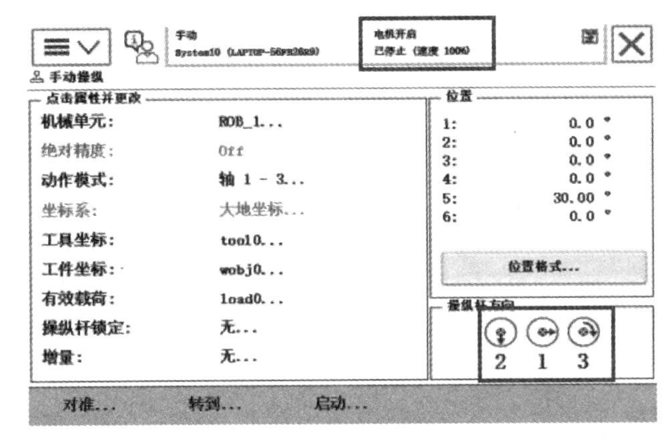

图 2-3-6

3. ABB 工业机器人的线性运动

机器人的线性运动是指安装在机器人第六轴法兰盘上工具的 TCP 在空间中作线性运动。线性运动是工具的 TCP 在空间的 X、Y、Z 的线性运动，移动的幅度较小，适合较为精确的定位和移动。

其操作步骤如下：

(1) 单击“运动模式”，选择“线性模式”，如图 2-3-7 所示。

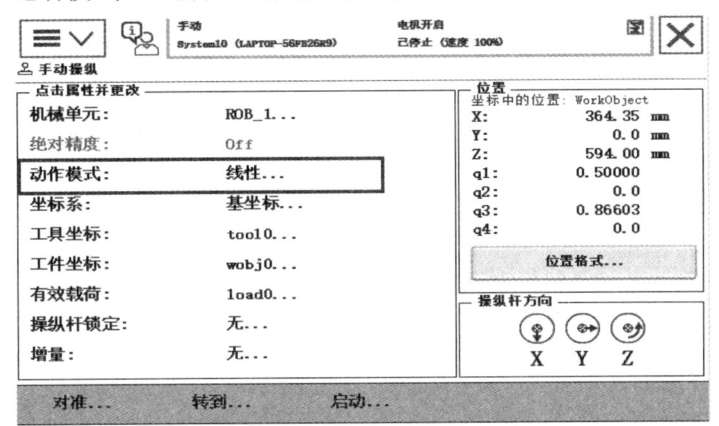

图 2-3-7

(2) 将机器人的线性运动改为要指定的工具坐标号，单击“工具坐标”，选中对应的工具坐标号“tool1”。这里的 tool1 是自行定义的工具坐标系，这个下面会详细介绍，tool0 是预定义的工具坐标系，中心点位于机器人安装法兰的中心，以后定义的新的工具坐标系定义为 tool0 的偏移值，如图 2-3-8 所示。

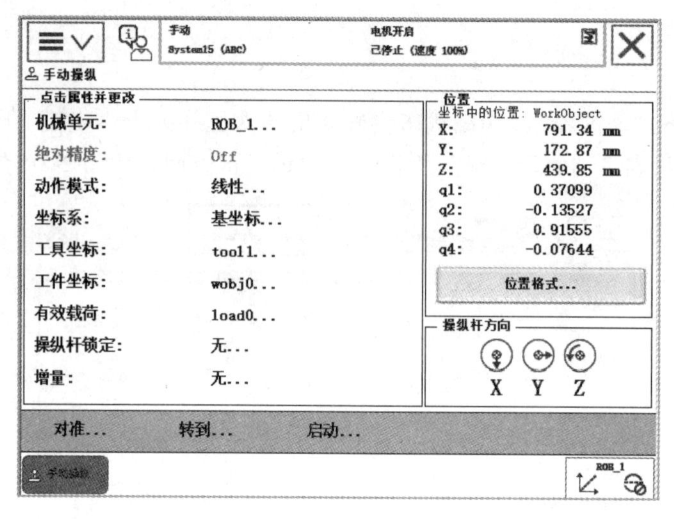

图 2-3-8

(3) 按下“使能器”，并在状态栏确认机器人处于“电机开启”状态，手动操作摇杆，完成线性的 X、Y、Z 的运动，如图 2-3-9 所示。

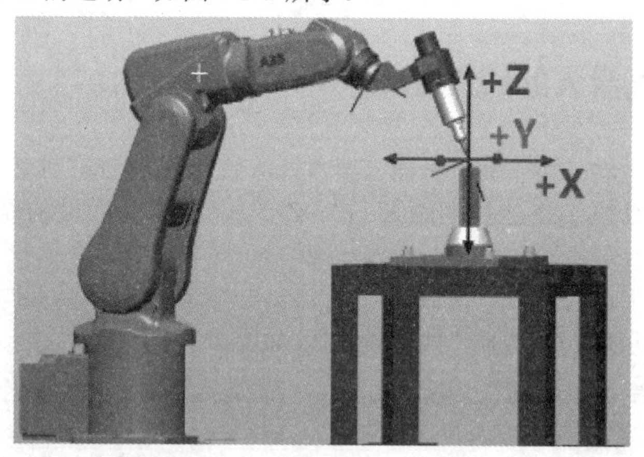

图 2-3-9

4. ABB 工业机器人的重定位运动

机器人的重定位运动是指机器人第六轴法兰盘上的工具 TCP 点在空间中绕着坐标轴旋转的运动，也可以理解为机器人绕着工具 TCP 点作姿态调整的运动。

其具体操作步骤如下：

(1) 单击运动模式，选择“重定位”，单击坐标系，选择“工具坐标系”，如图 2-3-10 所示。

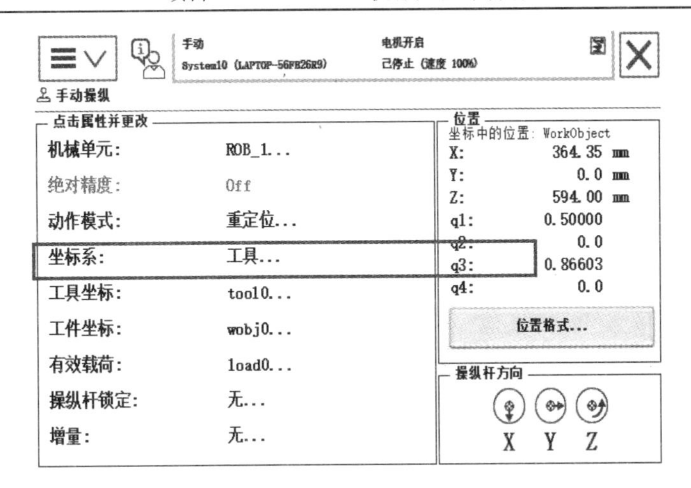

图 2-3-10

(2) 单击工具坐标，选择“tool1”，如图 2-3-11 所示。

(3) 按下“使能器”，并在状态栏确认机器人处于“电机开启”状态，手动操作摇杆，完成机器人绕着工具 TCP 点做姿态旋转运动，如图 2-3-12 所示。

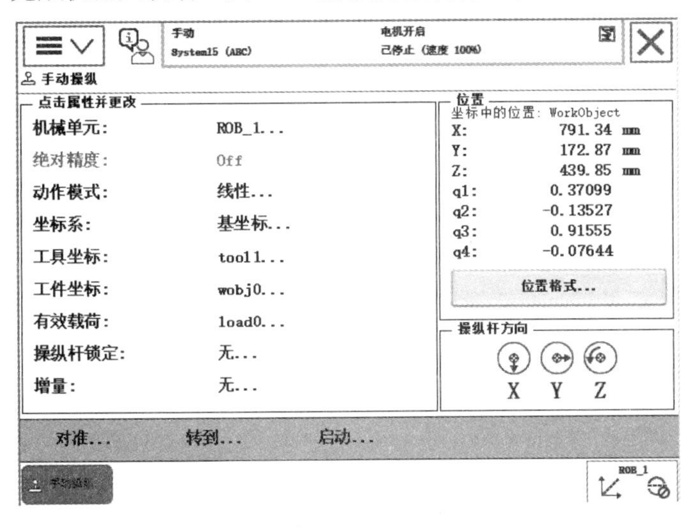

图 2-3-11

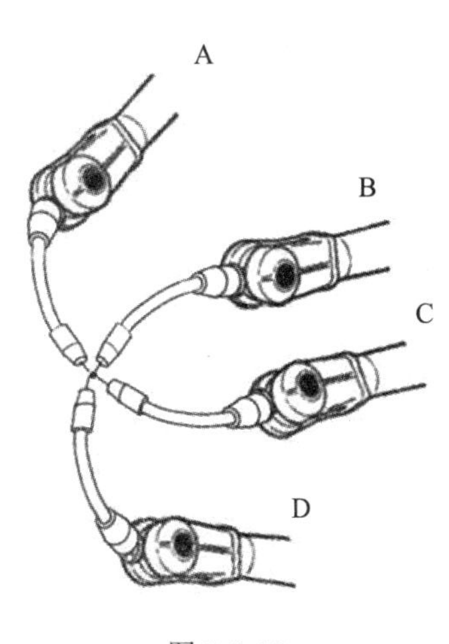

图 2-3-12

5. ABB 工业机器人的增量模式

如果对使用操纵杆通过位移幅度来控制机器人运动的速度不熟练的话，可以使用“增量”模式，来控制机器人运动。

在增量模式下，操纵杆每位移一次，机器人就移动一步。如果操纵杆持续一秒或数秒钟，机器人就会持续移动(速率为每秒 10 步)。

具体的操作步骤如下：

(1) 单击增量模式，如图 2-3-13 所示。

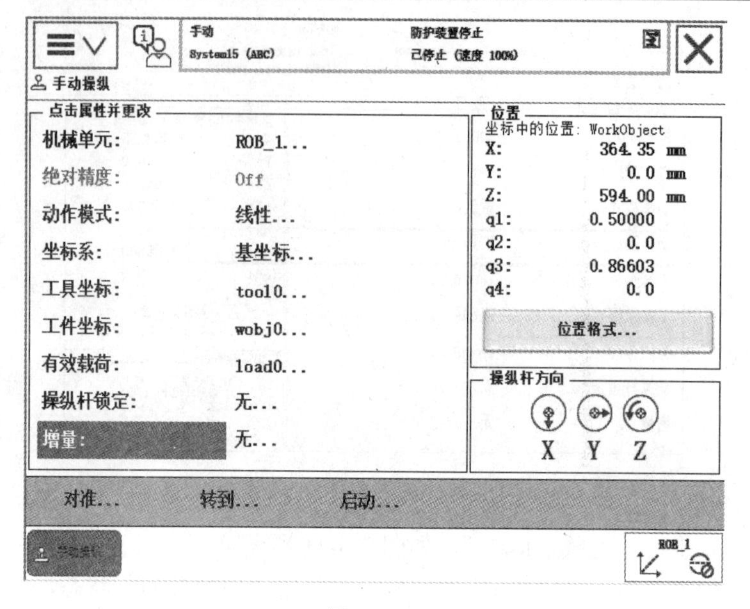

图 2-3-13

(2) 根据所要移动幅度的大小，选择相对应的档位，单击“确定”，如图 2-3-14 所示。

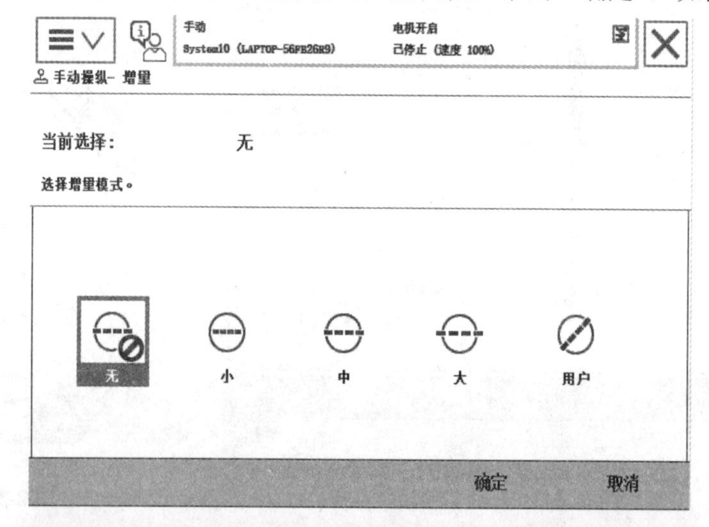

序号	增量	移动距离/mm	角度/°
1	小	0.05	0.005
2	中	1	0.02
3	大	5	0.2
4	用户	自定义	自定义

图 2-3-14

6. ABB 工业机器人的转数计数器更新操作

ABB 机器人六个关节轴都有一个机械原点的位置。在以下的情况，我们需要对机械原点的位置进行转数计数器更新操作：更换伺服电机转数计数器电池后，当转数计数器发生故障，修复后；转数计数器与测量板之间断开过以后；断电后，机器人关节轴发生了移动；当系统报警提示“10036 转数计数器未更新”时。

其操作步骤如下：

(1) 手动操作每个关节轴到标定的机械原点，如图 2-3-15 所示。

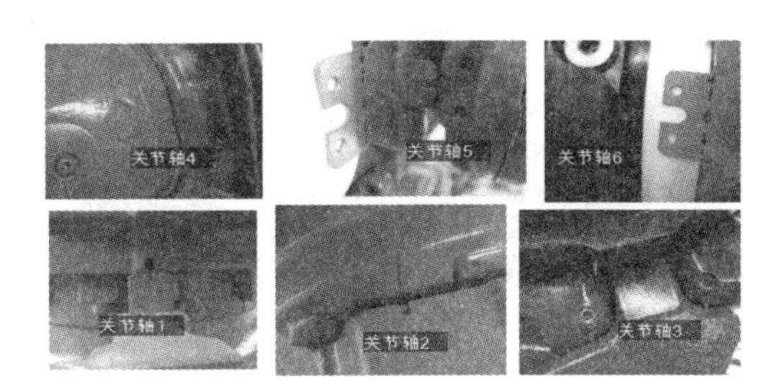

图 2-3-15

(2) 编辑电机校准偏移数据，如图 2-3-16 所示。

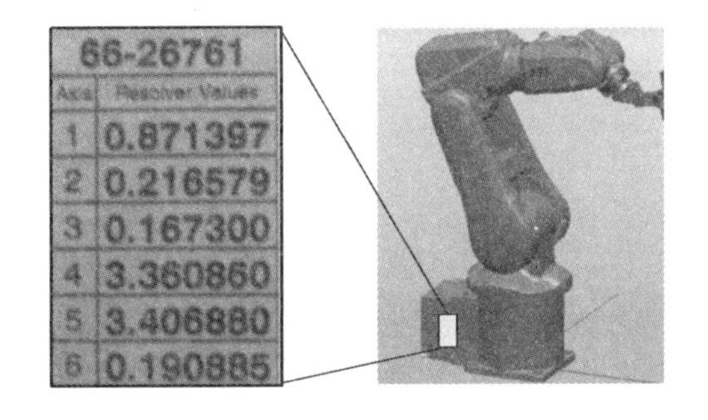

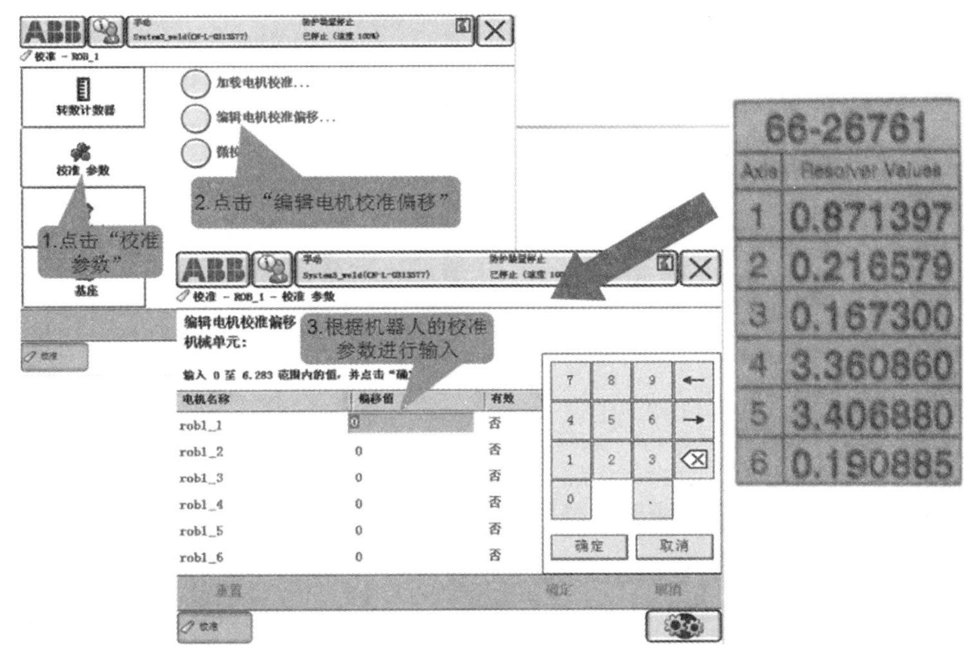

图 2-3-16

如果机器人由于安装位置的关系，无法六个轴同时到达机械原点刻度位置，则可以逐一对关节轴进行转数计数器更新。

(3) 进行校准操作，更新转数计数器，如图 2-3-17 所示。

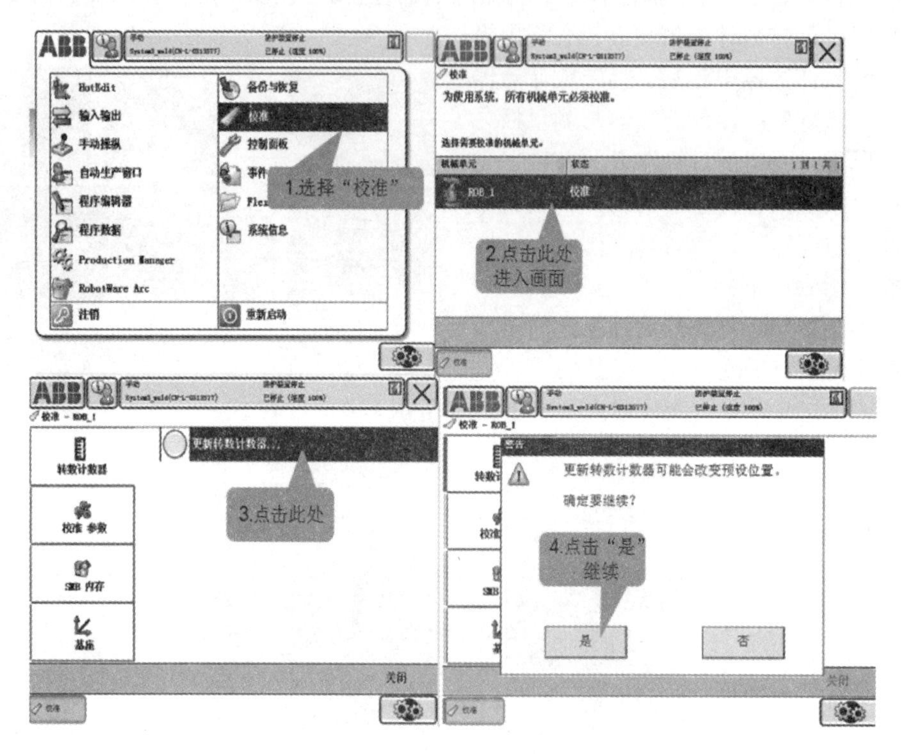

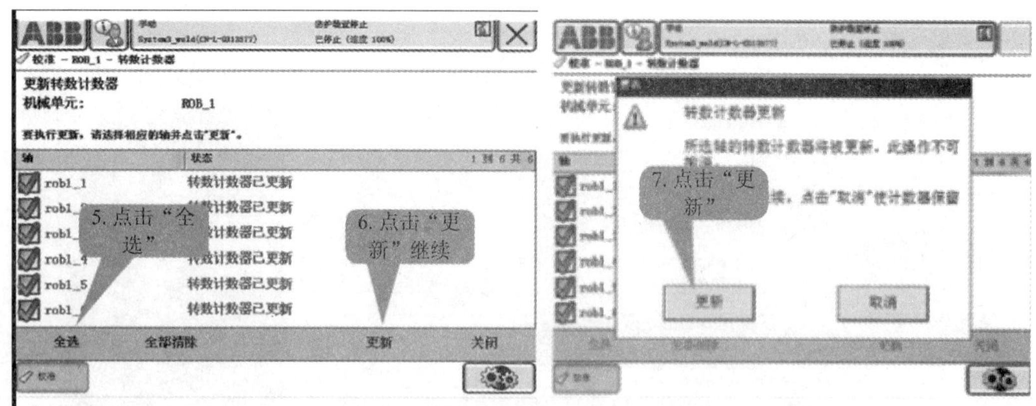

图 2-3-17

7. ABB 工业机器人示教器快捷键的使用

(1) 手动操作快捷键。在示教器的操作面板上有关于手动操纵的快捷键，这会方便我们在操作机器人运动时直接使用，不用返回到主菜单进行设置。手动操作快捷键如图 2-3-18 所示，有机器人外轴的切换，线性运动和重定位运动的切换，关节运动轴 1-3 轴和 4-6 轴的切换，还有增量运动的开关。

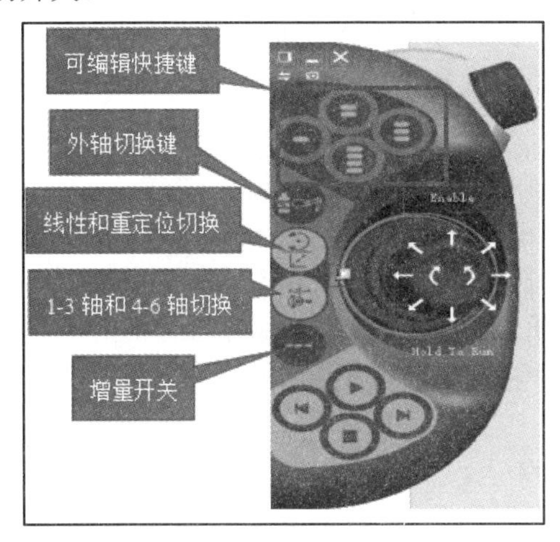

图 2-3-18

(2) 触摸屏部分快捷键，单击屏幕右下角，如图 2-3-19 所示。

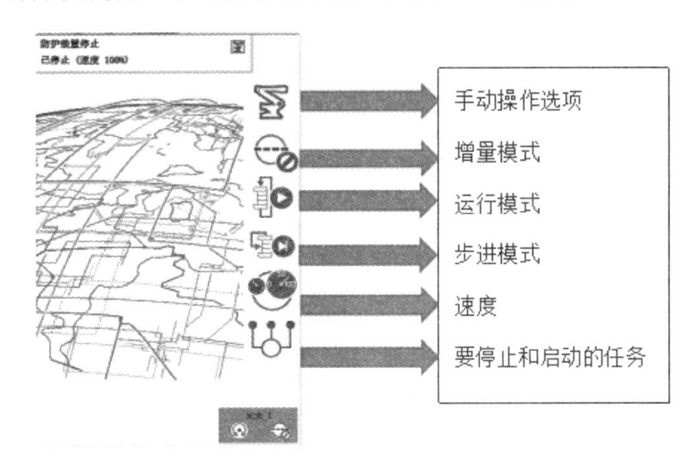

图 2-3-19

习　题

一、选择题

1. 手动操作机器人一共有三种方式，下面选项中不属于这三种运动模式的是(　　)。
   A. 单轴运动　　B. 线性运动　　C. 圆弧运动　　D. 重定位运动
2. 手动操作机器人的时候，机器人的速度与操作杆的(　　)有关。
   A. 幅度　　B. 大小　　C. 颜色　　D. 方向
3. 在何处找到机器人的序列号？(　　)
   A. 控制柜名牌　　B. 示教器　　C. 操作面板　　D 驱动板
4. 在哪个窗口可以看到故障信息(　　)。

A. 程序数据　　B. 控制面板　　C. 事件日志　　D. 系统信息

5. 在急停解除后，在何处复位可以使电机上电。(　)

A. 控制柜白色按钮　　B. 示教器　　C. 控制柜内部　　D. 机器人本体

二、简答题

1. ABB 工业机器人组成部分有哪些？
2. 怎么控制示教器的操作杆去控制机器人的运动速度？
3. 怎样设定示教器的显示语言？
4. 如何对 ABB 工业机器人的操作系统及数据进行备份和恢复？
5. ABB 工业机器人手动操作方式有哪几种？

项目三　ABB 工业机器人仿真软件的基本操作

任务 1　安装 ABB 工业机器人仿真软件 RobotStudio

➢ 任务目标

1. 了解机器人仿真软件 RobotStudio。
2. 熟悉仿真安装软件的流程。
3. 熟悉安装过程中的各种设置。

仿真软件 RobotStudio 的安装步骤

仿真软件 RobotStudio 的安装步骤如下：

(1) 打开机器人软件 Robot Studio 安装文件中找到“setup”，如图 3-1-1 所示。

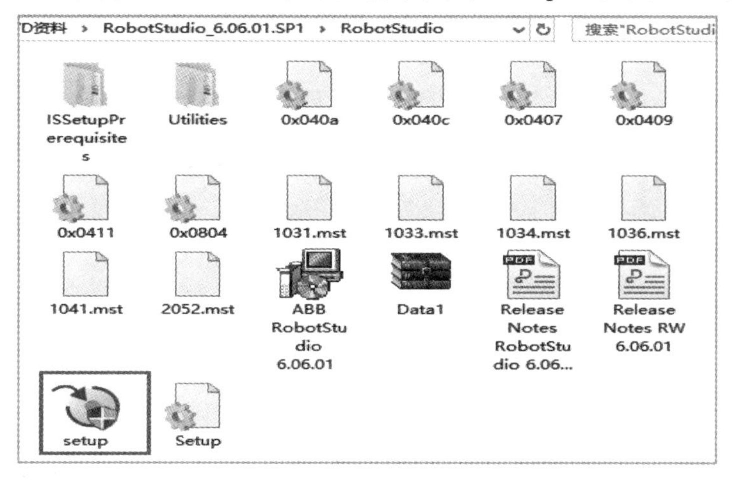

图 3-1-1

(2) 双击运行“setup”，稍等后弹出对话框，如图 3-1-2 所示，单击“下一步”。

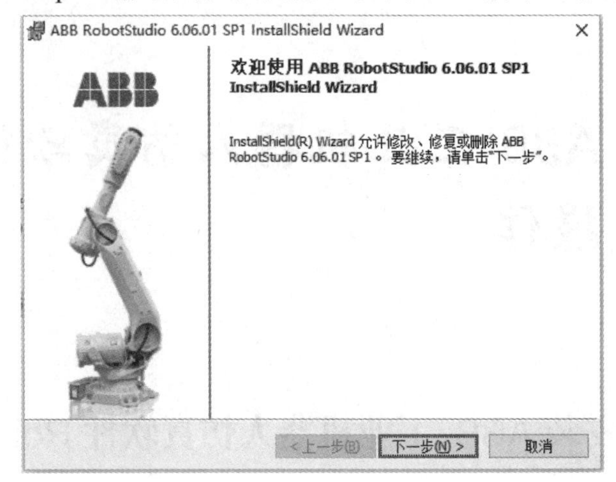

图 3-1-2

(3) 选择“我接受该许可证协议中的条款”，并单击“下一步”，如图 3-1-3 所示。

图 3-1-3

(4) 单击“更改”设置好安装路径后，单击“下一步”，如图 3-1-4 所示。

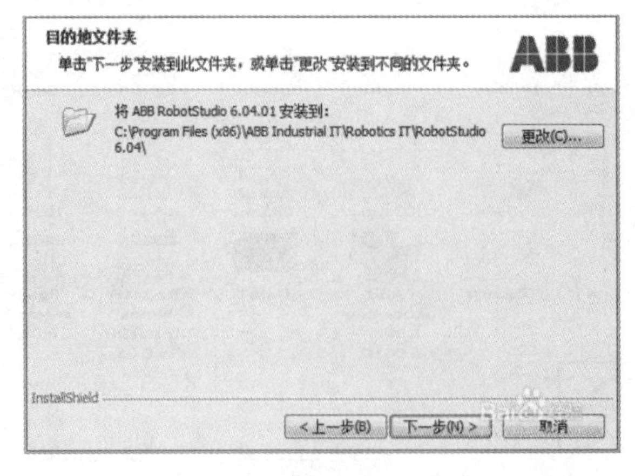

图 3-1-4

(5) 在安装类型选择时，默认选择的“完整安装”，如果有特殊需求，可自定义。选择完成后，单击“下一步”，如图 3-1-5 所示。

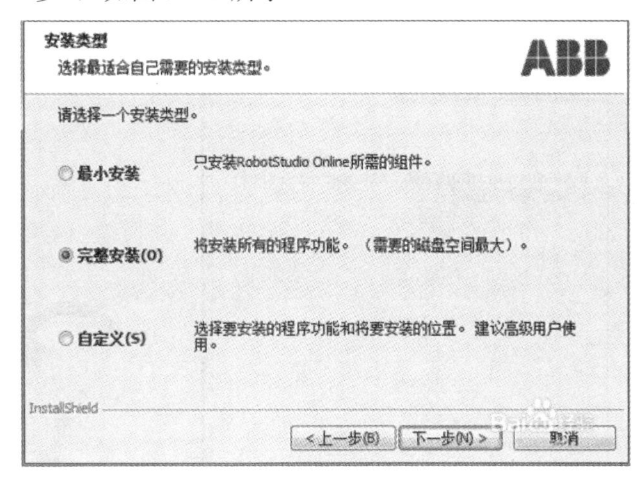

图 3-1-5

(6) 单击“安装”，如图 3-1-6 所示。图 3-1-7 所示为程序正在安装。

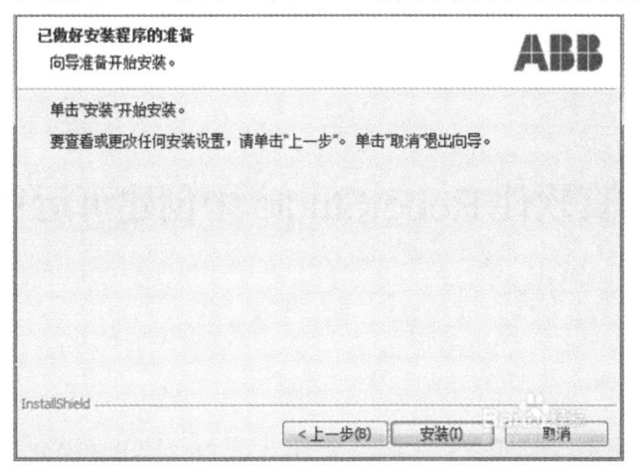

图 3-1-6

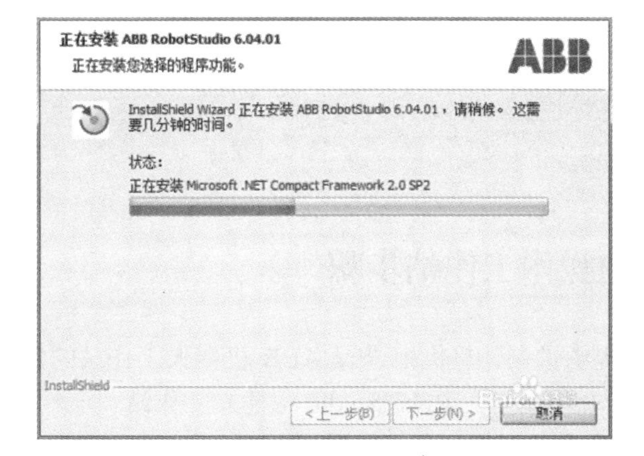

图 3-1-7

(7) 单击“完成”，即完成“RobotStudio”的安装，如图 3-1-8 所示。

(8) 安装完成之后，桌面上会显示出图标，如图 3-1-9 所示。

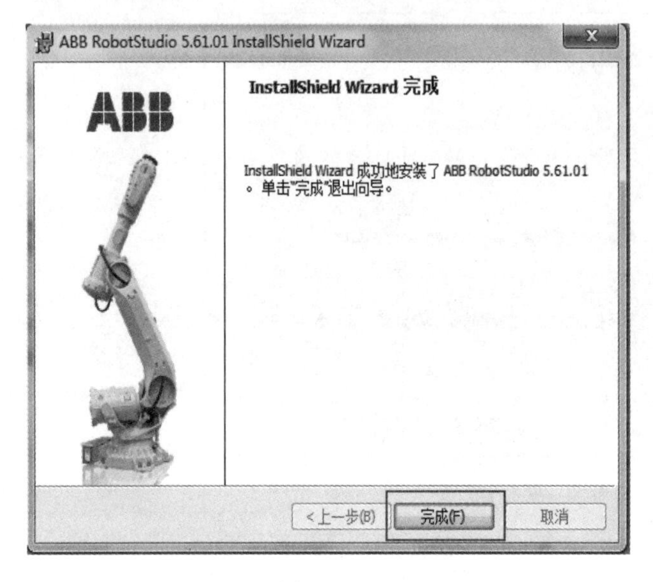

图 3-1-8

图 3-1-9

任务 2　在仿真软件 RobotStudio 中创建可运行操作工作站

➢ 任务目标

1. 学会 ABB 工业机器人工作站的基本布局方法。
2. 学会加载 ABB 工业机器人及周边的模型。
3. 学会用仿真虚拟示教器手动操作机器人。
4. 学会仿真软件进行仿真机器人的运动轨迹。

RobotStudio 创建操作工作站步骤

RobotStudio 软件提供了在计算机中进行 ABB 机器人工作站的建立，虚拟示教器操作等模拟仿真功能。下面介绍如何在 RobotStudio 中建立工作站。

(1) 单击桌面图标，进入创建画面，如图 3-2-1 所示。

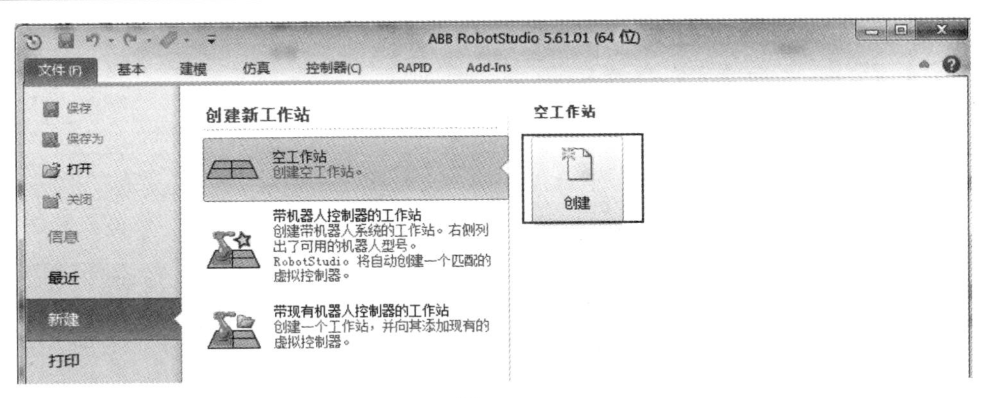

图 3-2-1

(2) 单击“创建”图标，弹出工作站画面，单击“ABB 模型库”下拉菜单，如图 3-2-2 所示。

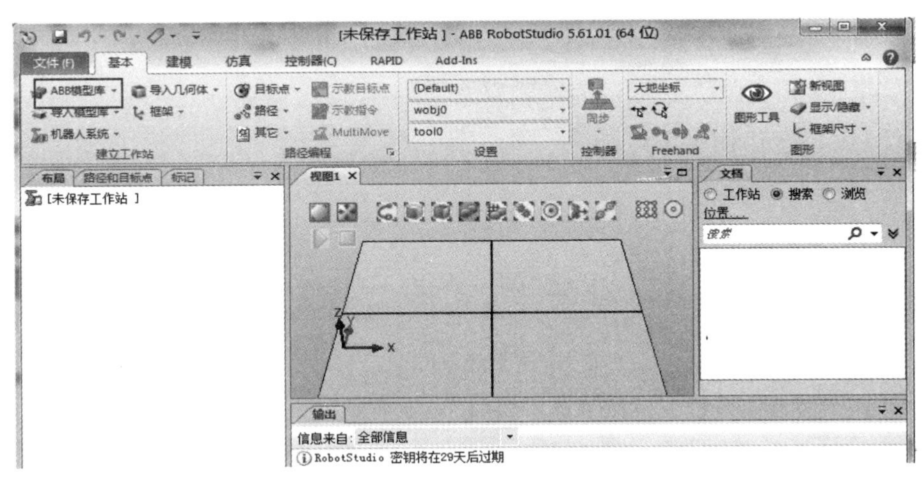

图 3-2-2

(3) 弹出 ABB 机器人库，选择所需机器人，如图 3-2-3 所示。

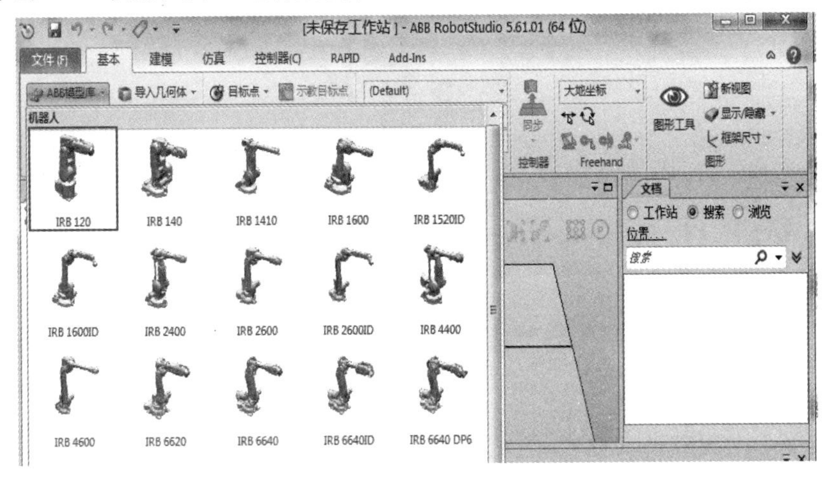

图 3-2-3

(4) 弹出所选机器人信息，单击“确定”，如图 3-2-4 所示。

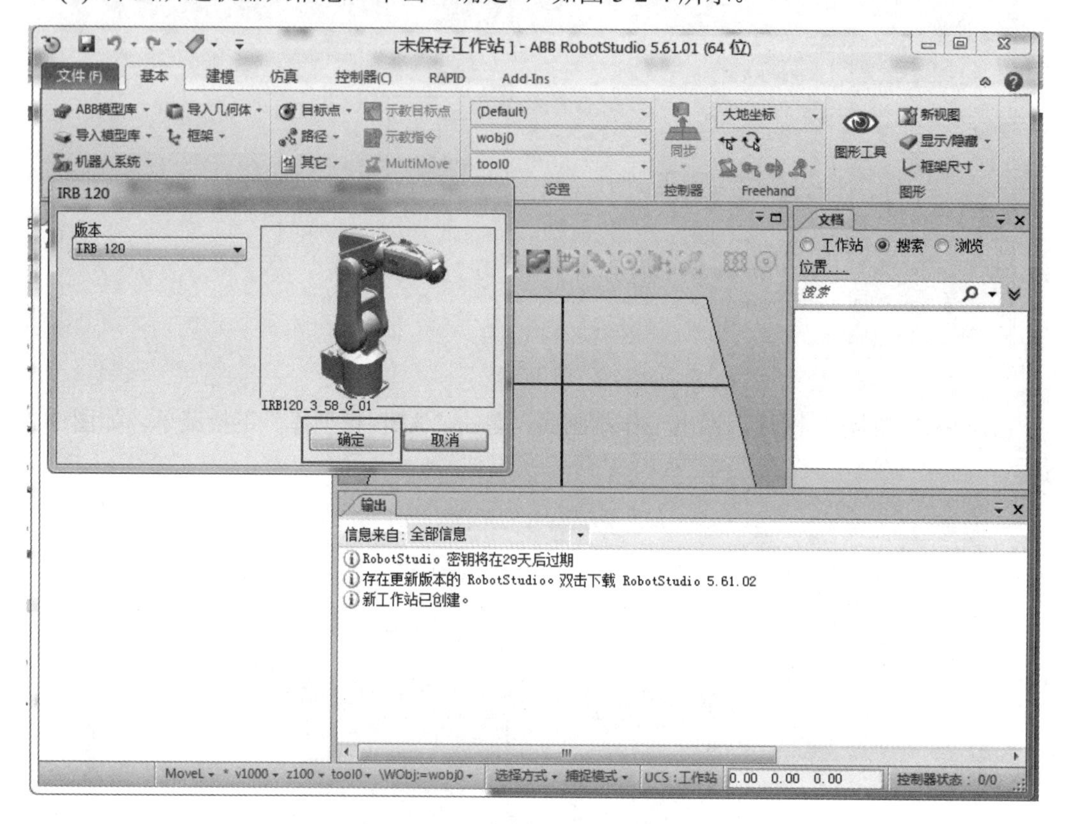

图 3-2-4

(5) 单击“机器人系统”下拉菜单，如图 3-2-5 所示。

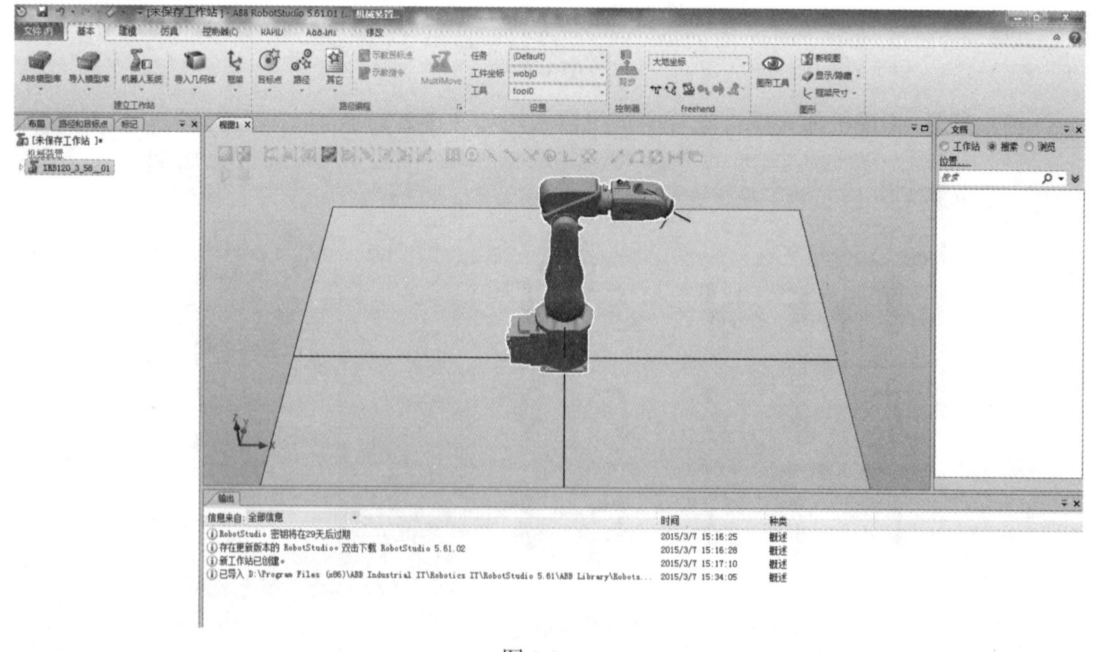

图 3-2-5

(6) 选择“从布局...”，如图 3-2-6 所示。

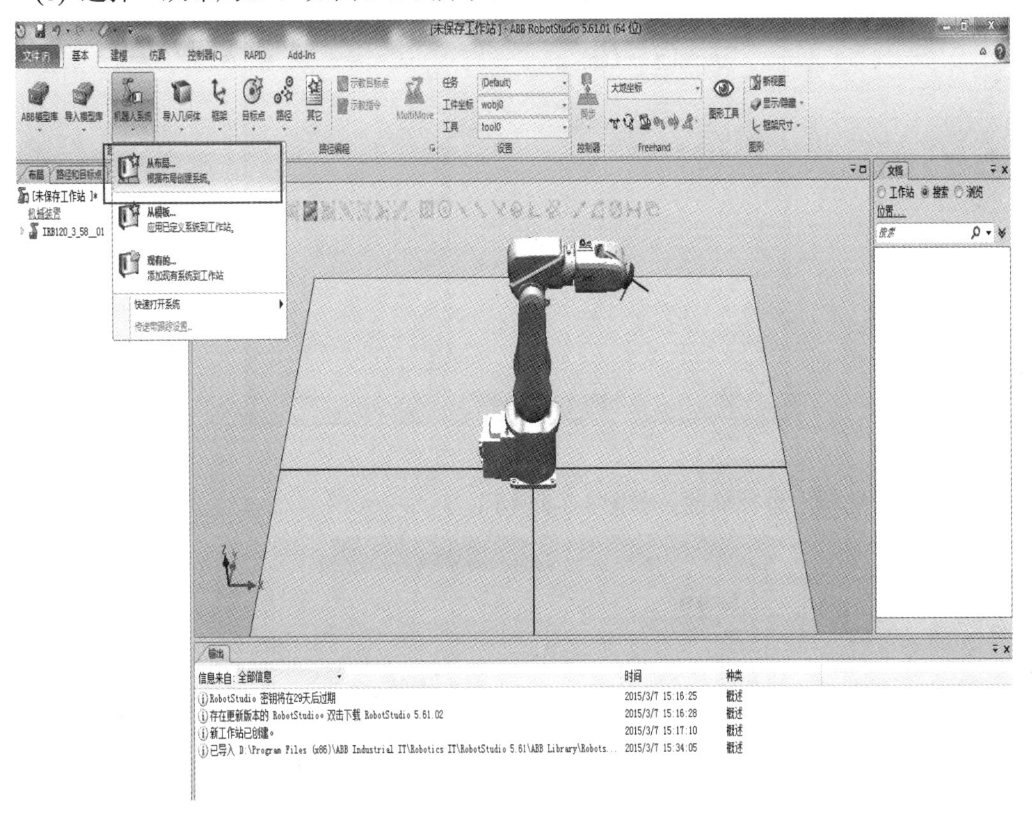

图 3-2-6

(7) 弹出从布局创建系统对话框，单击“下一个”，如图 3-2-7 所示。

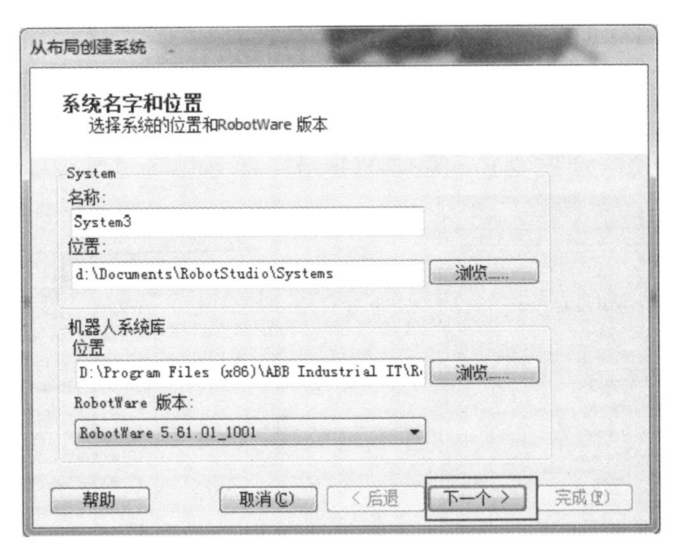

图 3-2-7

(8) 勾选选择项，单击“下一个”，如图 3-2-8 所示。

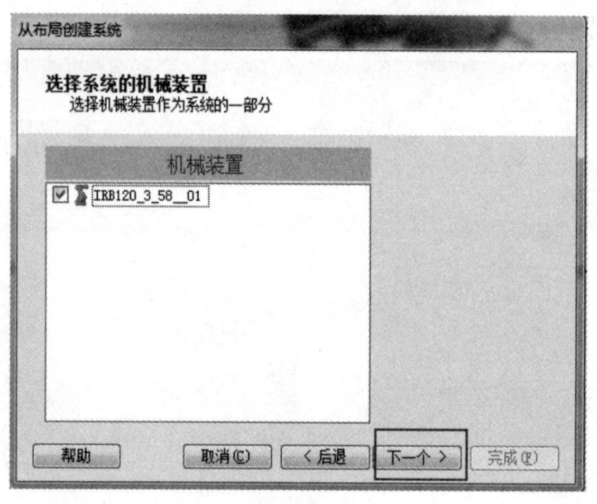

图 3-2-8

(9) 单击“选项”进行修改，如图3-2-9所示。

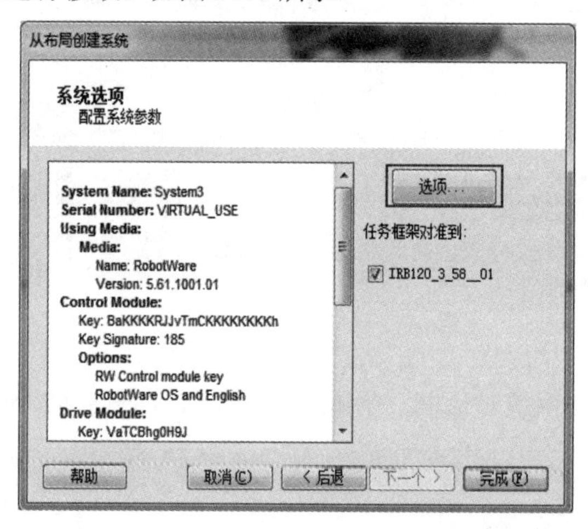

图 3-2-9

(10) 勾选为中文，如图3-2-10、图3-2-11所示。

图 3-2-10

图 3-2-11

(11) 根据需要勾改其他选项，如图 3-2-12、图 3-2-13 所示。

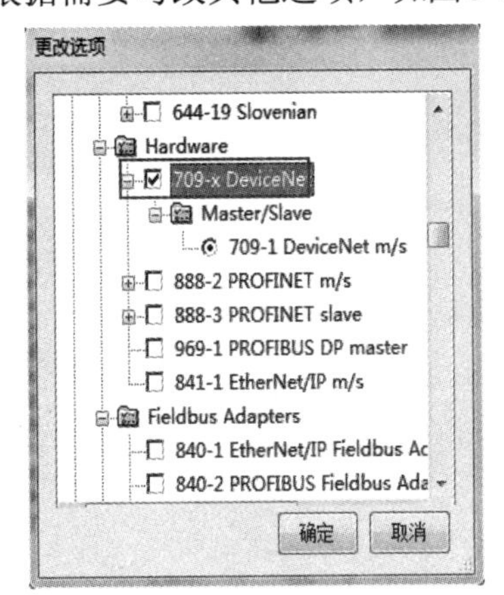

图 3-2-12

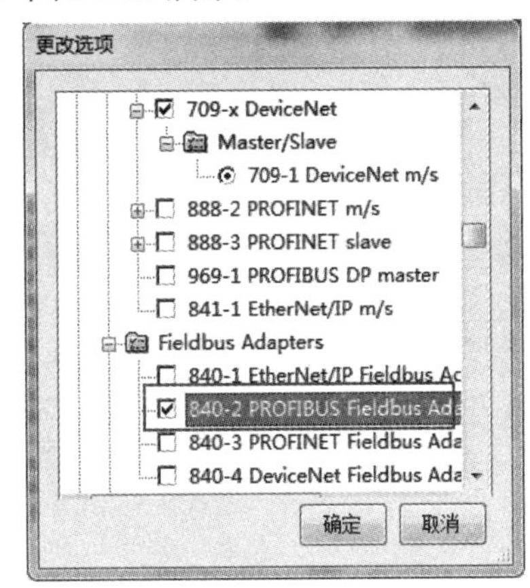

图 3-2-13

(12) 选择完成，单击“确定”，回到系统对话框，单击“完成”，如图 3-2-14 所示。

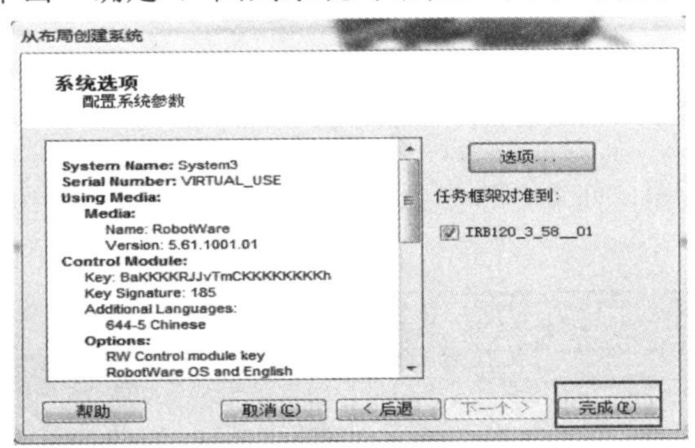

图 3-2-14

(13) 创建完成回到工作站画面，打开“控制器”工具栏，如图 3-2-15 所示。

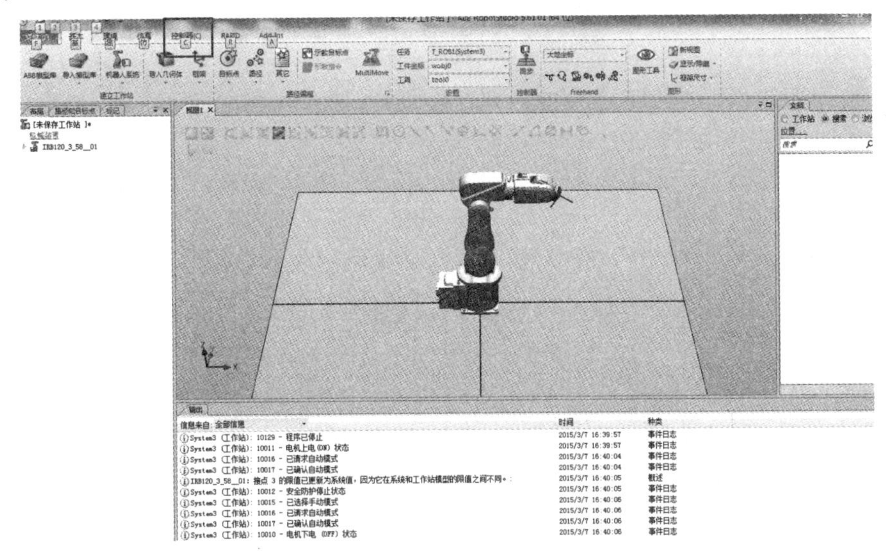

图 3-2-15

(14) 单击“虚拟示教器”下拉菜单，选择“虚拟示教器”，如图 3-2-16 所示。

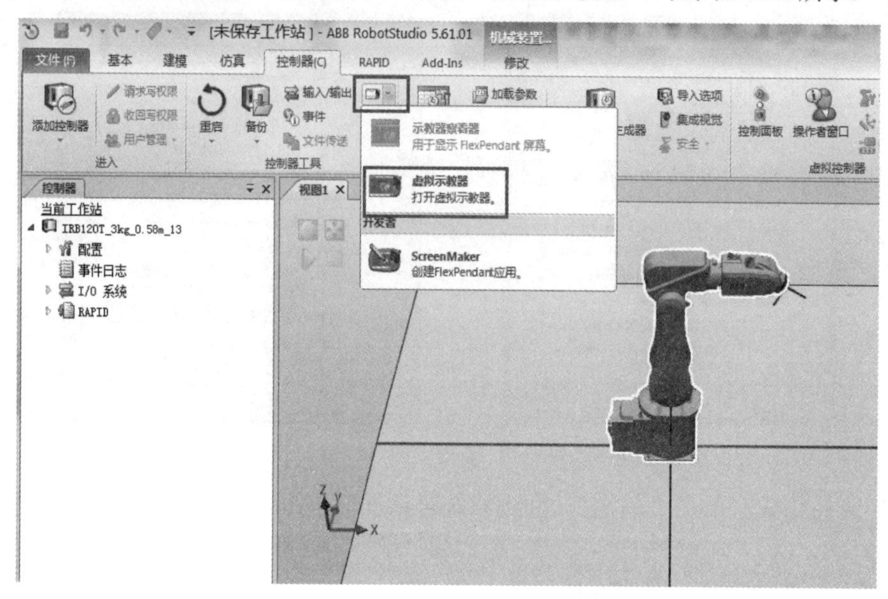

图 3-2-16

(15) 打开虚拟示教器，如图 3-2-17 所示。在这里可以进行设置、编程、调试、仿真等功能。

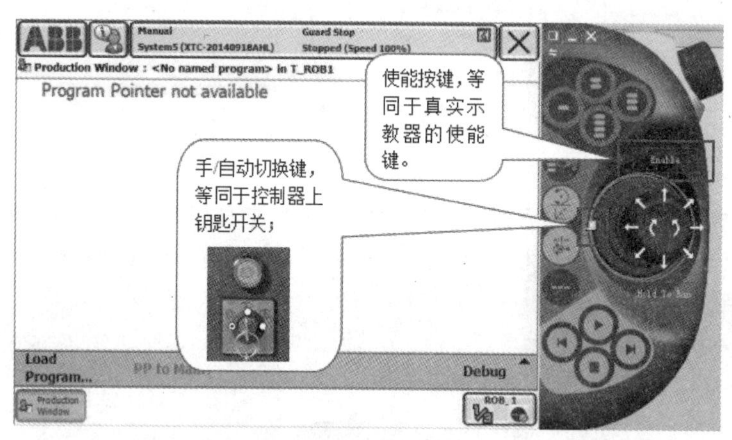

图 3-2-17

习　　题

实操题：

实操一：在电脑上安装 RobotStudio 仿真软件。

实操二：在 RobotStudio 软件中创建可操作的工作站。

实操三：利用虚拟仿真示教器对虚拟机器人进行手动操作。

项目四　ABB 工业机器人坐标系及初始运动指令

任务 1　ABB 工业机器人的四种坐标系

➢ 任务目标

1. 了解什么是机器人的坐标系。
2. 理解什么是机器人的大地坐标。
3. 理解什么是机器人的基坐标。
4. 理解什么是机器人的工具坐标。
4. 理解什么是机器人的工件坐标。

坐标系从一个称为原点的固定点通过轴定义平面或空间。机器人目标和位置通过沿坐标系轴的测量来定位。机器人使用若干坐标系，每一坐标系都适用于特定类型的微动控制或编程。

机器人使用若干坐标系，每一坐标系都适用于特定类型的微动控制或编程。ABB 机器人线性移动常用的四种坐标系如图 4-1-1 所示。

图 4-1-1

(1) 基坐标系：最便于机器人从一个位置移动到另一个位置的坐标系。

(2) 工件坐标系：与工件相关，通常是最适用于对机器人进行编程的坐标系。

(3) 工具坐标系：定义机器人到达预设目标时所使用工具的位置。

(4) 大地坐标：可定义机器人单元，所有其他坐标系都和大地坐标系直接或间接相关。它适用于微动控制、一般移动以及处理具有若干机器人或外轴移动机器人的工作站和工作单元。

1. 机器人的基坐标

基坐标系在机器人基座中有相应的零点，这使固定安装的机器人的移动具有可预测性。因此它对于将机器人从一个位置移动到另一个位置有很大的帮助。

在正常配置的机器人系统中，当用户站在机器人的前方并在基坐标系中微动控制，将摇杆拉向自己一方时机器人将沿 X 轴移动，向两侧移动摇杆时机器人将向 Y 轴移动，旋转摇杆时机器人将沿 Z 轴移动，如图 4-1-2 所示。

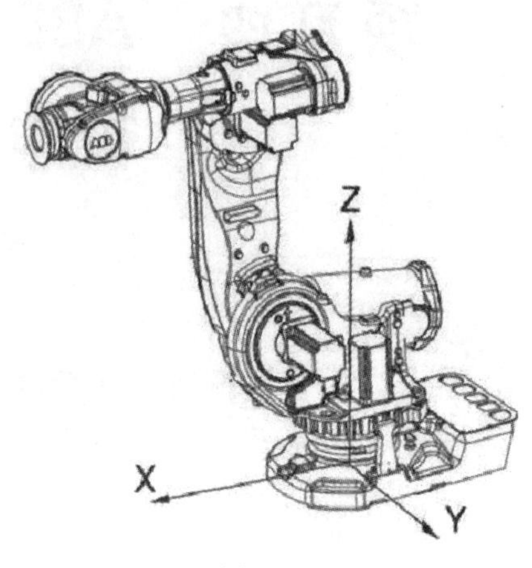

图 4-1-2

2. 机器人的工件坐标

工件坐标系对应工件，它是定义工件相对于大地坐标系或其他坐标系的位置。

工件坐标系必须定义两个框架：用户框架(和大地基座相关)和工件框架(和用户框架相关)。机器人可以拥有若干工件坐标系，或者表示不同工件，或者表示同一工件在不同位置的若干副本，如图 4-1-3 所示。

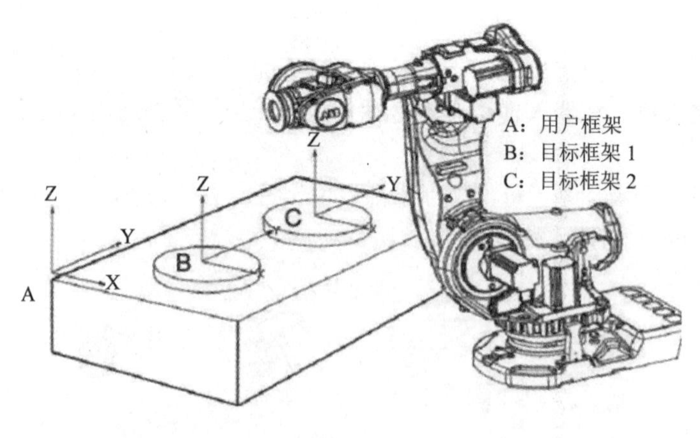

图 4-1-3

工件坐标系具有以下优点：

(1) 重新定位工作站的工件时，只需要更改工件坐标系的位置，所有路径都随之更新。

(2) 允许操作以外轴或传送导轨移动的工件，整个工件可连同其路径一起移动。

3. 机器人的工具坐标

工具坐标系将工具中心点设为零位，它会由此定义工具的位置和方向。工具坐标系常被缩写为 TCPF(TOOL Center Point Frame)，而工具坐标系中心缩写为 TCP(Tool Center Point)。执行程序时，机器人就是将 TCP 移至编程位置。也就是说，如果需要更改工具(以及工具坐标系)，机器人的移动将随之更改，以便新的 TCP 到达目标。所有 ABB 机器人在手腕处都有一个预设的 TCP tool0，这样就能将一个或多个新工具坐标系定义为 tool0 的偏移值，如图 4-1-4 所示。

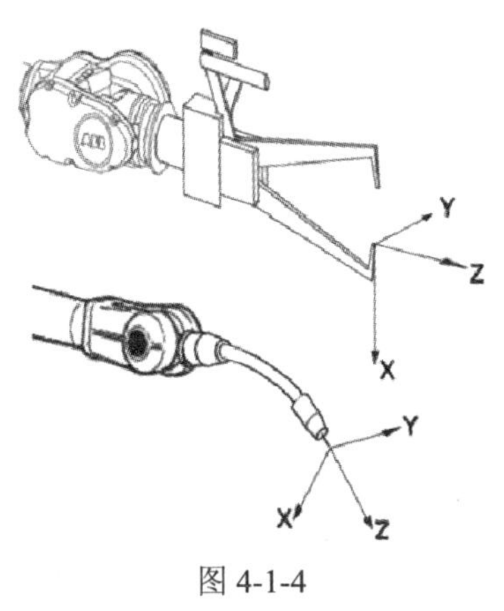

图 4-1-4

4. 机器人的大地坐标

大地坐标系在工作单元或工作站中的固定位置有其相应的零点，这有助于处理若干个机器人或由外轴移动的机器人。在默认状态下，大地坐标系与基坐标系一致，如图 4-1-5 所示。

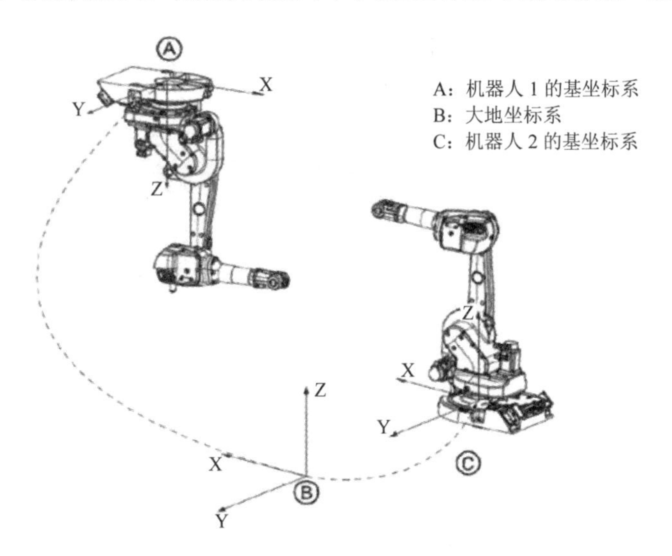

图 4-1-5

任务2　初始ABB工业机器人运动指令

➢ 任务目标

1. 初步了解机器人的基本运动指令。
2. 了解机器人基本的编程操作。
3. 熟悉机器人示教器的编程环境。

ABB机器人运动指令有四种，即MoveAbsJ、MoveJ、MoveL和MoveC，下面对这四种中运动指令一一做解释。

1. 绝对位置运动指令MoveAbsJ

绝对位置运动指令在MoveAbsJ中机器人的最终位置既不受工具或工作对象的影响，也不受激活程序更换的影响，但是机器人要用到这些数据来计算负载、TCP速度和转角点。相同的工具可以被用在相邻的运动指令中。机器人和外部轴沿着一个非直线路径移动到目标位置，所有轴在同一时间运动到目标位置。绝对位置运动指令是机器人以单轴运行的方式运动至目标点，绝对不存在死点，运动状态完全不可控，避免在正常生产中使用此指令，常用于检查机器人零点位置。其运动指令结构如图4-2-1所示。

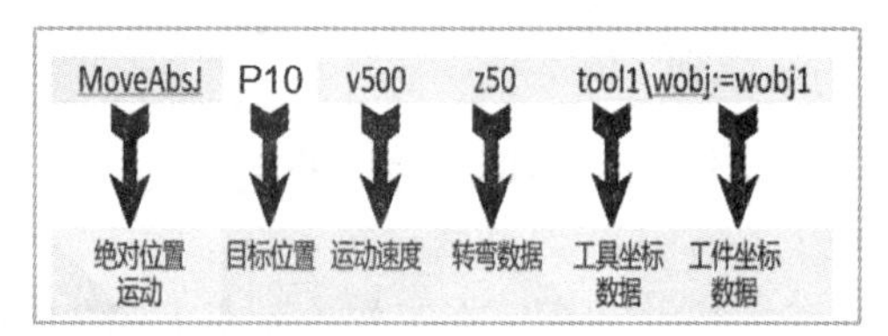

图4-2-1

在示教器里设定编写绝对位置运动指令“MoveAbsJ”：

(1) 在主界面里打开“手动操纵”，如图4-2-2所示。

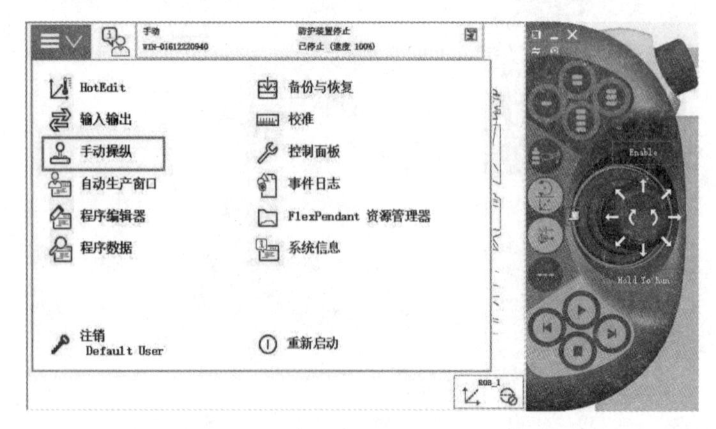

图4-2-2

(2) 选择正确的“工具坐标”和“工件坐标”，如图 4-2-3 所示。

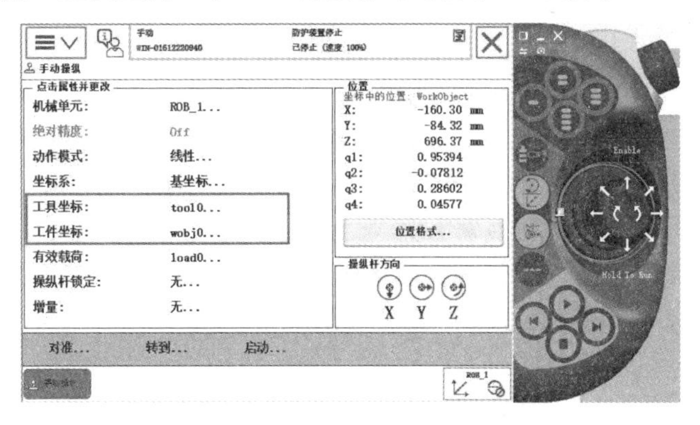

图 4-2-3

(3) 回到主界面选择“程序编辑器”，如图 4-2-4 所示。

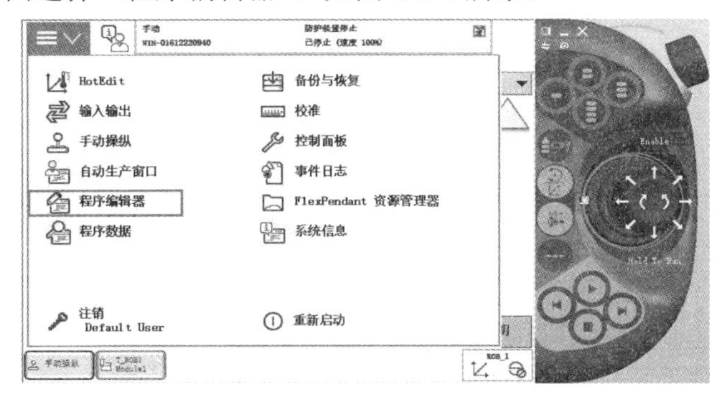

图 4-2-4

(4) 进入“程序编辑器”界面后，单击“添加指令”，然后在右侧列表里找到“MoveAbsJ”指令，如图 4-2-5 所示。

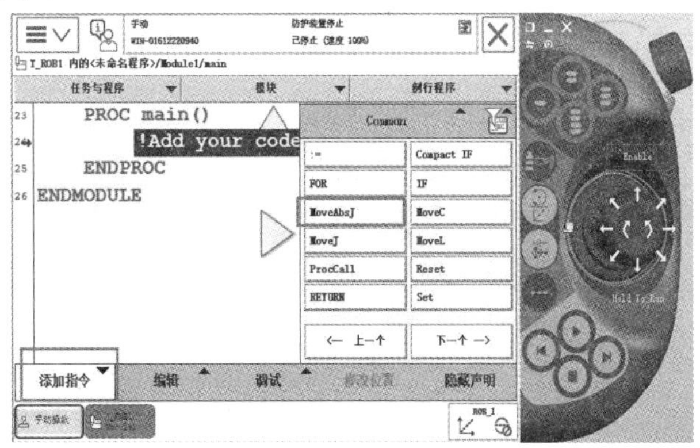

图 4-2-5

2. 关节运动指令 MoveJ

当工业机器人运动不必是直线的时候，MoveJ 用来快速将机器人从一个点运动到另一个点。机器人和外部轴沿着一个非直线的路径移动到目标点，所有轴同时到达目标点。该指令只能用在主任务 T_ROB1 中，或者在多运动系统中的运动任务中。机器人以最快捷的方式运动至目标点，机器人运动状态不完全可控，但运动路径保持唯一，关节运动指令适合机器人大范围运动时使用，不容易在运动过程中出现关节轴进入机械死点的问题。如图 4-2-6 所示为“MoveJ”指令的应用举例。

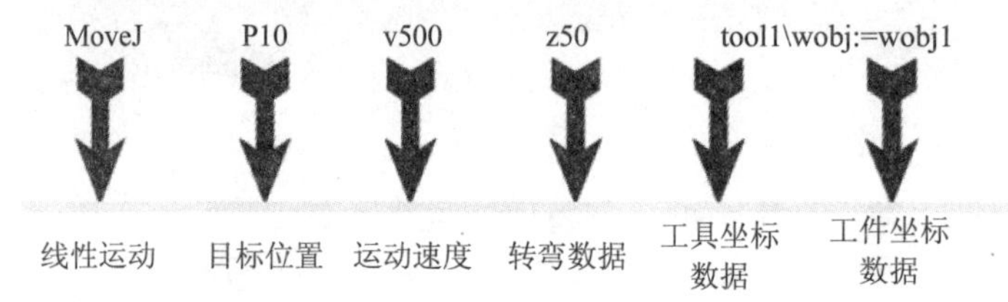

参　数	定　义
目标点位置数据	定义机器人 TCP 的运动目标，可以在示教器中单击“修改位置”进行修改
运动速度数据	定义速度(mm/s)。在手动限速状态下，所有运动速度被限速在 250 mm/s
转弯数据	定义转弯区的大小(mm)，如果转弯区数据 fine，表示机器人 TCP 达到目标点，在目标点速度降为零
工具坐标数据	定义当前指令使用的工具
工件坐标数据	定义当前指令使用的工件坐标

图 4-2-6

在示教器里设定编写绝对位置运动指令“MoveJ”的方法为：直接在“程序编辑器”界面里添加“MoveJ”指令，如图 4-2-7 所示。

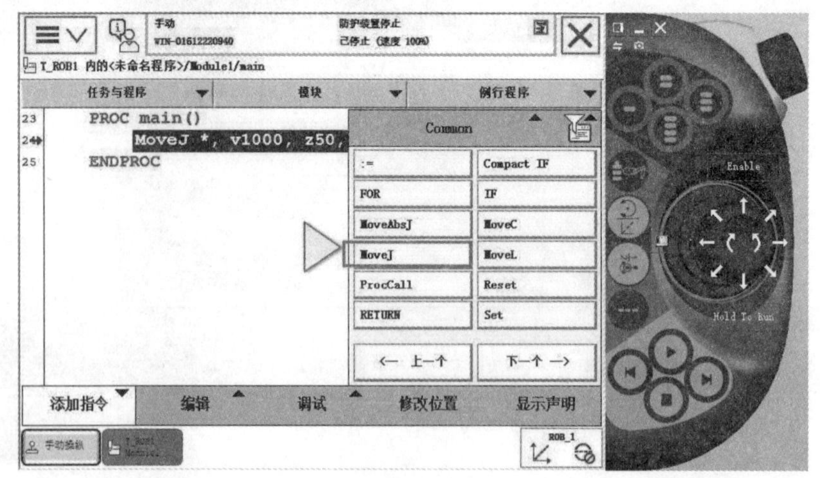

图 4-2-7

3. 线性运动指令 MoveL

线性运动指令 MoveL 是机器人以线性方式运动至目标点。当前点与目标点两点决定一条直线，机器人运动状态可控，运动路径保持唯一，不能离得太远，否则可能出现死点。该指令常用于机器人在工作状态移动，一般如焊接、涂胶等应用对路径要求高的场合多使用此指令。如图 4-2-8 所示为“MoveL”指令应用举例。

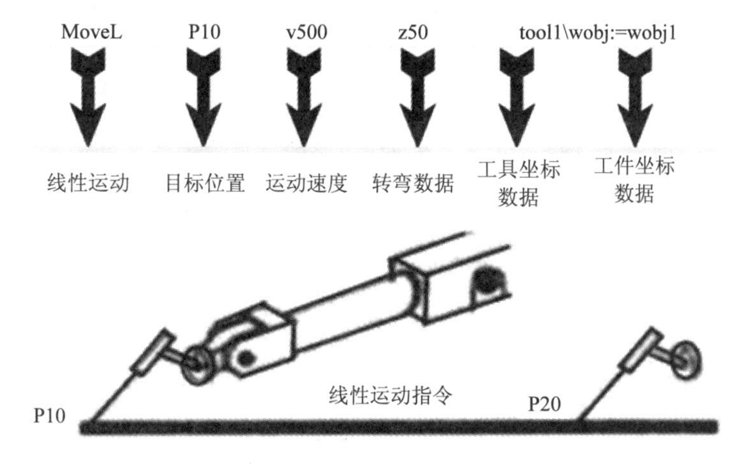

图 4-2-8

在示教器里设定编写线性运动指令“MoveL”的方式为：直接在“程序编辑器”界面里添加“MoveL”指令，如图 4-2-9 所示。

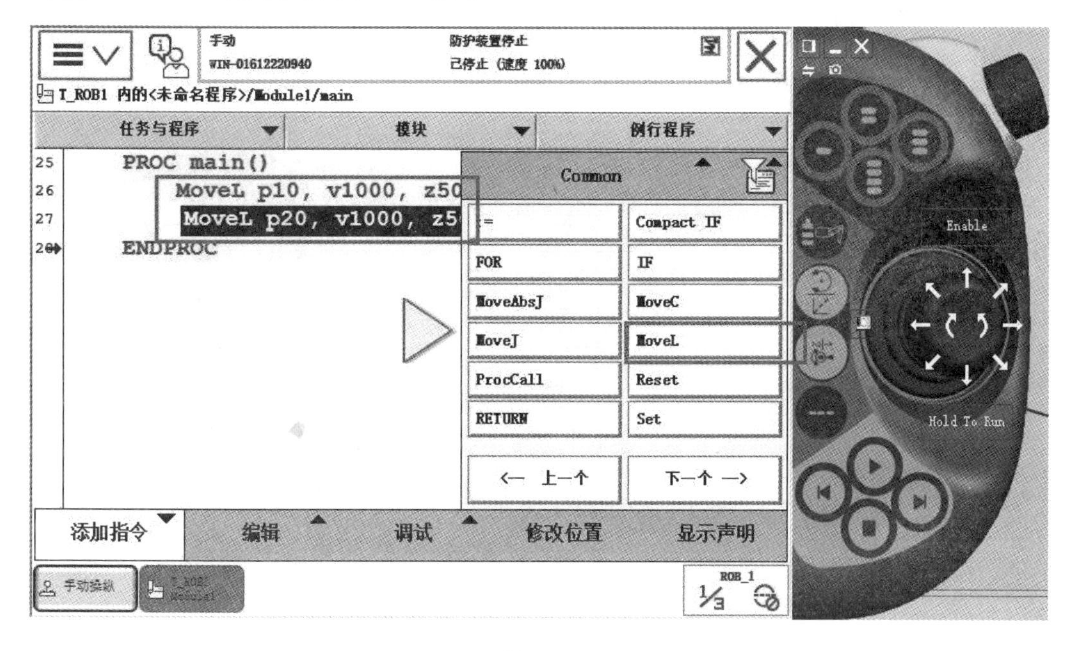

图 4-2-9

4. 圆弧运动指令 MoveC

圆弧运动指令 MoveC 是机器人以圆弧移动方式移动至目标点。当前点、中间点与目标点三点决定一段圆弧，第一个点是圆弧的起点，是上一个指令的目标点，第二个点用于圆弧的曲率，第三个点是圆弧的终点。机器人运动状态可控，运动路径保持唯一。该指令常用于机器人在工作状态移动。注：圆弧指令最大只能画一段 240° 的圆弧，所以无法只通过一个 Move C 指令完成一个圆。如图 4-2-10 所示为“Move C”指令的应用举例。

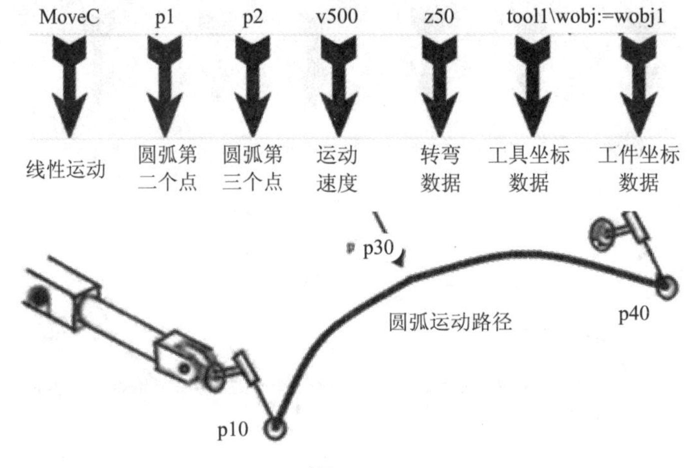

图 4-2-10

在示教器里设定编写线性运动指令“MoveC”的方法为：直接在“程序编辑器”界面里添加“MoveC”指令，如图 4-2-11 所示。

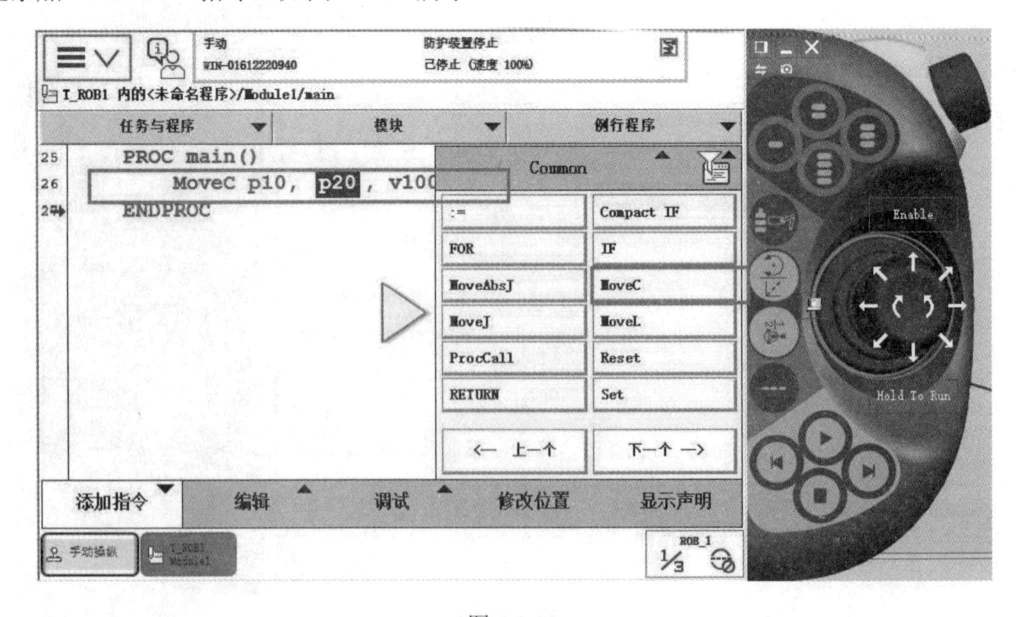

图 4-2-11

习　题

一、选择题

1. 通常用来定义机器人相对于其他物体的运动、与机器人通信的其他部件以及运动部件的参考坐标系是(　　)

A. 全局参考坐标系　　B. 关节参考坐标系
C. 工具参考坐标系　　D. 工件参考坐标系

2. 用来描述机器人每一个独立关节运动的参考坐标系是(　　)。

A. 全局参考坐标系　　B. 关节参考坐标系
C. 工具参考坐标系　　D. 工件参考坐标系

3. 工业机器人一般需要(　　)个自由度才能使手部达到目标位置并呈现期望姿态。

A. 1　　B. 2　　C. 3　　D. 6

二、简答题

1. 什么是空间坐标系？
2. 什么是工业机器人的基坐标？它对机器人控制有什么好处？
3. 什么是工业机器人的工件坐标？工件坐标有何优点？
4. 什么是工业机器人的工具坐标？
5. 什么是工业机器人的大地坐标？

项目五　ABB 工业机器人程序的编写

任务1　ABB 工业机器人程序数据及其设定

➢ 任务目标

1. 认识机器人程序数据及类型。
2. 学会创建机器人的数字数据 num。
3. 学会创建机器人的布尔数据 bool。
4. 学会创建机器人的字符数据 string。
5. 熟悉机器人示教器的操作。

1. 机器人程序数据概述

程序数据是在程序模块或系统模块中设定的值与定义的一些环境数据。创建的程序数据由同一个模块或其他模块中的指令进行引用。如图 5-1-1 所示，图中是一条常用的机器人线性运动指令 MoveL，调用了四个程序数据。所使用的程序数据说明详见表 5-1-1。

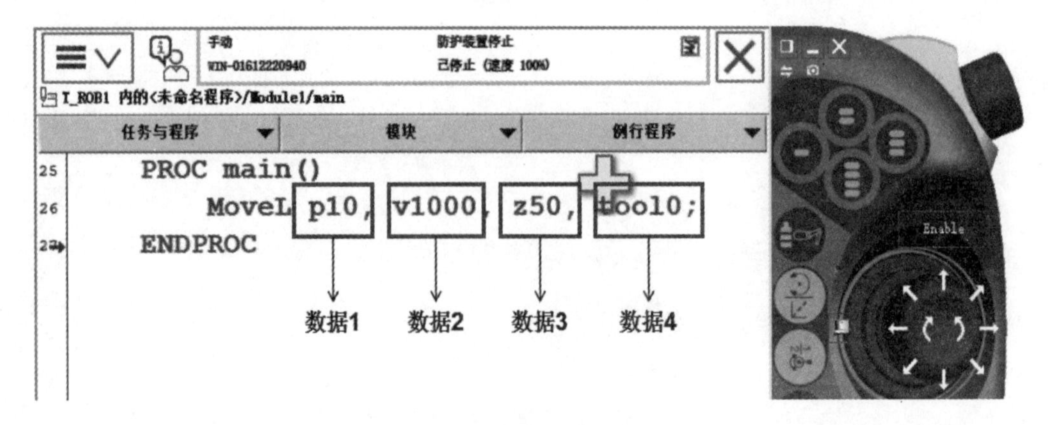

图 5-1-1

表 5-1-1　所使用的程序数据

程序数据	数据类型	说　　明
P10	robtarget	机器人的运动目标位置数据
V1000	speeddata	机器人的运动速度数据
Z50	zonedata	机器人的运动转弯数据
Tool0	tooldata	机器人的工具数据 TCP

2. 建立机器人程序数据的操作步骤

在 ABB 工业机器人系统中，程序数据的建立一般可以分为两种形式：

(1) 直接在示教器中的程序数据画面中建立程序数据。

(2) 建立程序指令时，同时自动生成对应的程序数据。

接下来将介绍直接在示教器的程序数据画面中建立程序数据的方法。下面以建立布尔 bool 数据和 num 数字数据为例子进行说明，练习时建立程序数据。

1) *在示教器中通过程序数据画面建立“bool”数据*

(1) 在示教器主菜单栏中选择“程序数据”，如图 5-1-2 所示。

图 5-1-2

(2) 在示教器“程序数据”菜单栏中选择布尔数据类型“bool”，如图 5-1-3 所示。

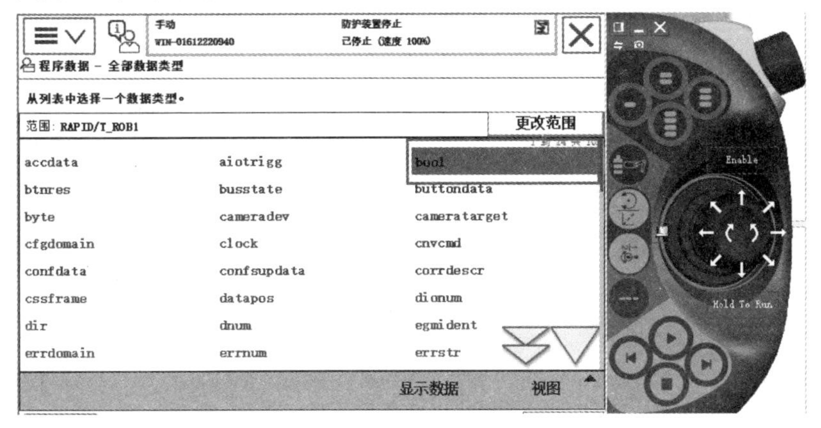

图 5-1-3

(3) 在示教器中选择单击“显示数据”，如图 5-1-4 所示。

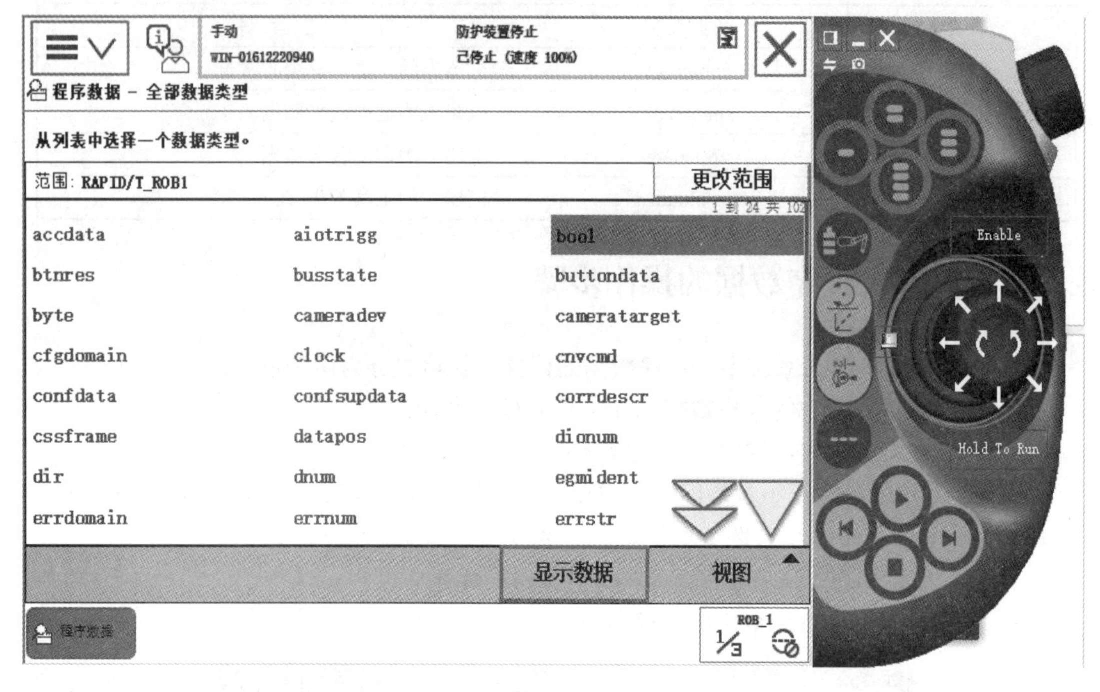

图 5-1-4

(4) 在示教器中选择单击“新建”，如图 5-1-5 所示。

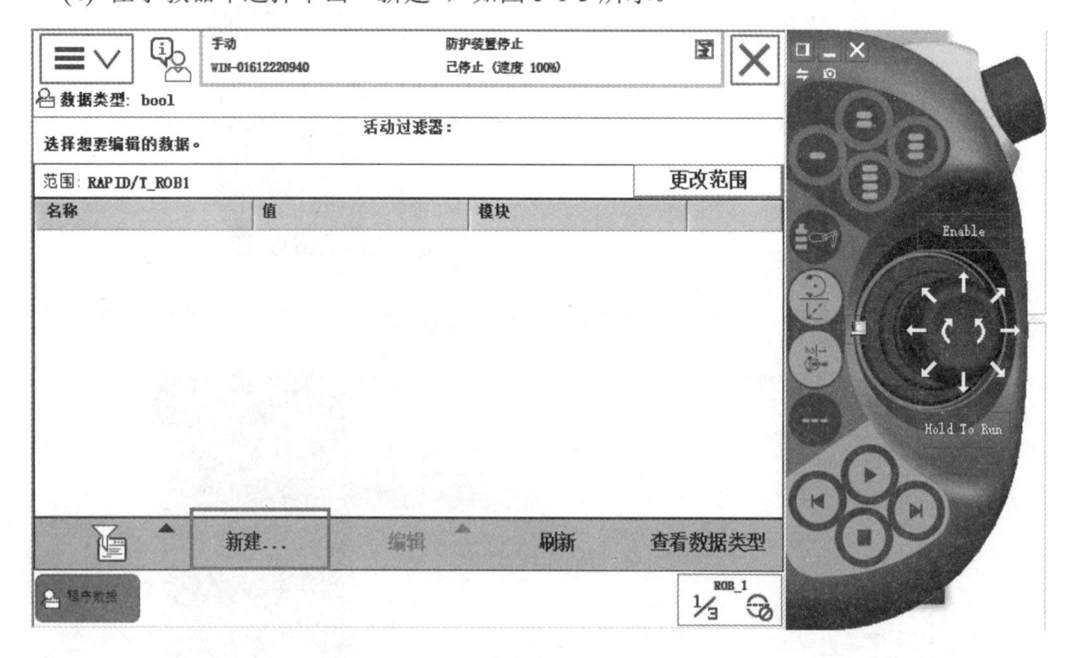

图 5-1-5

(5) 在示教器“新数据申明”界面中，对相应“名称”、“存储类型”等参数进行设置，设置完成后单击“确定”完成设置，如图 5-1-6 所示。

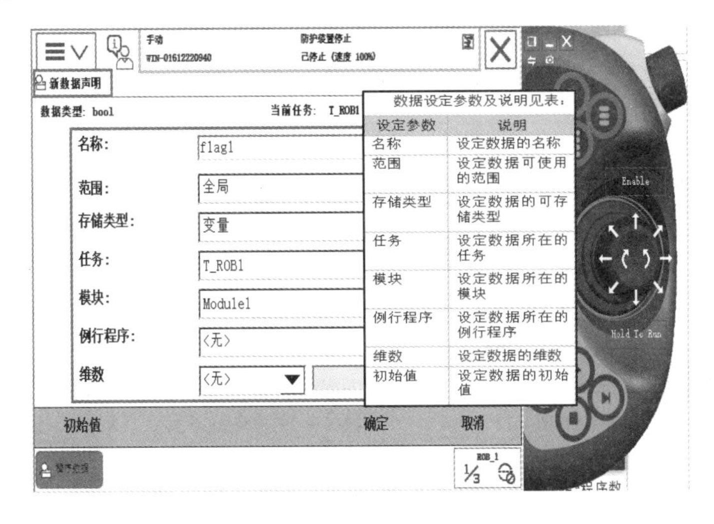

图 5-1-6

2) 在示教器中通过程序数据画面建立“num”数据

(1) 在示教器主菜单栏中选择“程序数据”，如图 5-1-7 所示。

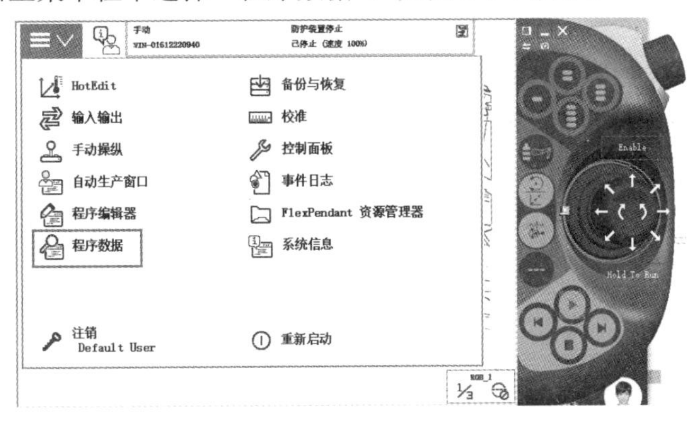

图 5-1-7

(2) 在示教器“程序数据”菜单栏中选择数字数据类型“num”，如图 5-1-8 所示。

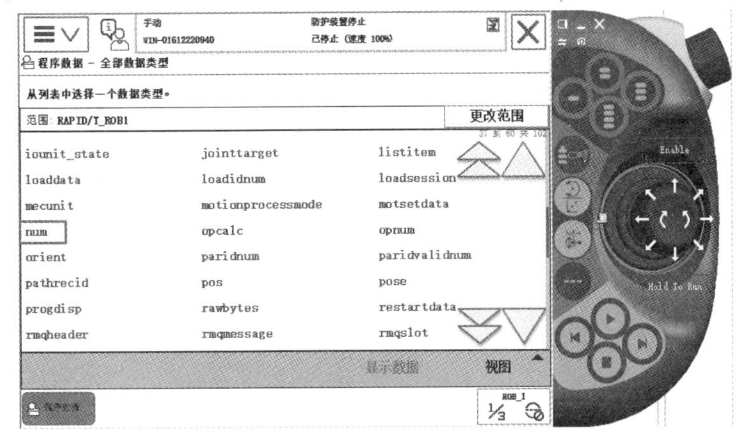

图 5-1-8

(3) 在示教器中选择单击“显示数据”，如图 5-1-9 所示。

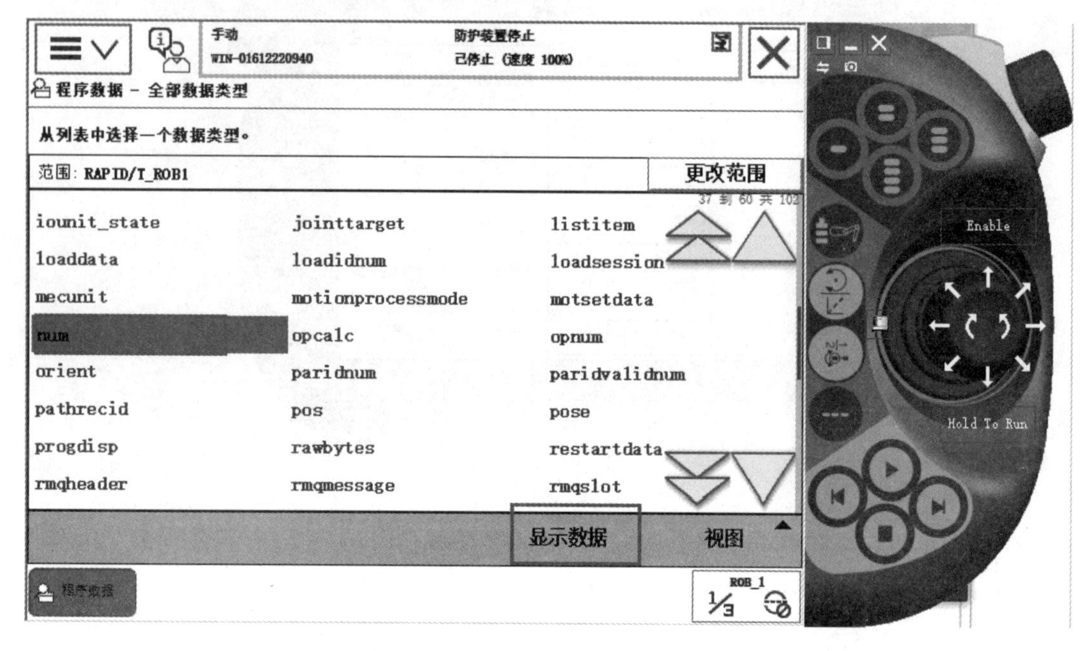

图 5-1-9

(4) 在示教器中选择单击“新建”，如图 5-1-10 所示。

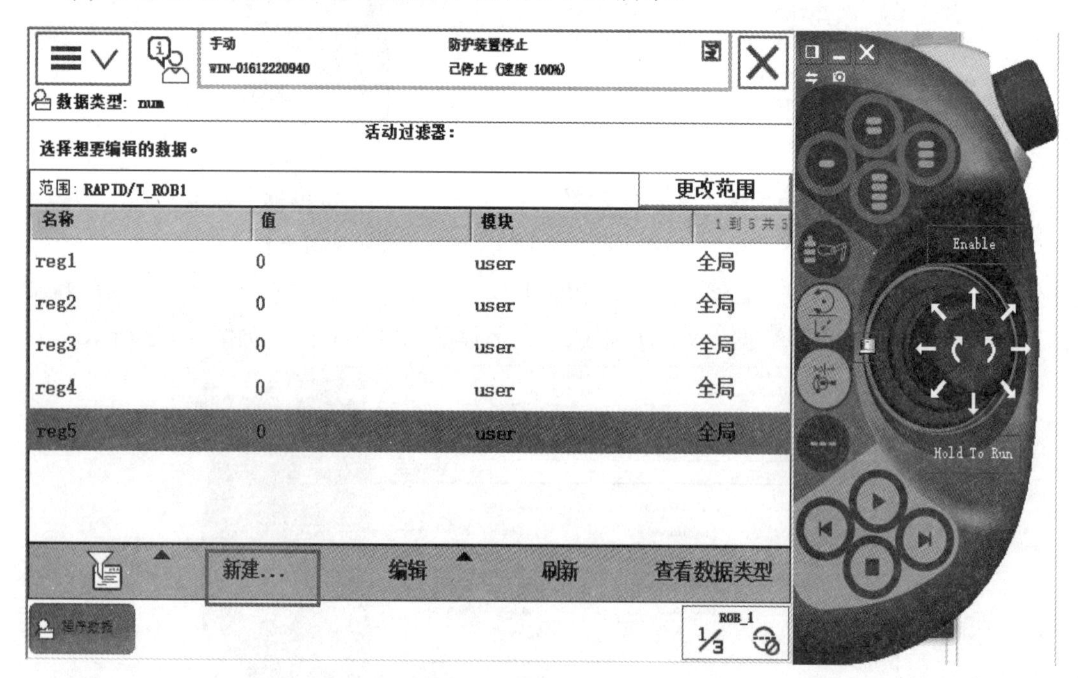

图 5-1-10

(5) 在示教器“新数据申明”界面中，对相应“名称”、“存储类型”等参数进行设置，设置完成后单击“确定”完成设置，如图 5-1-11 所示。

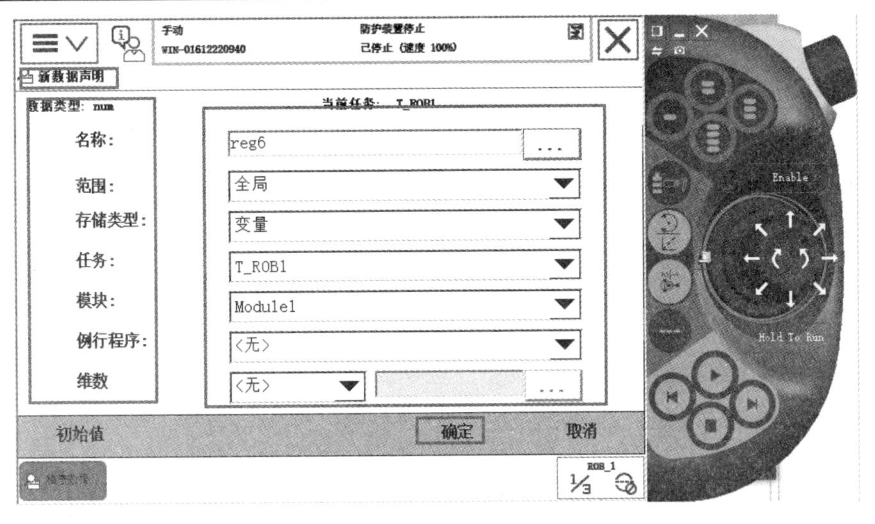

图 5-1-11

3. 机器人程序数据的分类

ABB 机器人的程序数据共有 76 个，包括各类数据类型，并且可以根据实际情况进行程序数据的创建，为 ABB 机器人的程序设计提供了良好的平台。

在示教器的“程序数据”窗口可查看所有与创建所需要的程序数据类型，如图 5-1-12 所示。

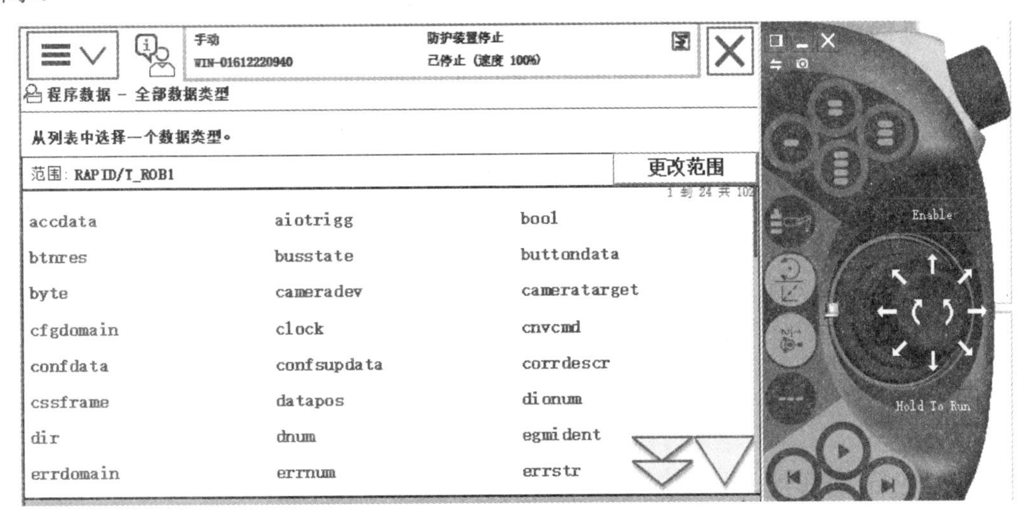

图 5-1-12

4. 按照机器人程序数据的存储类型分类

1) 程序数据的存储类型——变量

变量型数据在程序执行的过程中和停止时，会保持当前的值而不改变，但如果程序指

针被移到主程序后，则数据会丢失；在机器人执行的 RAPID 程序中也可以对程序数据进行赋值操作。

举例说明：

VAR num data：=0；　　　　　　　　VAR bool flag1：=FALSE；

代表的名称为 data 的数字数据。　　　表示的是名称为 flag1 的布尔量数据。

进行了数据的声明后，程序编辑窗口如图 5-1-13 所示。

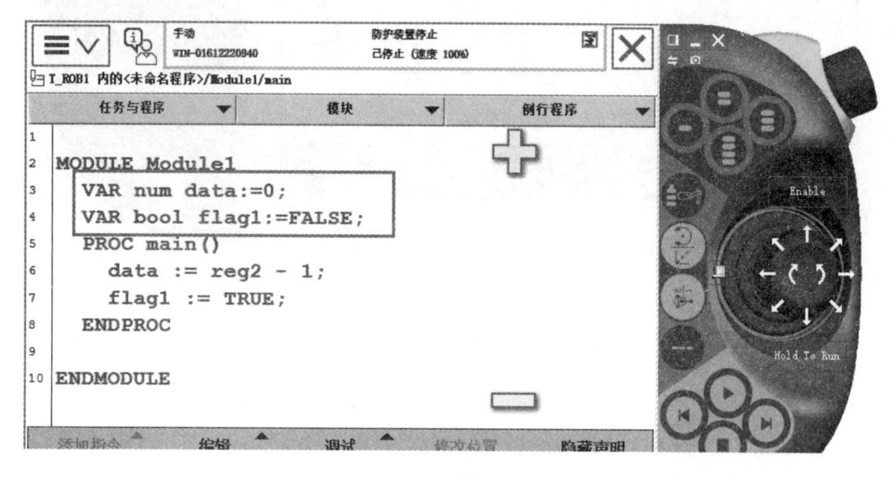

图 5-1-13

在机器人执行的 RAPID 程序中也可以对变量存储类型程序数据进行赋值操作，如图 5-1-14 所示。

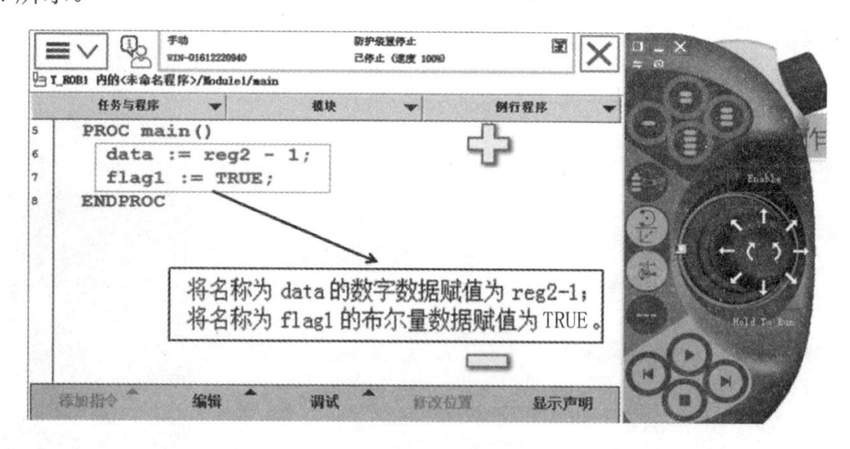

图 5-1-14

注意：在程序中执行变量型程序数据的赋值时，指针复位后将恢复为初始值。

2) 程序数据的存储类型——可变量

可变量的特点是，无论程序的指针如何，都会保持最后赋予的值。

举例说明：

PERS num data：=1；　　　　　　　　PERS string string1：=“LOVEZY”；

表示名称为 data 的数字数据。　　　　表示名称为 string1 的字符数据。

进行了数据的定义后，程序编辑窗口的显示如图 5-1-15 所示。

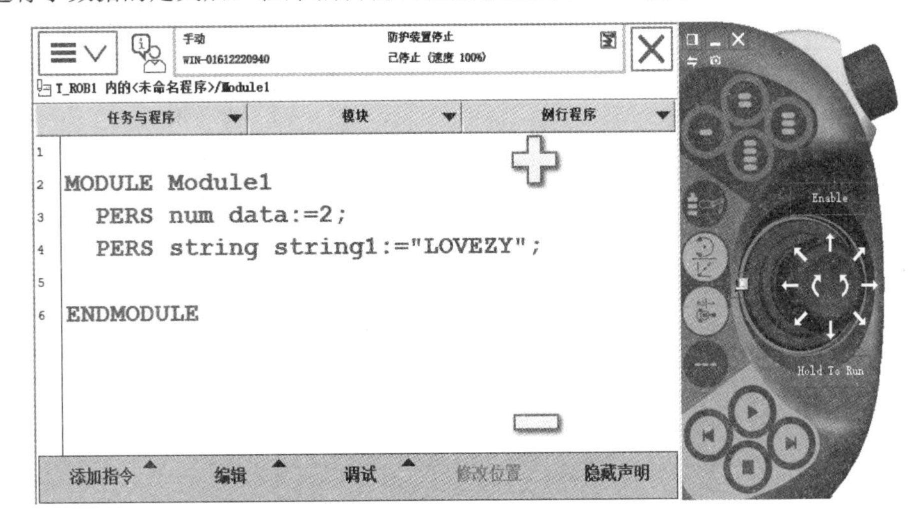

图 5-1-15

在机器人执行的 RAPID 程序中也可以对可变量存储类型程序数据进行赋值操作，如图 5-1-16 所示。

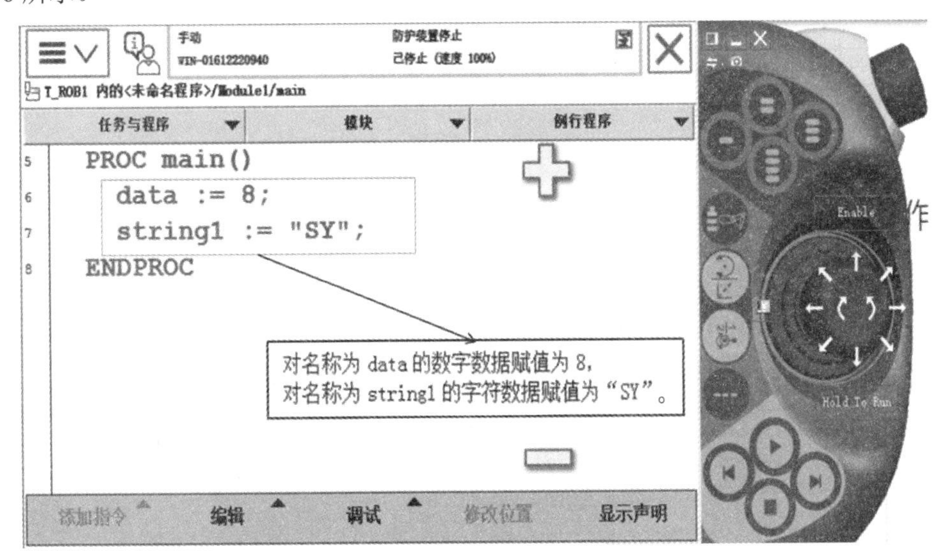

图 5-1-16

注意：在程序执行以后，赋值结果会一直保持，与程序指针的位置无关，直到对数据重新赋值，才会改变原来的值。

3) 程序数据的存储类型——常量

常量的特点是在定义时已赋予了数值，并不能在程序中修改，除非手动修改；否则数值一直不变。

ABB 机器人程序中根据不同的数据用途，定义了不同的程序数据，机器人系统常用的程序数据如表 5-1-1 所示。

表 5-5-1　机器人常用的程序数据

程序数据	说　明	程序数据	说　明
bool	布尔量	speeddata	机器人与外轴速度数据
byte	整数数据 0～255	string	字符串
clock	计时数据	tooldata	工具数据
Signaldi/do	数字输入/输出信号	trapdata	中断数据
extjoint	外轴位置数据	wobjdata	工件数据
intnum	中断标志符	zonedata	TCP 转弯半径数据
joimttarget	关节位置数据		
loaddata	负荷数据		
mecunitt	机械装置数据		
num	数值数据		
orient	姿态数据		
pos	位置数据(只有 X、Y、Z)		
pose	坐标转换		
robjoint	机器人轴角度数据		
robtarget	机器人与外轴位置数据		

任务 2　ABB 工业机器人编程重要数据的设定

➢ 任务目标

1. 学会创建机器人点位置数据 robtarget。
2. 学会创建工具坐标系数据 tooldata。
3. 学会创建工件坐标系数据 wobjdata。
4. 学会创建有效载荷数据 loaddata。

在进行正式的编程之前，需要构建起必要的编程环境，其中机器人的工具数据 tooldata、工件坐标系 wobjdata、负荷数据 loaddata 就需要在编程前进行定义，而机器人点位置数据 robtarget 则是在编程中需要进行定义的重要数据。

1. 创建机器人点位置数据 robtarget

(1) 进入示教器单击“ABB”菜单进入“程序数据类型”，再单击“视图”选择“全部数据”类型，如图 5-2-1 所示。

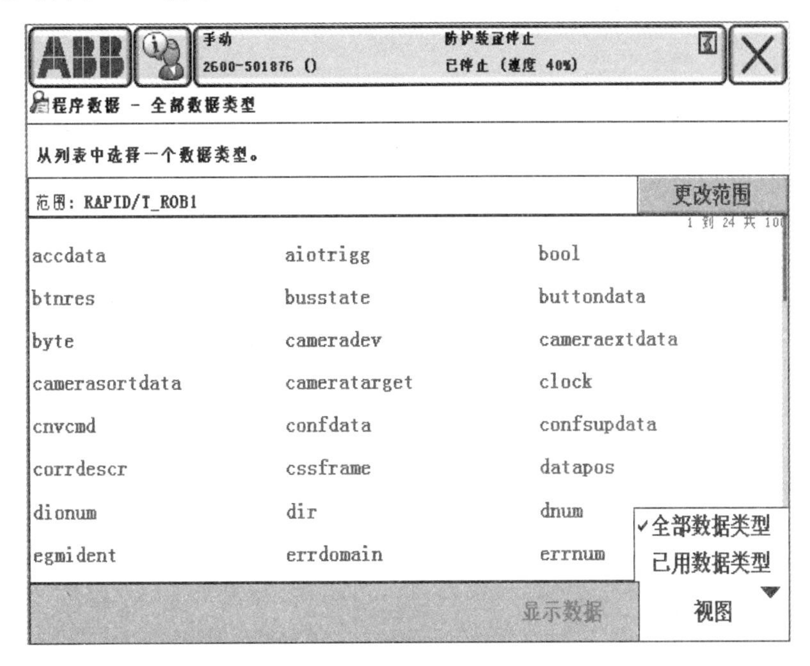

图 5-2-1

(2) 在全部数据类型中选择“robtarget”数据，如图 5-2-2 所示。

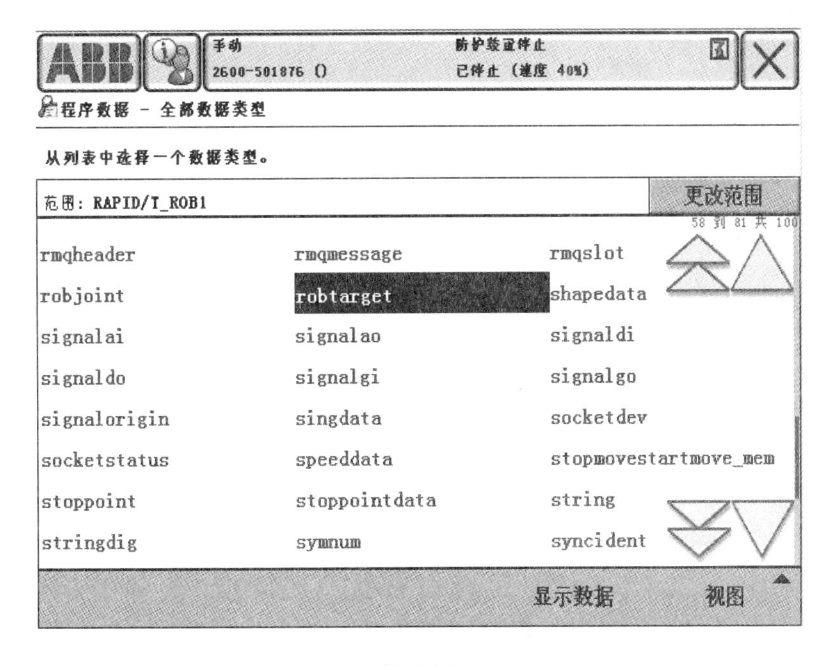

图 5-2-2

(3) 进入“robtarget”数据中，如图 5-2-3 所示。

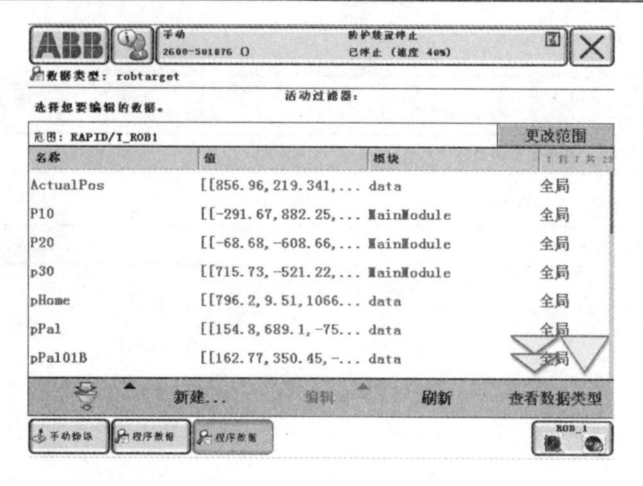

图 5-2-3

(4) 单击“新建”新建一个“robtarget”数据，如图 5-2-4 所示。

图 5-2-4

(5) 设定“名称”“范围”“存储类型”“任务”“模块”等，然后单击“确定”，robtarget 数据创建完成，如图 5-2-5 所示。

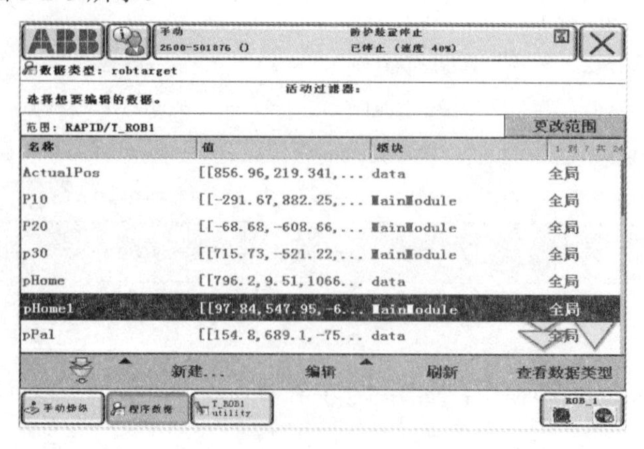

图 5-2-5

(6) 机器人点位置数据 robtarget 的修改。

① 手动模式下打开机器人示教器手动操纵界面，将“工具坐标”选为修改点所用工具坐标如“tool1”，“工件坐标”选为修改点所在的工件坐标如“wobj0”，如图 5-2-6 所示。

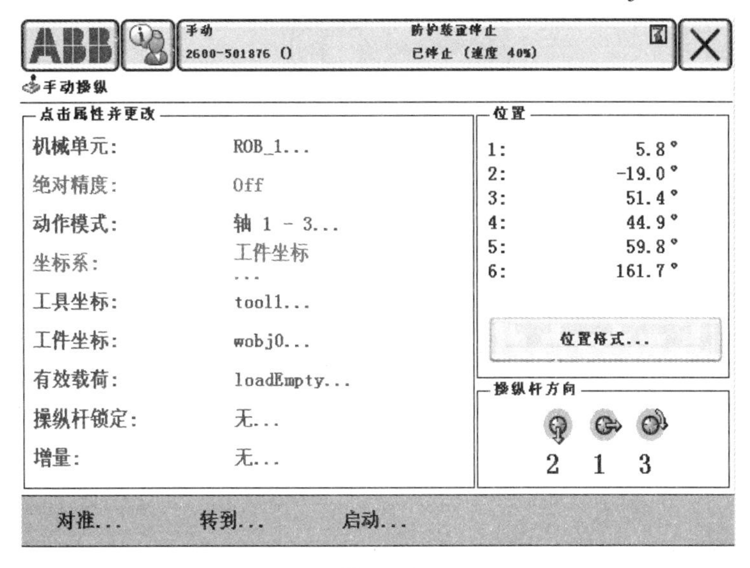

图 5-2-6

② 手动操纵机器人到所要修改点的位置，进入“程序数据”中的“robtarget”数据，选择所要修改的点，单击“编辑”中的“修改位置”完成修改，如图 5-2-7 所示。

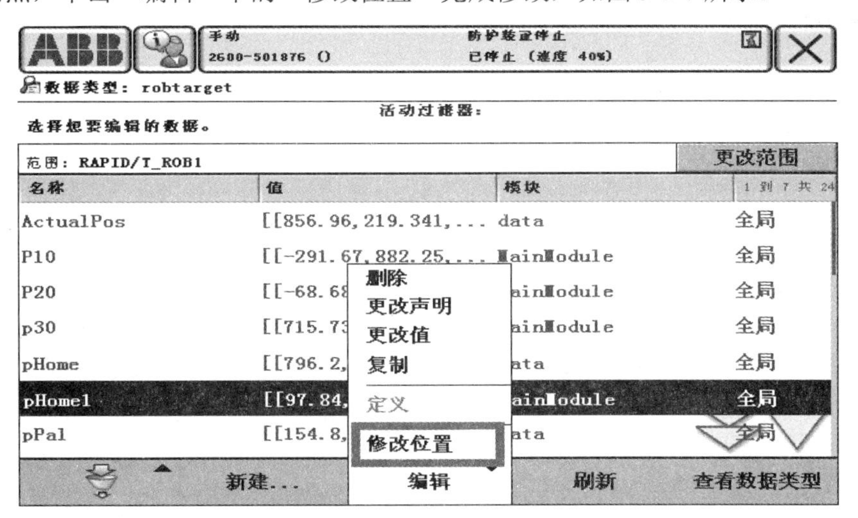

图 5-2-7

2. 创建机器人工具坐标数据 tooldata

工具：是能够直接或间接安装在机器人转动盘上，或能够装配在机器人工作范围内固定位置上的物件。固定装置(夹具)不是工具。所有工具必须用工具中心点定义。为了获取精确的工具中心点位置，必须测量机器人使用的所有工具并保存测量数据。

工具中心点(Tool CenterPoint，TCP)：工具坐标系的原点，图 5-2-8 所示是围绕 TCP 定义工具或操纵器机械腕方向的示意图。

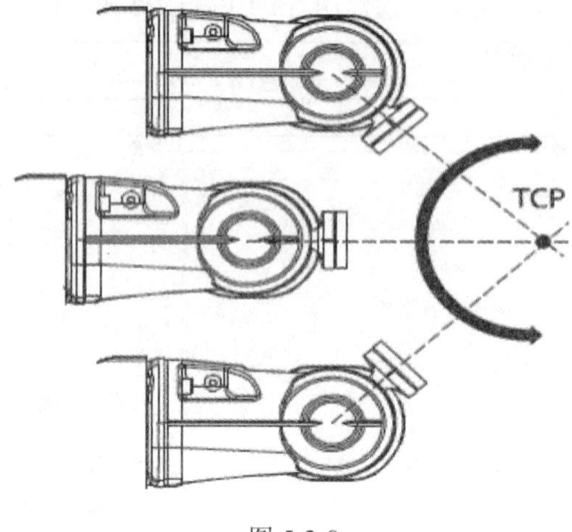

图 5-2-8

说明：

TCP 是定义所有机器人定位的参照点。通常 TCP 定义为与操纵器转动盘上的位置相对。TCP 可以微调或移动到预设目标位置。机器人系统可处理若干 TCP 定义，但每次只能存在一个有效 TCP。TCP 有两种基本类型：移动或静止。

① 移动 TCP：多数应用中 TCP 都是移动的，即 TCP 会随操纵器在空间移动。典型的移动 TCP 可参照弧焊枪的顶端、点焊的中心或手锥的末端等位置定义。

② 静止 TCP：某些应用程序中使用固定 TCP，例如使用固定的点焊枪时。此时，TCP 要参照静止设备而不是移动的操纵器来定义。

工具数据 tooldata 是用于描述安装在机器人第六轴上的工具坐标 TCP、质量、重心等参数数据。tooldata 会影响机器人的控制算法(例如计算加速度)、速度和加速度监控、力矩监控、碰撞监控、能量监控等，因此机器人的工具数据需要正确地设置。

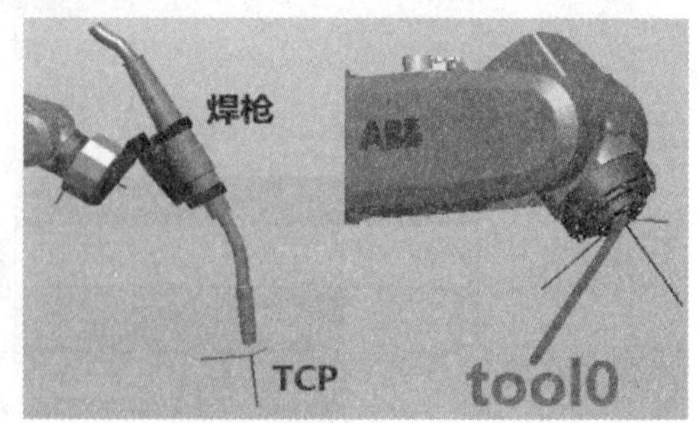

图 5-2-9

一般不同的机器人应用配置不同的工具，在执行机器人程序时，就是机器人将工具的中心点 TCP 移至编程位置。那么，如果要更改工具以及工具坐标系，机器人的移动也会随之改变，以便新的 TCP 到达目标，如图 5-2-9 所示。

所有机器人在第六轴处都有一个预定义工具坐标系，该坐标系默认为 tool0，这样就能将一个或多个新工具坐标系定义为 tool0 的偏移值。

1) TCP 的建立方法

(1) N(3≤N≤9)点法。机器人的 TCP 通过 N 种不同的姿态同参考点接触，得出多组解，通过计算得出当前 TCP 与机器人安装法兰中心点(tool0)相应位置，其坐标系方向与 tool0 一致。

(2) TCP 和 Z 法。在 N 点法的基础上，增加 Z 点与参考点的连线为坐标系 Z 轴的方向，改变了 tool0 的 Z 方向。

(3) TCP 和 Z、X 法。在 N 点法的基础上，增加 X 点与参考点的连线为坐标系 X 轴的方向，Z 点与参考点的连线为坐标系 Z 轴的方向，改变了 tool0 的 X 和 Z 方向。

2) TCP 和 Z、X(6 点)法设定 TCP

(1) 在机器人工作范围内找一个非常精确的固定点作为参考点。

(2) 在工具上确定一个参考点(最好是工具的中点)，如图 5-2-10 所示。

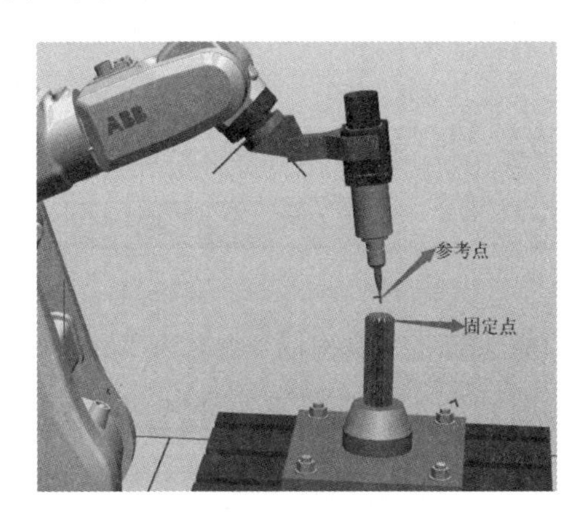

图 5-2-10

(3) 用手动操纵机器人的方法去移动工具上的参考点，以四种以上不同的机器人姿态尽可能与固定点刚好碰上。前三个点的姿态相差尽量大些，这样有利于 TCP 精度的提高。为了获得更准确的 TCP，在以下的例子中使用六点法也就是 TCP 和 Z、X 法(N=4)进行操作，第四点是用工具的参考点垂直于固定点，第五点是工具参考点从固定点向将要设定为 TCP 的 X 方向移动，第六点是工具参考点从固定点向将要设定为 TCP 的 Z 方向移动。

(4) 机器人通过这四个位置点的位置数据计算求得 TCP 的数据，然后 TCP 的数据就会保存在程序数据 tooldata 中被程序进行调用。

3) 用 TCP 和 Z、X 法建立工具坐标系的操作步骤

(1) 在主菜单栏中单击操作面板中的“手动操纵”，单击坐标系，选择“工具坐标系”，如图 5-2-11 所示。

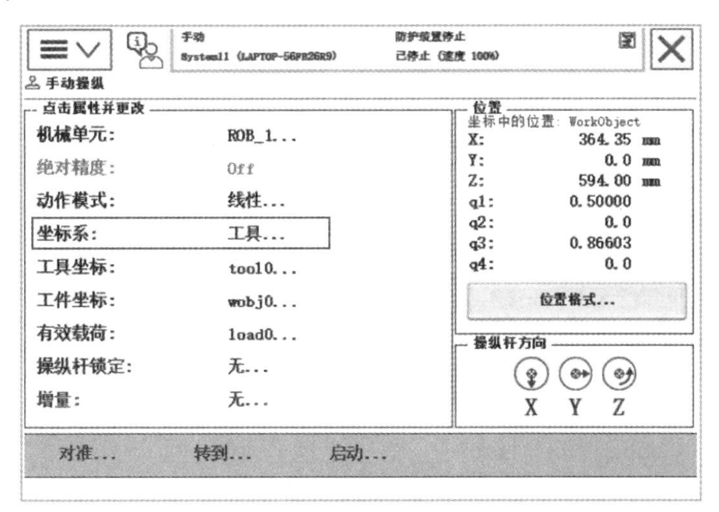

图 5-2-11

(2) 新建工具坐标号，单击“新建”，创建新的工具坐标号，如图 5-2-12 所示。

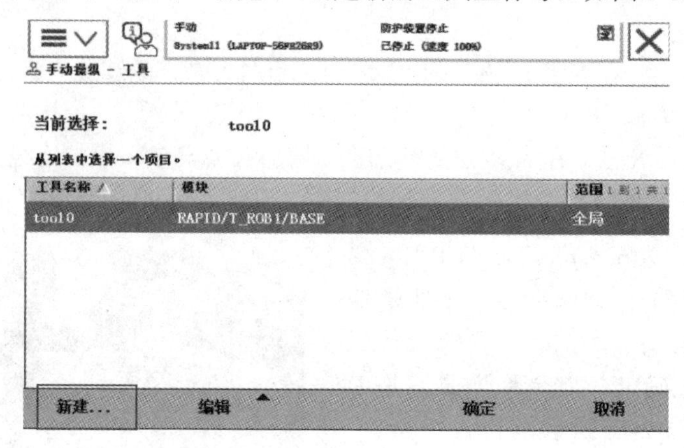

图 5-2-12

(3) 将新的工具坐标号命名为“tool1”，单击“确定”，如图 5-2-13 所示。

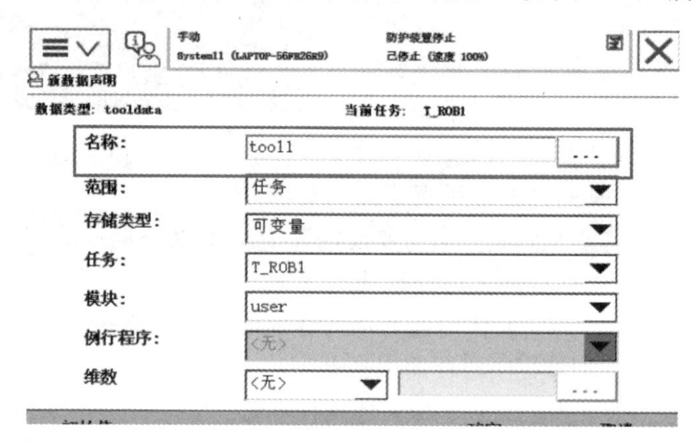

图 5-2-13

(4) 选中所建立的 tool1，单击“编辑”，选择“定义”，如图 5-2-14 所示。

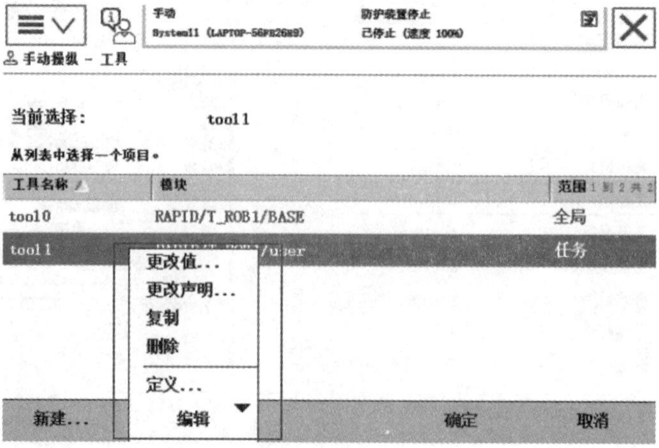

图 5-2-14

(5) 单击“方法”中的选项，选择“TCP 和 Z，X”，如图 5-2-15 所示。

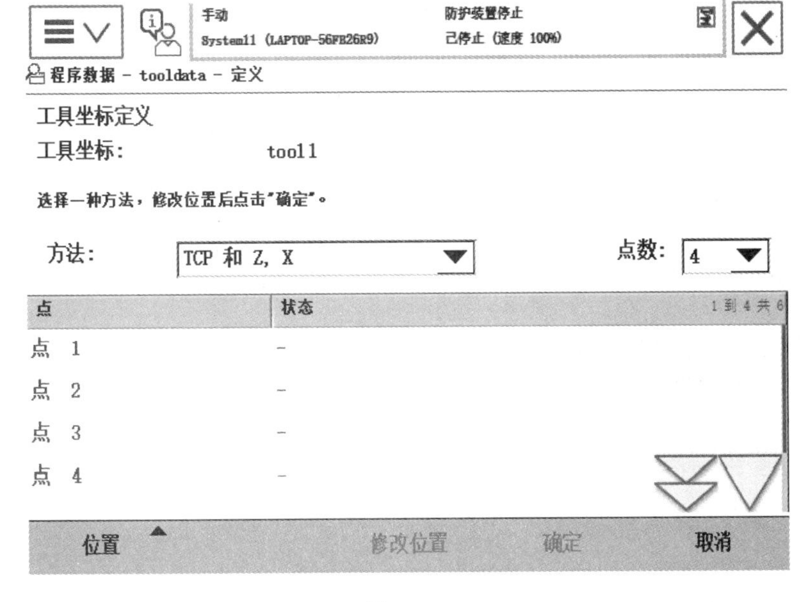

图 5-2-15

(6) 通过手动操纵机器人，使机器人工具第一个姿态接近参考尖点，选中“点 1”后单击图中的“修改位置”按钮，如图 5-2-16 所示。

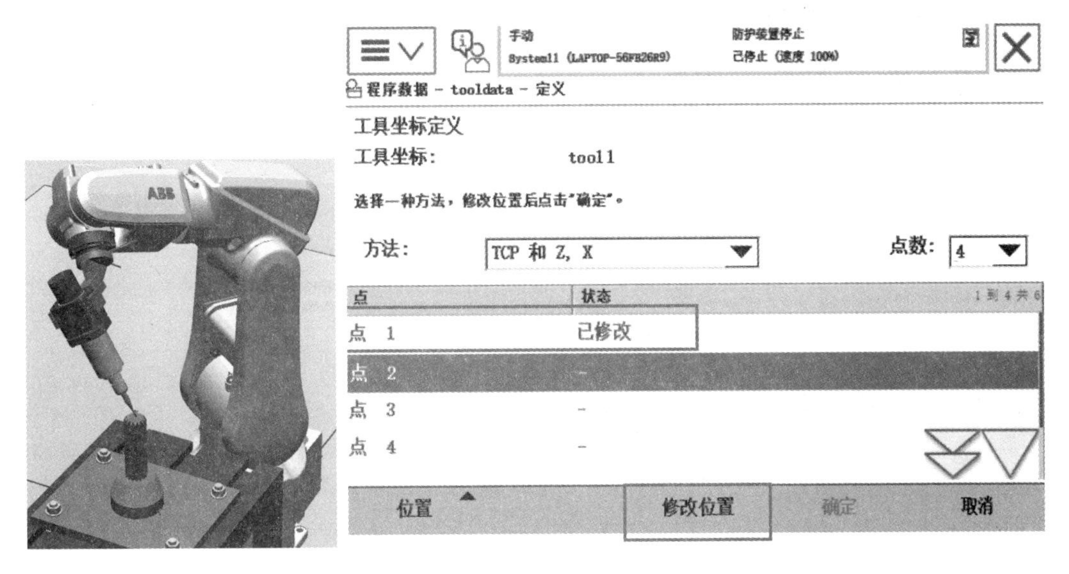

图 5-2-16

(7) 通过手动操纵机器人，使机器人工具第二个姿态接近参考点，选中“点 2”后单击图中的“修改位置”按钮，如图 5-2-17 所示。

(8) 通过手动操纵机器人，使机器人工具第三个姿态接近参考点，选中“点 3”后单击图中的“修改位置”按钮，如图 5-2-18 所示。

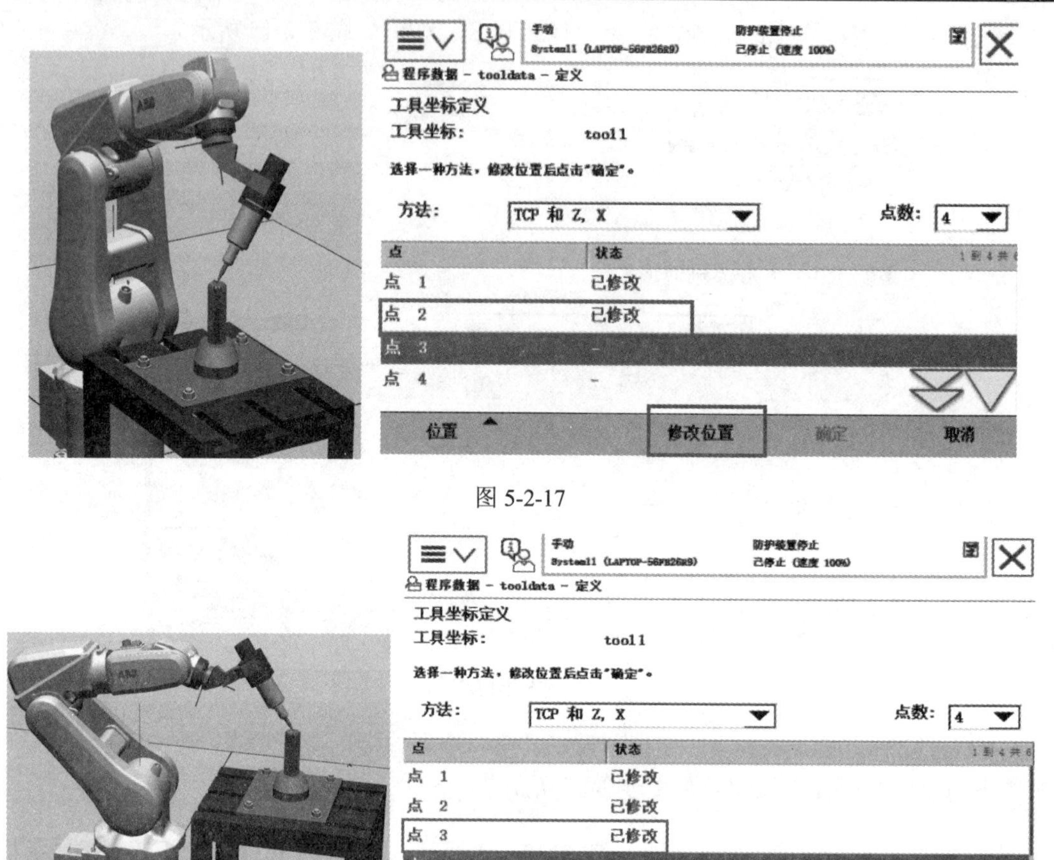

图 5-2-17

图 5-2-18

(9) 通过手动操纵机器人，使机器人工具第四个姿态接近参考点，选中“点 4”后单击图中的“修改位置”按钮，如图 5-2-19 所示。

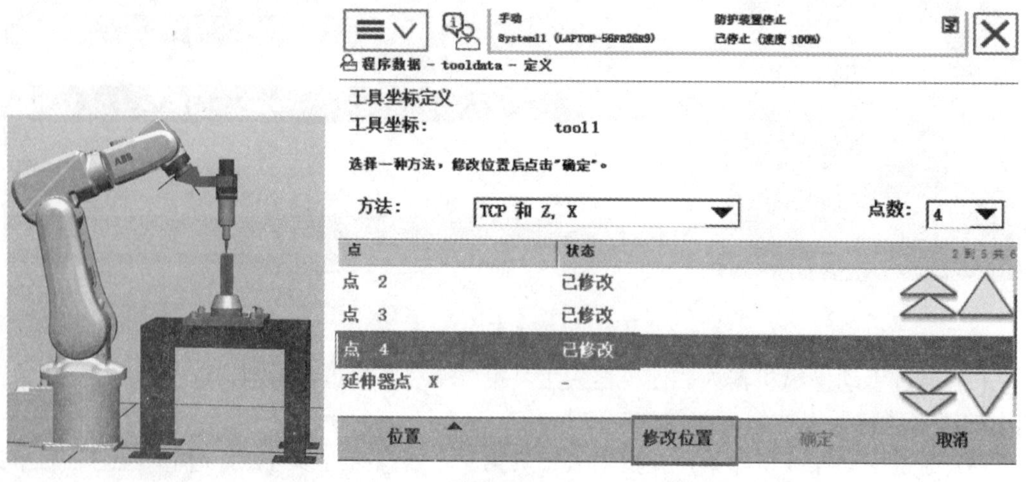

图 5-2-19

(10) 以第四点作为固定点，在线性模式下，操控机器人沿前方移动 250 mm，作为 X 正方向，如图 5-2-20 所示。

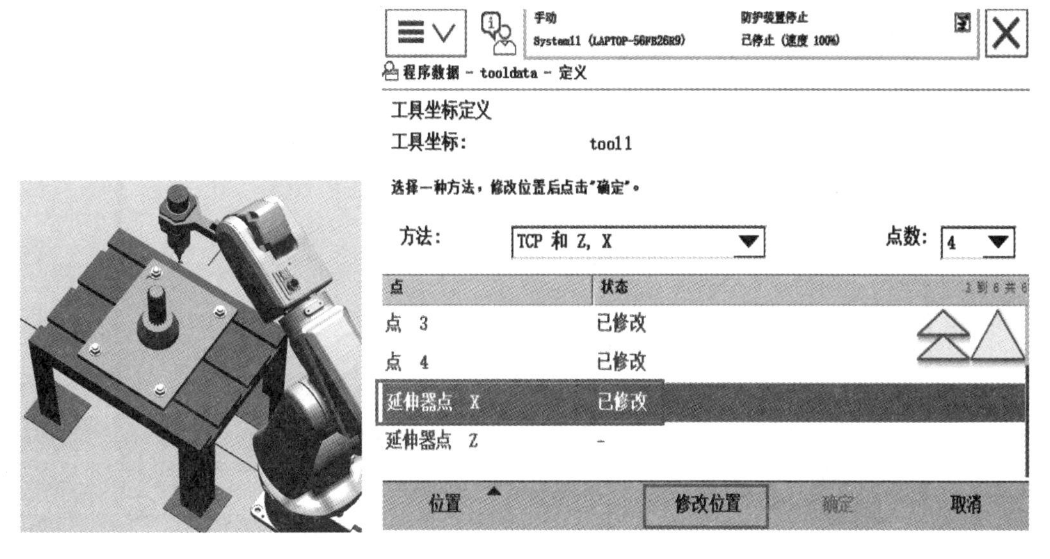

图 5-2-20

(11) 以第四点作为固定点，在线性模式下，操控机器人沿参考点上方移动 250 mm，作为 Z 轴正方向，完成后单击“确定”，如图 5-2-21 所示。

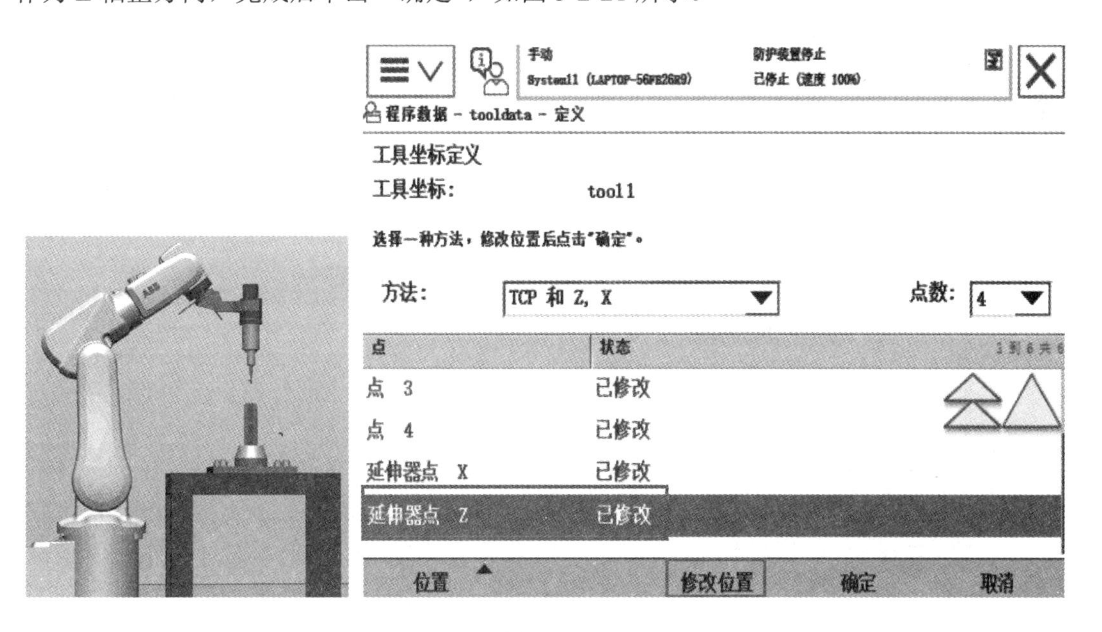

图 5-2-21

(12) 完成后会跳出 TCP 误差页面，如果平均误差在 0.5 mm 以内，才可以单击“确定”，反之重新标定 TCP，如图 5-2-22 所示。

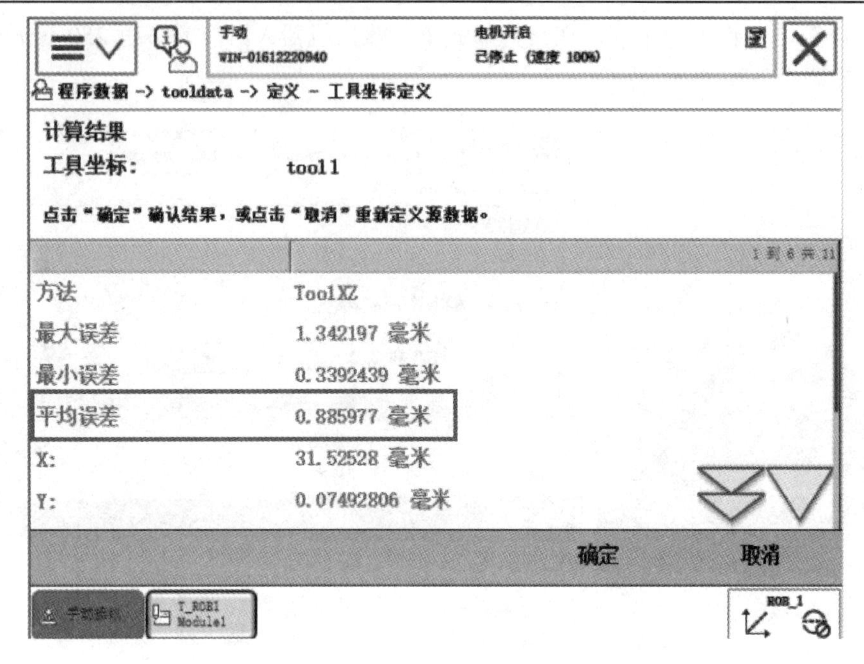

图 5-2-22

(13) 选中新建立的工具坐标号，单击“编辑”，选择“更改值”，如图 5-2-23 所示。

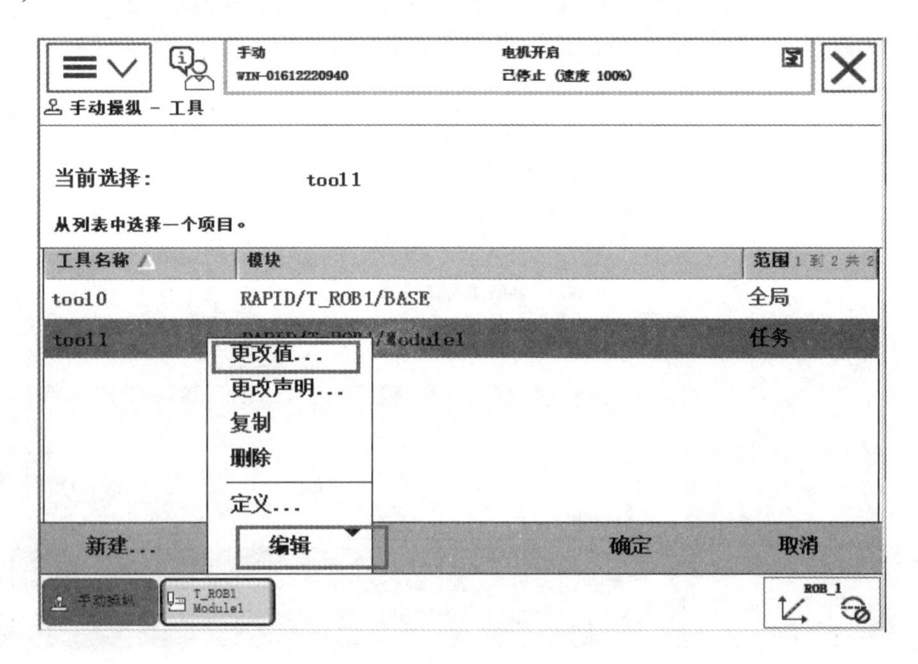

图 5-2-23

(14) 在此页面中，根据实际情况设定工具的质量 mass (单位 kg)与重心位置数据(此中心是基于 tool0 的偏移值，单位 mm)，然后单击“确定”，窗口分别如图 5-2-24、图 5-2-25 所示。

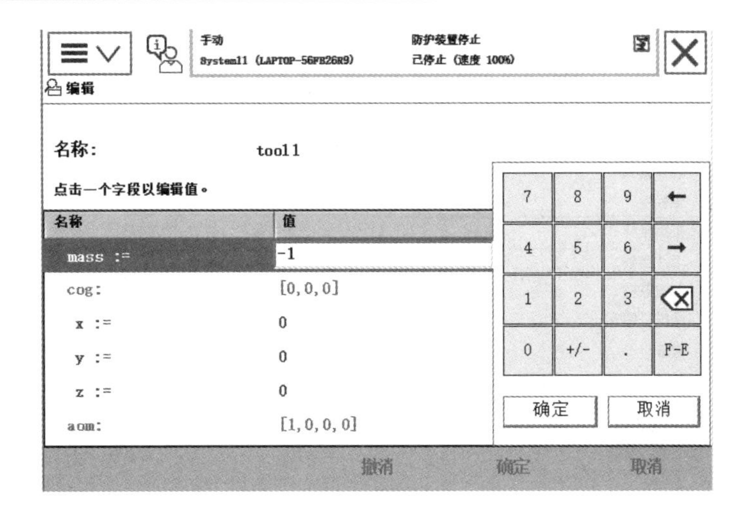

图 5-2-24

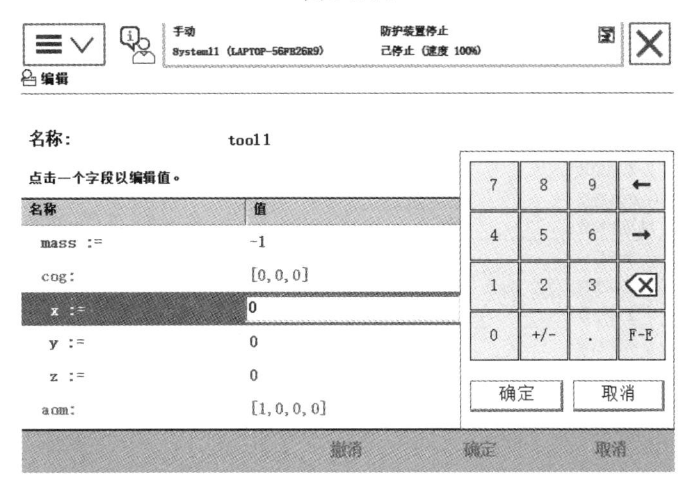

图 5-2-25

(15) 回到“手动操纵-工具”界面中，选择新建的“tool1”，如图 5-2-26、图 5-2-27 所示。

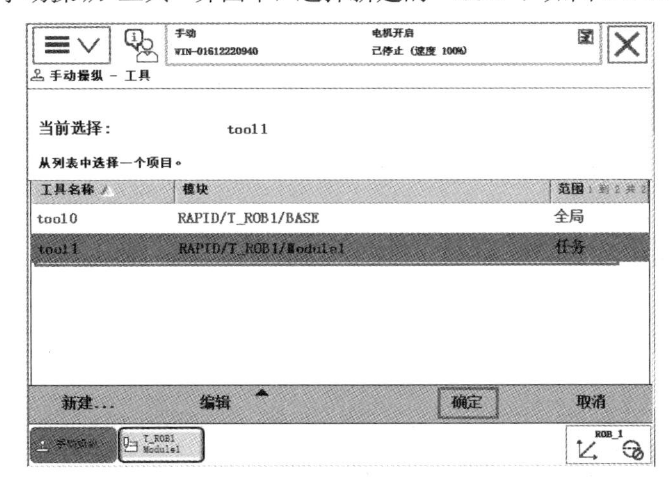

图 5-2-26

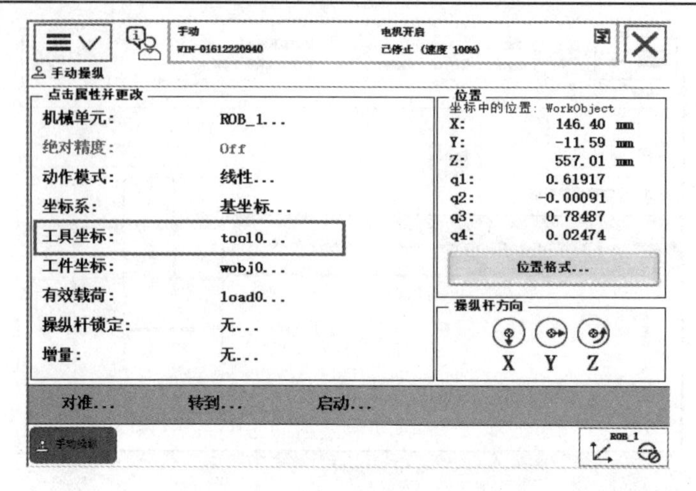

图 5-2-27

(16) 回到“手动操纵-动作模式”界面中，选择新建的“重定位”，坐标系选为“工具坐标”，如图 5-2-28、图 5-2-29 所示。

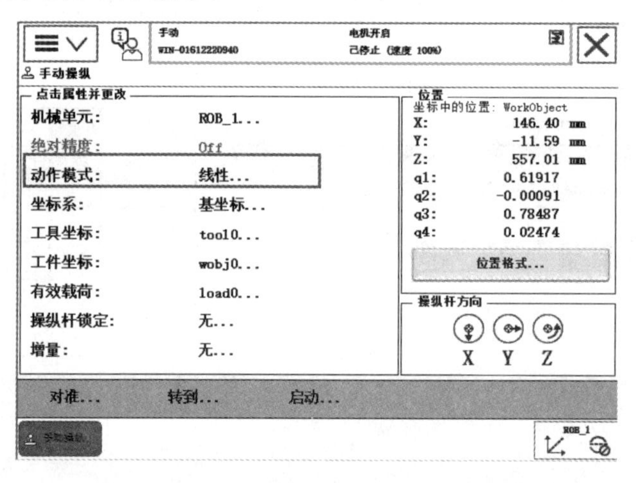

图 5-2-28

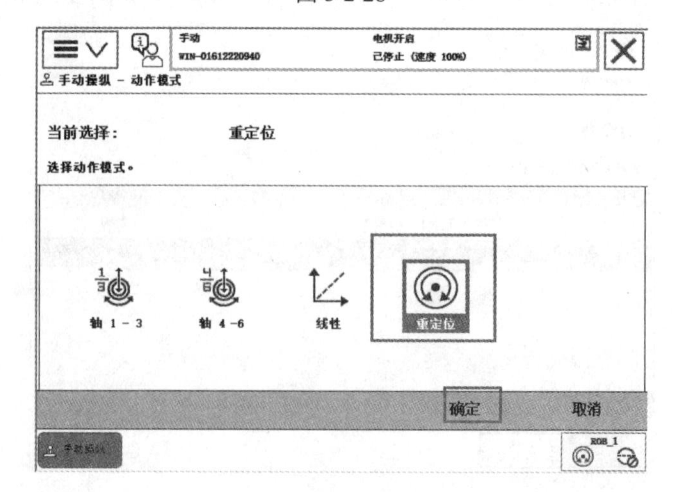

图 5-2-29

(17) 在手动模式下使用摇杆将工具参考点靠上固定点，然后在重定位模式下手动操纵机器人，如果 TCP 设定精确，可以看到工具参考点与固定点始终保持接触，而机器人会根据重定位操作改变姿态，如图 5-2-30 所示。

如果使用搬运的夹具，一般工具数据的设定方法如下：

图 5-2-31 中，以搬运薄板的真空吸盘夹具为例，质量是 25 kg，重心在默认 tool0 的 Z 的正方向偏移 250 mm，TCP 点设定在吸盘的接触面上，从默认 tool0 上的 Z 方向偏移了 300 mm。

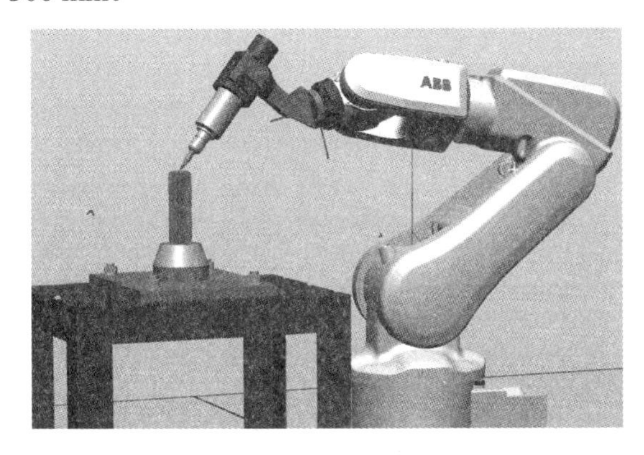

图 5-2-30

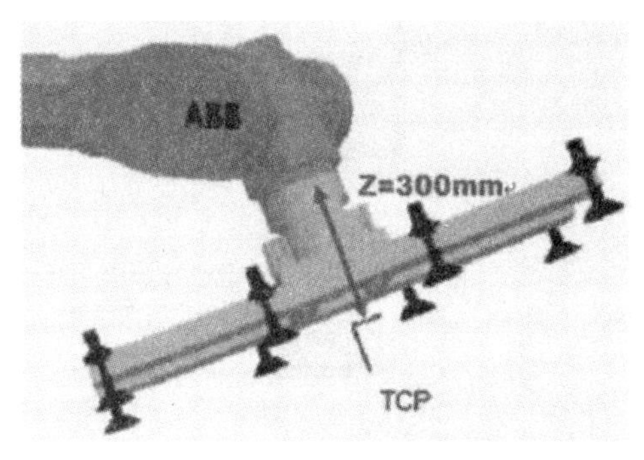

图 5-2-31

在示教器上具体设定的操作步骤如下：

(1) 在“手动操纵”界面中，选择“工具坐标”，如图 5-2-32 所示。

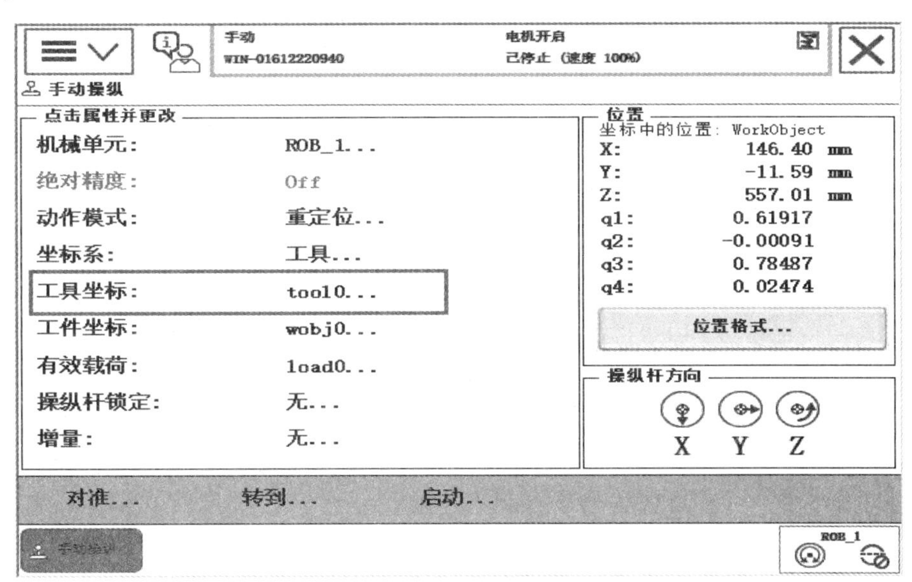

图 5-2-32

(2) 单击“新建”，如图 5-2-33 所示。

(3) 根据需要设定数据的属性，一般不用修改，直接单击“初始值”，如图 5-2-34 所示。

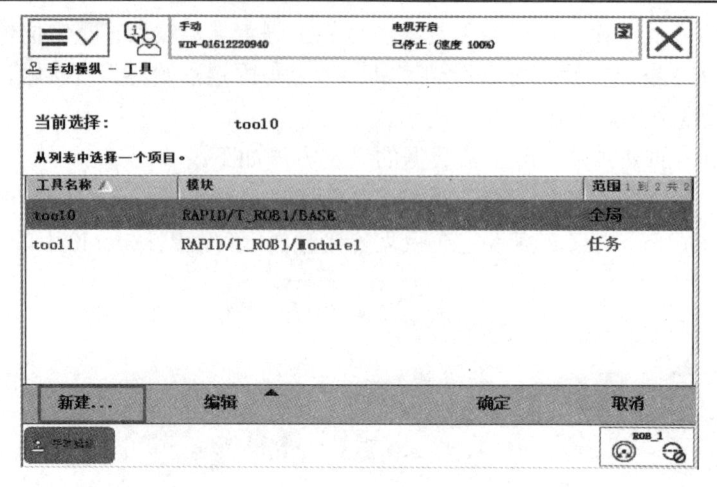

图 5-2-33

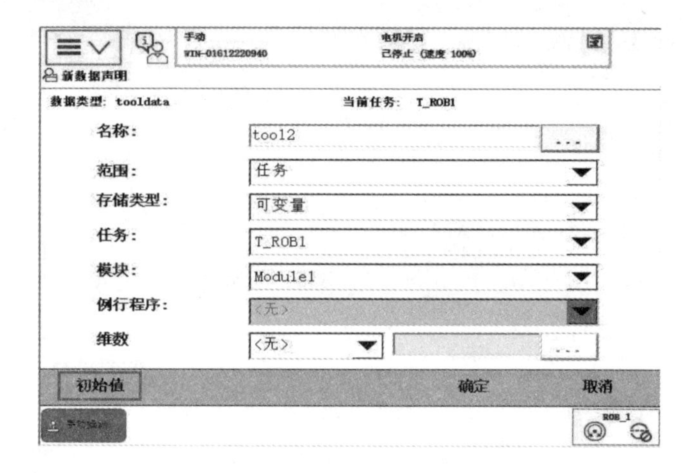

图 5-2-34

(4) TCP 点设定在吸盘的接触面上，从默认 tool0 上的 Z 正方向偏移了 300 mm，在此画面中设定对应的数值，如图 5-2-35 所示。

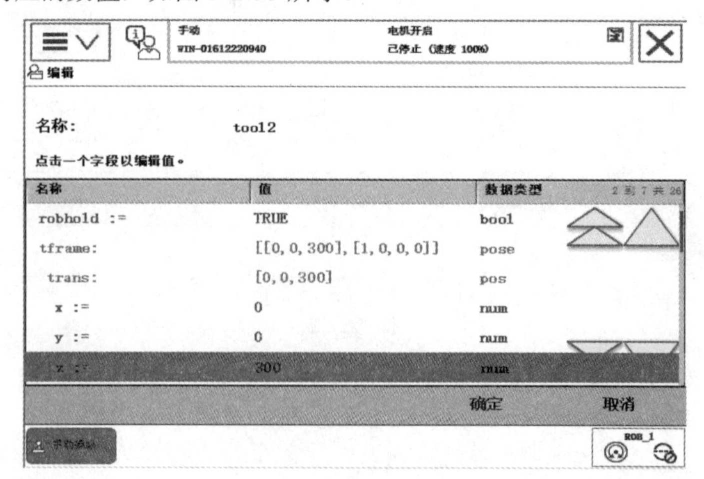

图 5-2-35

(5) 此工具质量是 25 kg，重心在默认 tool0 的 Z 的正方向偏移 250 mm，在画面中设定对应的数值，然后单击“确定”，设定完成，如图 5-2-36 所示。

手动 WIN-01612220940　电机开启 已停止（速度 100%）

编辑

名称：　tool2

点击一个字段以编辑值。

名称	值	数据类型
mass :=	25	num
cog:	[0,0,250]	pos
x :=	0	num
y :=	0	num
z :=	250	num
aom:	[1,0,0,0]	orient

14 到 19 共 26

确定　取消

手动操纵　ROB_1

图 5-2-36

3. 创建机器人工件坐标系数据 wobjdata

wobjdata 工件坐标对应工件，它定义工件相对于大地坐标(或其他坐标)的位置，如图 5-2-37 所示。机器人可以有若干工件坐标系，或者表示不同工件，或者表示同一工件在不同位置的若干副本。

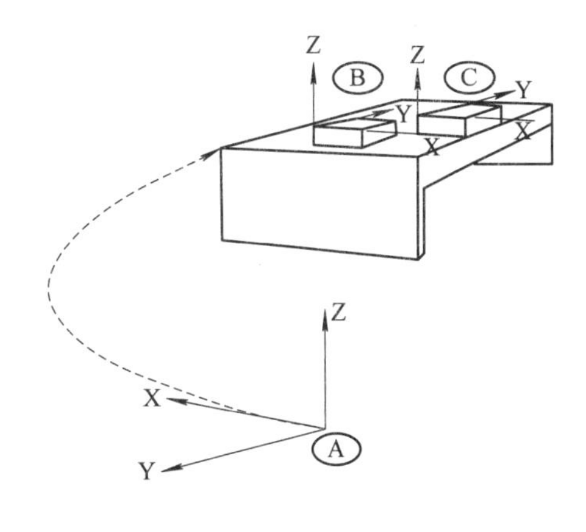

图 5-2-37

对机器人进行编程时就是在工件坐标中创建目标与路径。这种方式有以下优点：

(1) 重新定位工作站中的工件时，只需要更改工件坐标的位置，所有路径将即刻随之更新。

(2) 允许操作以外轴或传送导轨移动的工件，因为整个工件可连同其路径一起移动。

提示：A 是机器人的大地坐标，为了方便编程，给第一个工件建立了一个工件坐标 B，并在这个工件坐标 B 中进行轨迹编程。

如果在工件坐标 B 中对 A 对象进行了轨迹编程，当工件坐标的位置变化成工件坐标 D 后，只需在机器人系统重新定义工件坐标 D，则机器人的轨迹就自动更新到 C 了，不需要

再次轨迹编程了。因 A 相对于 B，C 相对于 D 的关系是一样，并没有因为整体偏移而发生变化，如图 5-2-38 所示。

如果台子上还有一个一样的工件需要走一样的轨迹，那只需建立一个工件坐标 C，将工件坐标 B 中的轨迹复制一份，然后将工件坐标从 B 更新为 C，则无需对一样的工件进行重复轨迹编程了。

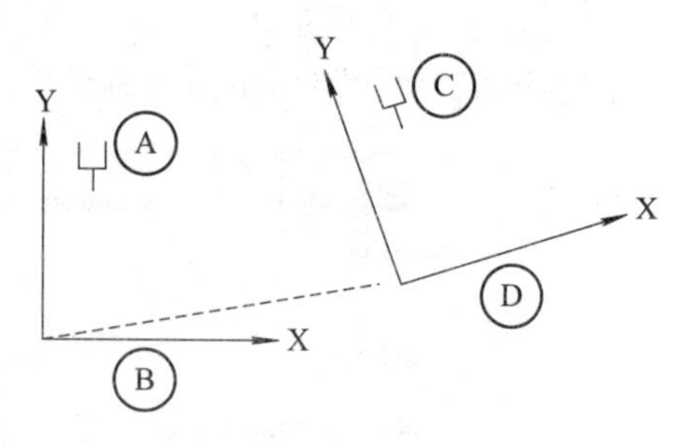

图 5-2-38

wobjdata 工件坐标系设定时，通常采用三点法。只需在对象表面位置或工件边缘角位置上定义三个点位置，来创建一个工件坐标系，如图 5-2-39 所示。其设定原理如下：

① 手动操纵机器人在工件表面或边缘角的位置找到一点 X1，作为坐标系的原点。

② 手动操纵机器人沿着工件表面或边缘找到一点 X2，X1、X2 确定工件坐标系的 X 轴的正方向(X1 和 X2 距离越远，定义的坐标系轴向越精准)。

③ 手动操纵机器人在 XY 平面上并且 Y 值为正的方向找到一点 Y1，确定坐标系的 Y 轴的正方向，如图 5-2-39 所示。

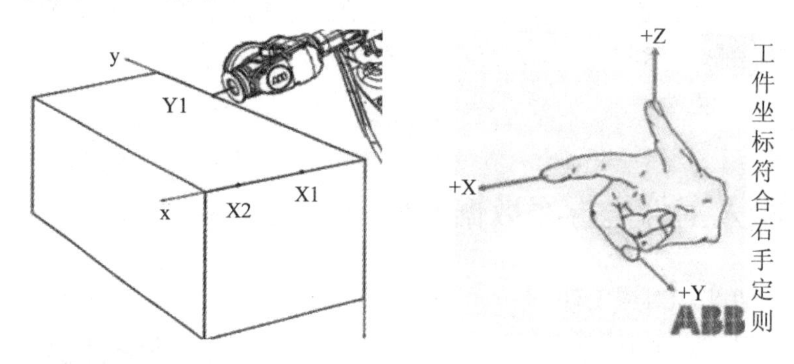

图 5-2-39

建立工件坐标的操作步骤如下：

(1) 在操作面板下，选择“手动操纵”，单击“工件坐标”，如图 5-2-40 所示。

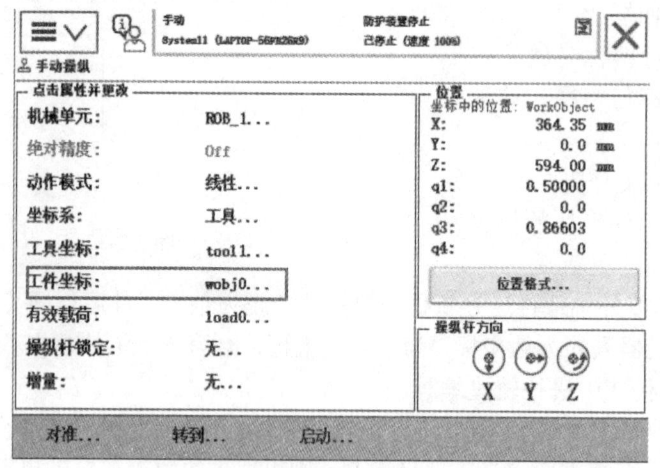

图 5-2-40

(2) 单击“新建”，如图 5-2-41 所示。

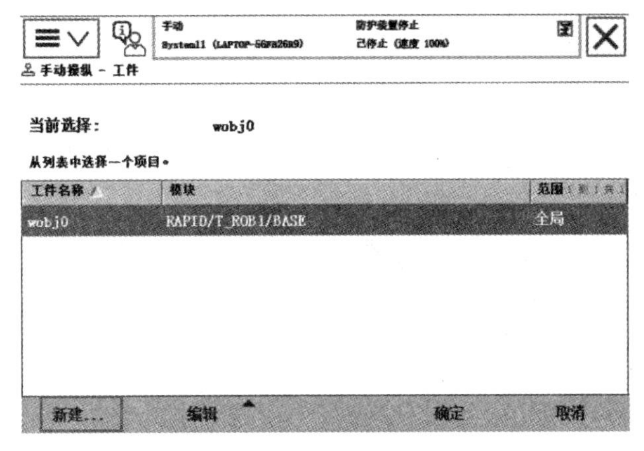

图 5-2-41

(3) 对工件坐标数据属性进行设定后，单击“确定”，如“名称”设为“wobj1”等，如图 5-2-42 所示。

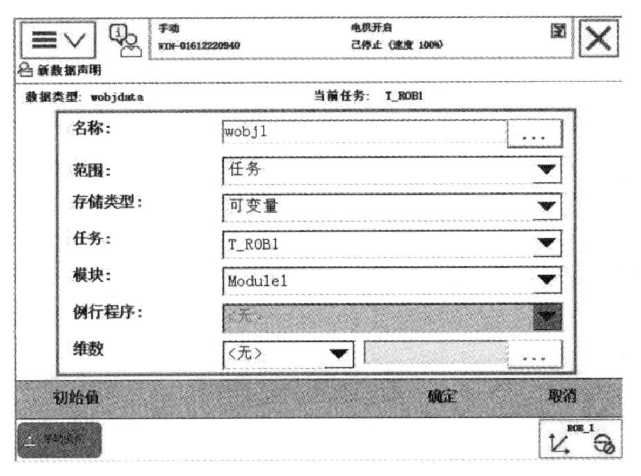

图 5-2-42

(4) 选中所建立的“wobj1”，单击“编辑”选择“定义”，如图 5-2-43 所示。

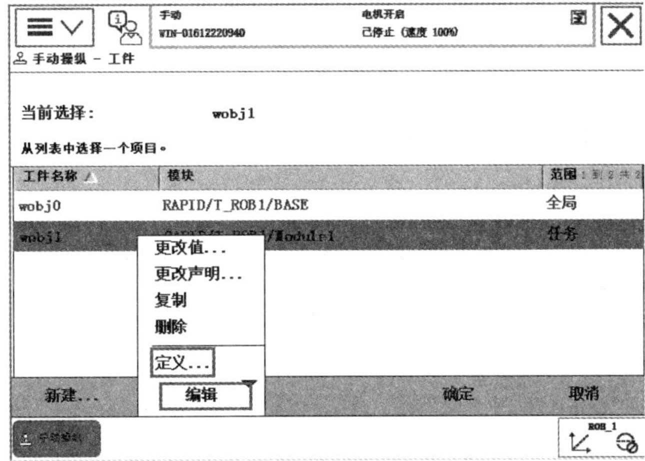

图 5-2-43

(5) 选中用户方法，选择“3 点”，如图 5-2-44 所示。

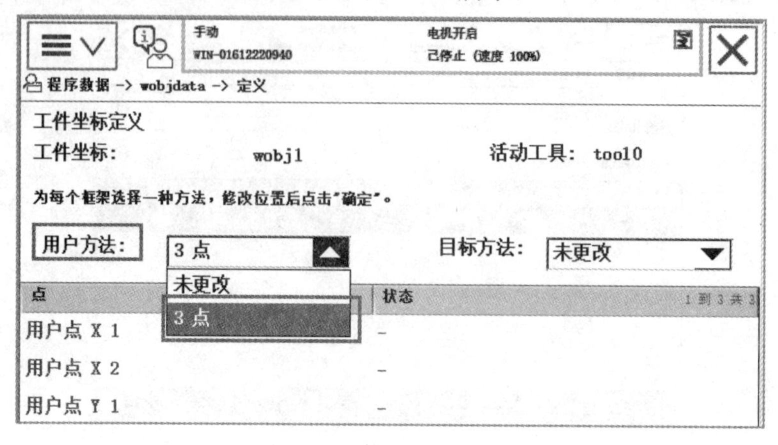

图 5-2-44

(6) 通过手动操纵机器人，使机器人工具尖点接近工件第一个点，将此点作为 X1 点，并记录该点，如图 5-2-45 所示。

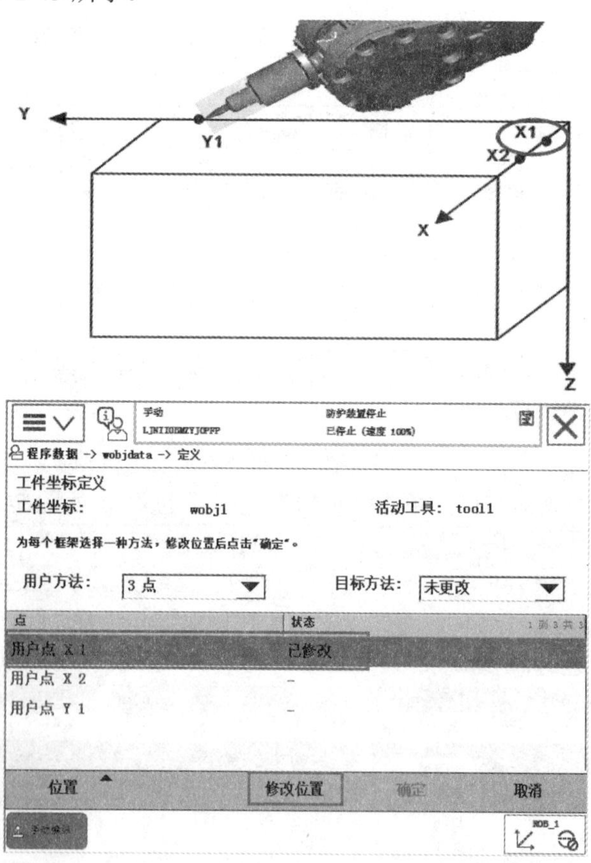

图 5-2-45

(7) 通过手动操纵机器人，使机器人工具尖点接近工件第二个点，将此点作为 X2 点，并作为该工件坐标系的 X 正反向，记录该点，如图 5-2-46 所示。

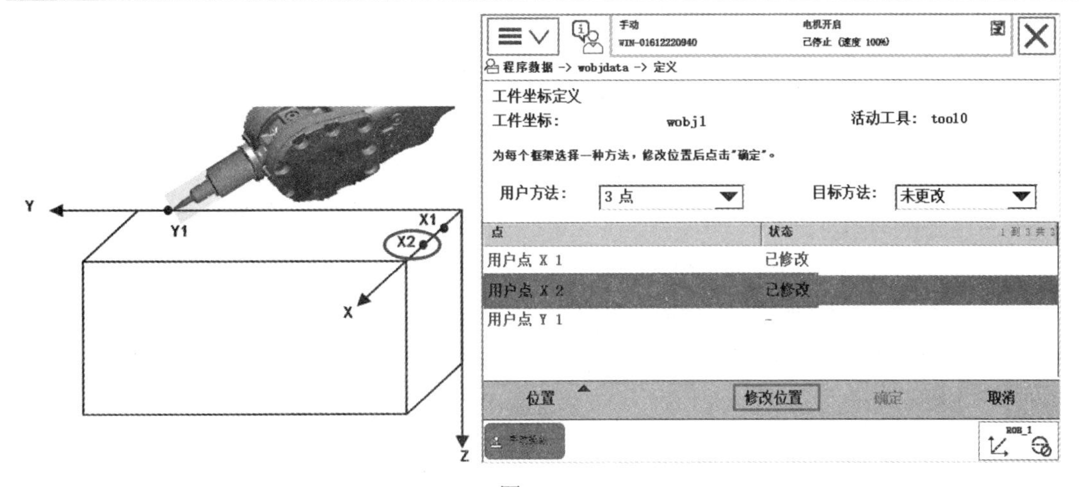

图 5-2-46

(8) 通过手动操纵机器人，使机器人工具尖点接近工件第三个点，将此点作为 Y1 点，并作为该工件坐标系的 Y 正方向，记录该点，并单击“确定”，如图 5-2-47 所示。

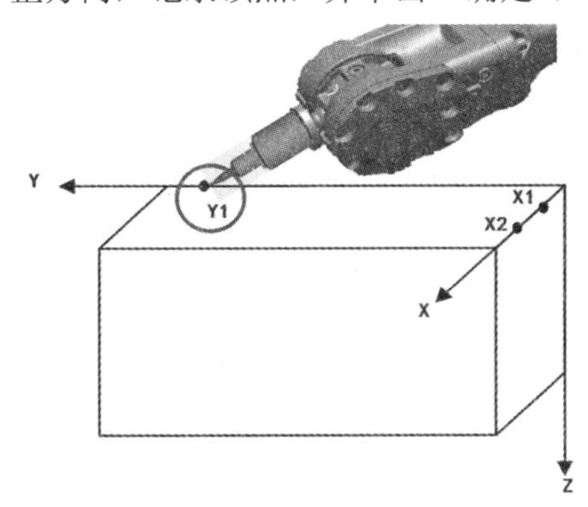

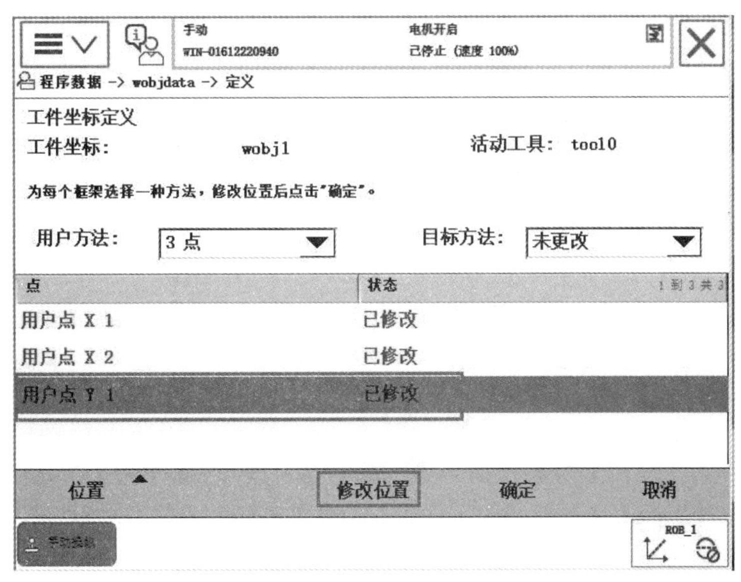

图 5-2-47

(9) 完成位置修改操作后，单击“确定”，弹出工件坐标位置数据页面，如图 5-2-48 所示。

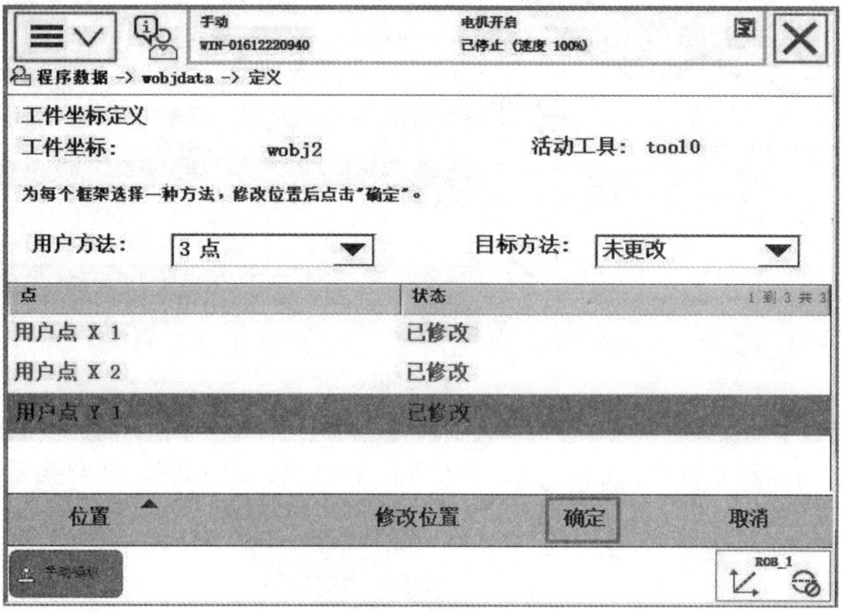

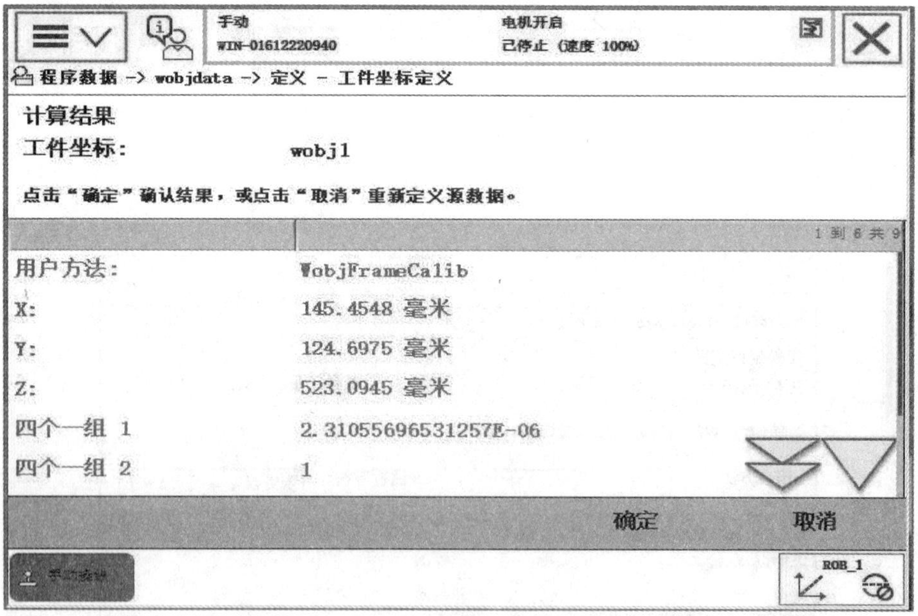

手动　WIN-01612220940　电机开启　已停止 (速度 100%)

程序数据 -> wobjdata -> 定义

工件坐标定义

工件坐标:　wobj2　活动工具:　tool0

为每个框架选择一种方法，修改位置后点击"确定"。

用户方法:　3 点　目标方法:　未更改

点	状态
用户点 X 1	已修改
用户点 X 2	已修改
用户点 Y 1	已修改

位置　修改位置　确定　取消

手动　WIN-01612220940　电机开启　已停止 (速度 100%)

程序数据 -> wobjdata -> 定义 - 工件坐标定义

计算结果

工件坐标:　wobj1

点击“确定”确认结果，或点击“取消”重新定义源数据。

	1 到 6 共 9
用户方法:	WobjFrameCalib
X:	145.4548 毫米
Y:	124.6975 毫米
Z:	523.0945 毫米
四个一组 1	2.31055696531257E-06
四个一组 2	1

确定　取消

图 5-2-48

(10) 完成机器人工件坐标系数据 wobjdata 的设定后，从菜单主界面单击进入“手动操纵”界面，在工件坐标中选择新建的工件坐标信息“wobj1”，单击“确定”，然后将机器人的手动操作模式改为“线性运动”模式，以验证工件坐标数据，如图 5-2-49 所示。

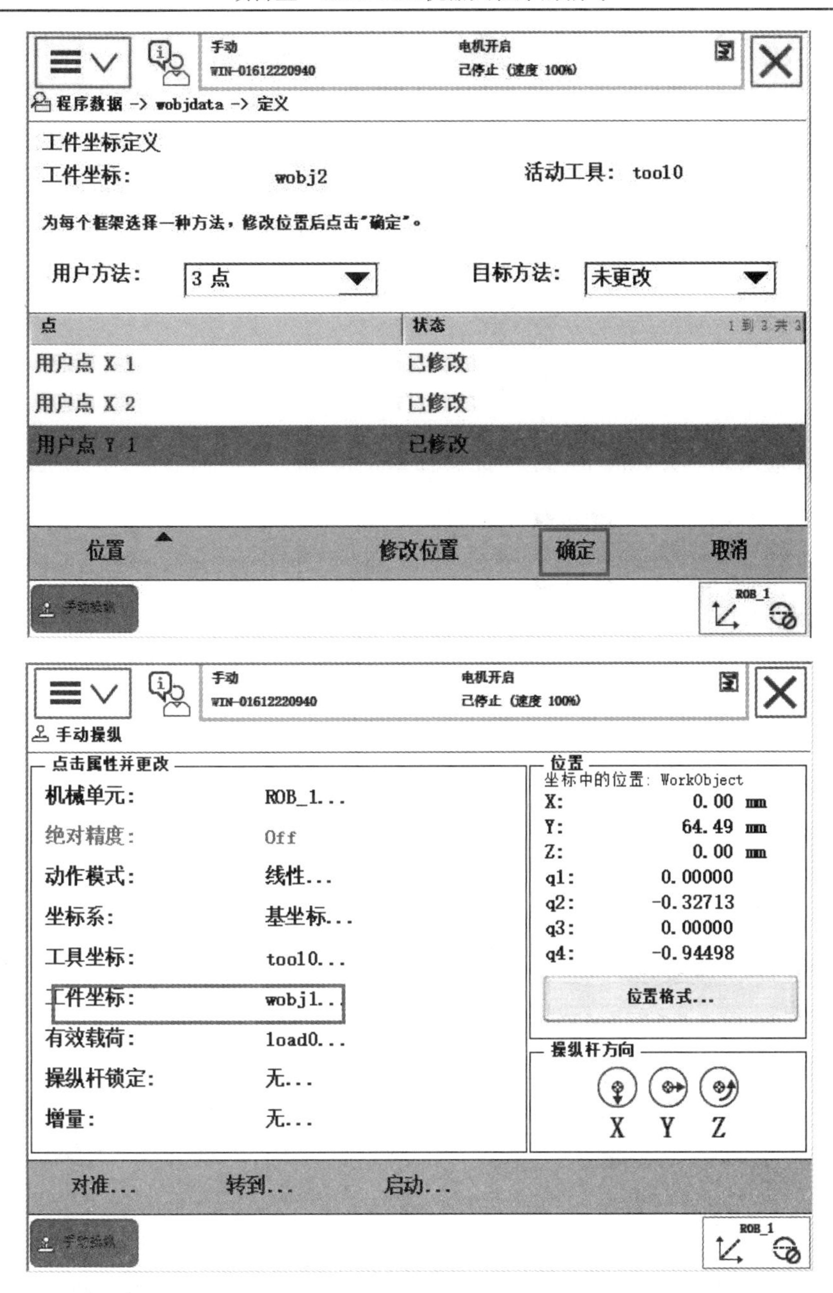

图 5-2-49

4. 创建机器人有效载荷数据 loaddata

如果机器人是用于搬运，就需要设置有效载荷 loaddata，因为对于搬运机器人，手臂承受的重量是不断变化的，如图 5-2-50 所示。所以不仅要正确设定夹具的质量和重心数据 tooldata，还要设置搬运对象的质量和重心数据 loaddata。有效载荷数据 loaddata 就记录了搬运对象的质量、重心的数据。如果机器人不用于搬运，则 loaddata 设置就是默认的 load0。

图 5-2-50

通过示教器设定有效载荷 loaddata 的具体操作步骤如下：

(1) 在“手动操纵”界面中选择“有效载荷”，如图 5-2-51 所示。

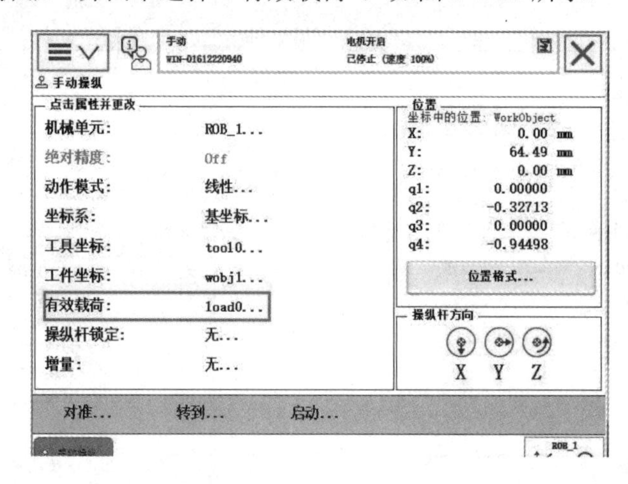

图 5-2-51

(2) 在“有效载荷”界面中单击“新建”，如图 5-2-52 所示。

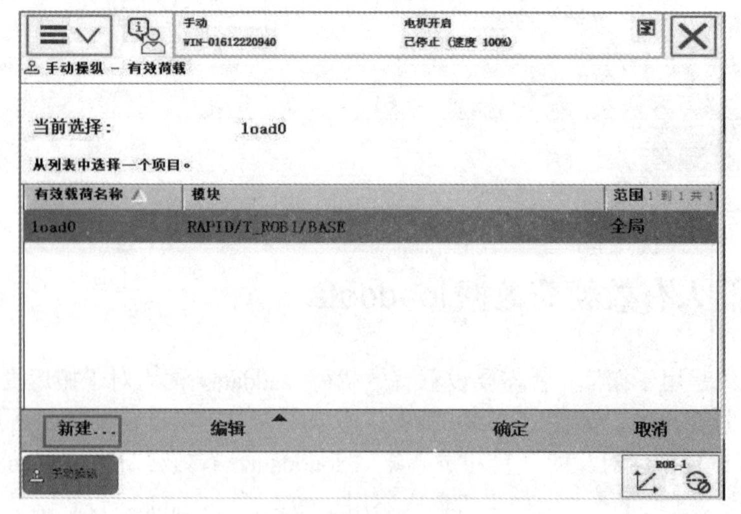

图 5-2-52

(3) 对有效载荷 loaddata 数据属性进行设定后，单击“确定”，如“名称”设为“load1”等，如图 5-2-53 所示。

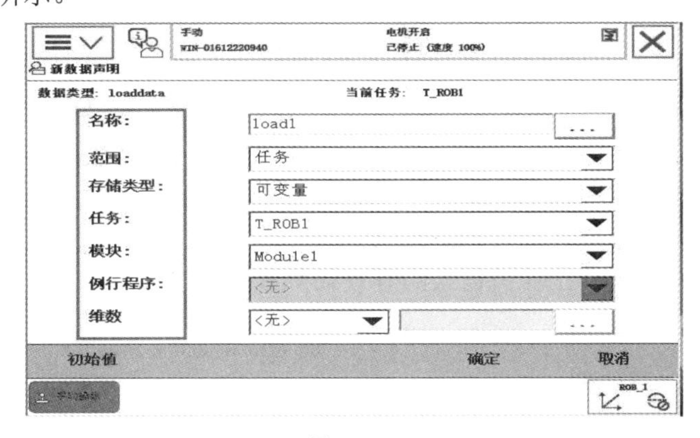

图 5-2-53

(4) 选中新建的“load1”，单击“编辑”选择“更改值”，如图 5-2-54 所示。

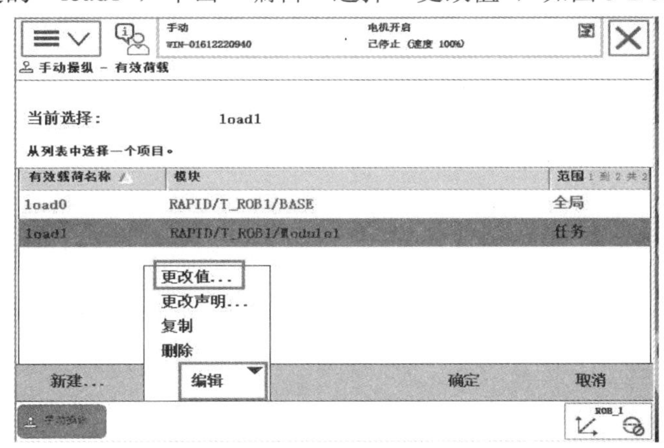

图 5-2-54

(5) 更改载荷重量和重心位置 X、Y、Y 的值，单击“确定”，如图 5-2-55 所示。

手动　WIN-01612220940　电机开启　已停止 (速度 100%)

编辑

名称:　load1

点击一个字段以编辑值。

名称	值	数据类型
mass :=	0	num
cog:	[0,0,0]	pos
x :=	0	num
y :=	0	num
z :=	0	num
aom:	[1,0,0,0]	orient

撤消　确定

名称	参数	单位
有效载荷质量	load.mass	Kg
有效载荷重心	load.cog.x load.cog.y load.cog.z	mm
力矩轴方向	load.aom.q1 load.aom.q2 load.aom.q3 load.aom.q4	
有效载荷的转动惯量	ix iy iz	Kg.m²

图 5-2-55

习　题

简答题：

1. 怎样建立 TCP 工具坐标系？
2. 怎样建立工具坐标系？
3. 为什么要建立 ABB 工业机器人的有效载荷数据？

项目六　ABB 工业机器人 I/O 口

任务　ABB 工业机器人 I/O 通信

➢ 任务目标

1. 了解 ABB 工业机器人的通信种类。
2. 学会配置机器人的 I/O 输入输出板。
3. 学会定义机器人的 I/O 信号。
4. 学会监控仿真 I/O(输入/输出)信号。

1. ABB 机器人通信的种类

ABB 工业机器人提供了丰富的通信接口，可以轻松地实现与周边设备进行通信。工业机器人通信的种类见表 6-1-1。

表 6-1-1　工业机器人通信的种类

<table>
<tr><td colspan="3">ABB 工业机器人</td></tr>
<tr><td>PC</td><td>现场总线</td><td>ABB 标准</td></tr>
<tr><td>RS232 串口通信
OPC server
Socket Message①</td><td>Device Net②
Profibus②
Profibus-DP②
Prrofinet②
EtherNet IP②</td><td>标准 I/O 板
PLC
…
…
…</td></tr>
<tr><td>备注</td><td colspan="2">注“①”：一种通信协议。　注“②”：不同厂商推出的现场总线协议。</td></tr>
</table>

关于 ABB 机器人的 I/O 板通信接口的说明：

(1) ABB 的标准 I/O 板提供的常用信号处理有数字输入 DI、数字输出 DO、模拟输入 AI、模拟输出 AO、输送链跟踪。

(2) ABB 机器人可以选配标准 ABB 的 PLC，省去了原来与外部 PLC 进行通信设置的

麻烦，并且在机器人示教器上就能实现与 PLC 相关的操作。

如图 6-1-1 所示为 ABB 工业机器人控制柜接口说明示意图。

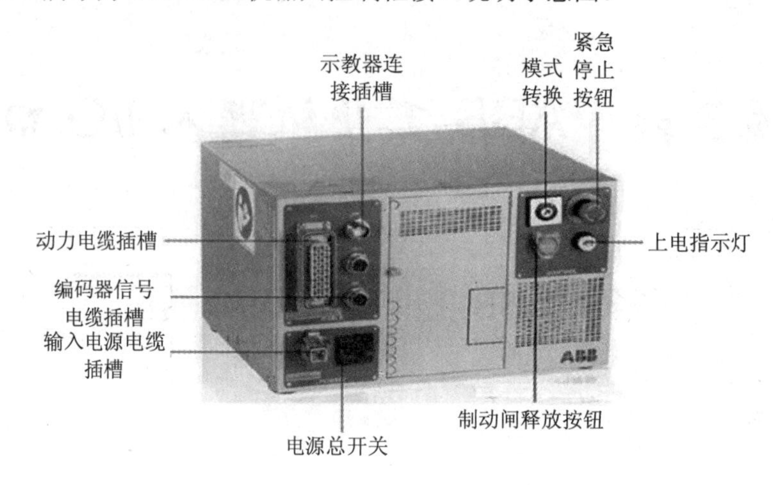

图 6-1-1

2. ABB 机器人标准 I/O 通信板

ABB 机器人工业机器人控制器中常用的标准 I/O 板主要有五种，本节主要介绍 DSQC652 模块。如表 6-1-2 所示为各型号 I/O 板的功能描述。

表 6-1-2　各型号 I/O 板的功能描述

型　号	描　　述
DSQC 651	分布式 I/O 模块　DI8、DO8、AO2 (8 个数字输入、8 个数字输出、2 个模拟输出)
DSQC 652	分布式 I/O 模块　DI16、DO16 (16 个数字输入、16 个数字输出)
DSQC 653	分布式 I/O 模块 DI8、DO8 (8 个数字输入、8 个数字输出、带有继电器)
DSQC 355A	分布式 I/O 模块 AI4、AO4 (4 个模拟输入、4 个模拟输出)
DSQC 377A	输送链跟踪单元

(1) I/O 信号种类：

DI：单个数字输入信号；

DO：单个数字输出信号；

GI：组合输入信号，使用 8421 码；

GO：组合输出信号，使用 8421 码；

AI：模拟量输入信号；

AO：模拟量输出信号。

(2) I/O 信号规范：

① 所有 I/O 板与输入输出信号名称必须唯一，不允许重复；

② 模拟 I/O 板上的信号，不能使用脉冲或延迟等功能；

③ 每台机器人最多可配置 40 块 I/O 板，每个总线上最多可以配 20 块 I/O 板；

④ 包括组合 I/O 信号，每台机器人最多可定义 1024 个输入输出信号；

⑤ 每个 I/O 板上最多有 64 B(Byte，字节)的输入和 64 B 的输出；

⑥ Cross Connections 不允许循环；

⑦ 组合信号的长度最大为 16；

⑧ 定义 I/O 信号，涉及更改系统参数的部分，更改完成以后必须热启动机器人使其生效，系统将有提示。

1) ABB 机器人标准 I/O 板 DSQC651

标准 I/O DSQC651 板主要提供 8 个数字输入信号、8 个数字输出信号和两个模拟输出信号的处理。如图 6-1-2 所示为 DSQC651 板正面示意图，表 6-1-3 为 DSQC651 标准 I/O 板的模块接口说明，表 6-1-4 为 DSQC651 标准 I/O 板 X1 端子数字输出接口说明，表 6-1-5 为 DSQC651 标准 I/O 板 X3 端子数字输入接口说明，表 6-1-6 为 DSQC651 标准 I/O 板 X5 端子 DeviceNet 总线接口说明。

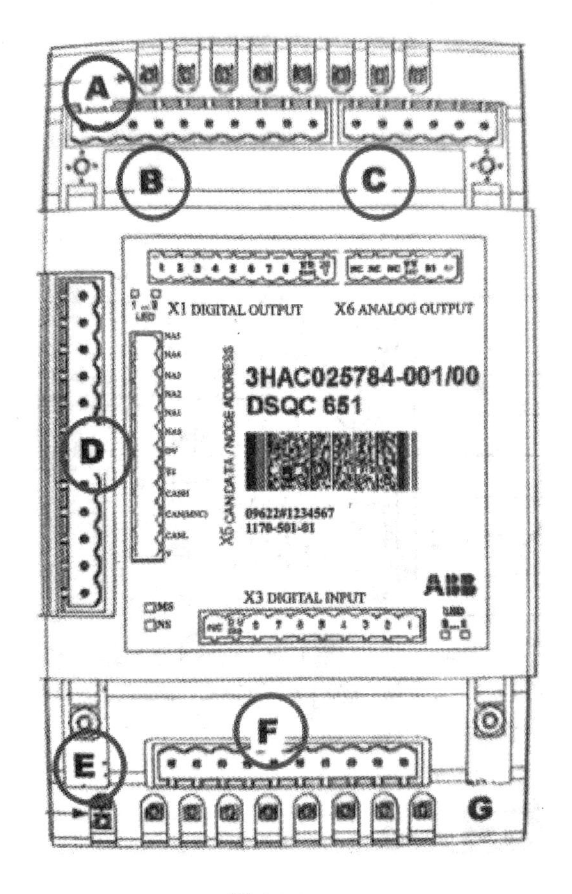

图 6-1-2

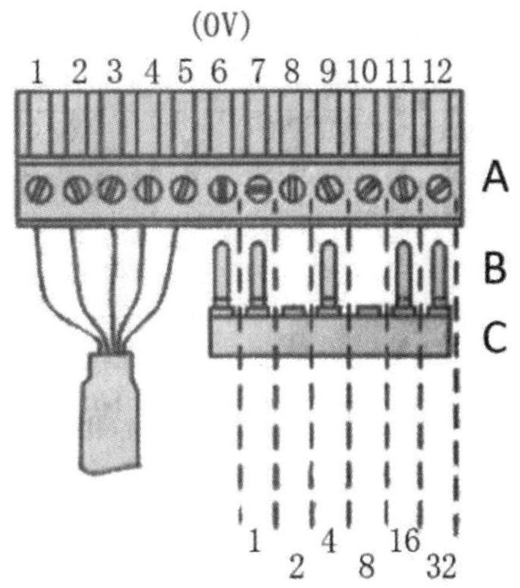

图 6-1-3

表 6-1-3　DSQC651 标准 I/O 板的模块接口说明

序　号	说　　明
A	数字输出接口信号指示灯
B	“X1”是数字输出接口
C	“X6”是模拟输出接口
D	“X5”是 DeviceNet 接口
E	模块状态指示灯
F	“X3”是数字输入接口
G	数字输入接口指示灯

表 6-1-4　DSQC651 标准 I/O 板 X1 端子数字输出接口说明

X1 端子编号	使 用 定 义	地址分配
1	OUTPUT　CH1	32
2	OUTPUT　CH2	33
3	OUTPUT　CH3	34
4	OUTPUT　CH4	35
5	OUTPUT　CH5	36
6	OUTPUT　CH6	37
7	OUTPUT　CH7	38
8	OUTPUT　CH8	39
9	0V	
10	24V	

表 6-1-5　DSQC651 标准 I/O 板 X3 端子数字输入接口说明

X3 端子编号	使 用 定 义	地址分配
1	IUTPUT　CH1	0
2	IUTPUT　CH2	1
3	IUTPUT　CH3	2
4	IUTPUT　CH4	3
5	IUTPUT　CH5	4
6	IUTPUT　CH6	5
7	IUTPUT　CH7	6
8	IUTPUT　CH8	7
9	0V	
10	未使用	

表 6-1-6　DSQC651 标准 I/O 板 X5 端子 DeviceNet 总线接口说明

X5 端子编号	使 用 定 义
1	0V　BLACK(黑色)
2	CAN 信号线 low BLUE(蓝色)
3	屏蔽线
4	CAN 信号线 high WHITE(白色)
5	24V　RED(红色)
6	GND 地址选择公共端
7	模块 ID bit0(LSB)
8	模块 ID bit1(LSB)
9	模块 ID bit2(LSB)
10	模块 ID bit3(LSB)
11	模块 ID bit4(LSB)
12	模块 ID bit5(LSB)

ABB 标准 I/O 板是挂在 Device 网络上的，所以要设定模块在网络中的地址。DSQC651 板端子 X5 的 6～12 的跳线用于决定模块的地址，范围是 10～36。例如，想要设置模块的地址为 10，则可将第 8 脚和第 10 脚的跳线剪去，如图 6-1-3 所示。表 6-1-7 为 DSQC651 标准 I/O 板 X6 端子模拟输出接口说明。

表 6-1-7　DSQC651 标准 I/O 板 X6 端子模拟输出接口说明

X6 端子编号	使 用 定 义	地址分配
1	未使用	
2	未使用	
3	未使用	
4	0 V	
5	模拟输出 ao1	0~15
6	模拟输出 ao2	16~31

注：模拟量输出的范围是 0～+10 V。

2) ABB 机器人标准 I/O 板 DSQC652

标准 I/O 板 DSQC652 主要提供 16 个数字输入信号和 16 个数字输出信号的处理。如图 6-1-4 所示为 DSQC652 板正面示意图，表 6-1-8 为 DSQC652 标准 I/O 板的模块接口说明，表 6-1-9 为 DSQC652 标准 I/O 板 X1 端子数字输出接口说明，表 6-1-10 为 DSQC652 标准 I/O 板 X2 端子数字输出接口说明，表 6-1-11 为 DSQC652 标准 I/O 板 X3 端子数字输入接口说明，表 6-1-12 为 DSQC652 标准 I/O 板 X4 端子数字输入接口说明，表 6-1-13 为 DSQC652 标准 I/O 板 X5 端子 DeviceNet 总线接口说明。

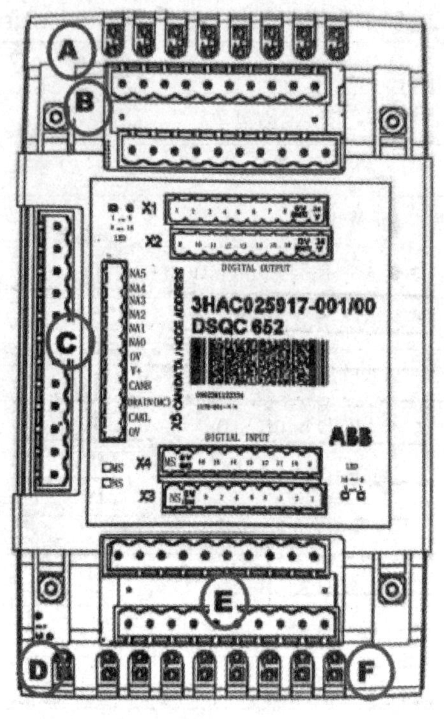

图 6-1-4

表 6-1-8　DSQC652 标准 I/O 板的模块接口说明

序号	说　明
A	数字输出接口信号指示灯
B	“X1”、“X2”是数字输出接口
C	“X5”是 DeviceNet 接口
D	模块状态指示灯
E	“X3”、“X4”是数字输入接口
F	数字输入信号指示灯

表 6-1-9　DSQC652 标准 I/O 板 X1 端子数字输出接口说明

X1 端子编号	使 用 定 义	地址分配
1	OUTPUT　CH1	0
2	OUTPUT　CH2	1
3	OUTPUT　CH3	2
4	OUTPUT　CH4	3
5	OUTPUT　CH5	4
6	OUTPUT　CH6	5
7	OUTPUT　CH7	6
8	OUTPUT　CH8	7
9	0V	
10	24V	

表 6-1-10　DSQC652 标准 I/O 板 X2 端子数字输出接口说明

X2 端子编号	使 用 定 义	地址分配
1	OUTPUT　CH9	8
2	OUTPUT　CH10	9
3	OUTPUT　C11	10
4	OUTPUT　CH12	11
5	OUTPUT　CH13	12
6	OUTPUT　CH14	13
7	OUTPUT　CH15	14
8	OUTPUT　CH16	15
9	0V	
10	24V	

表 6-1-11　DSQC652 标准 I/O 板 X3 端子数字输入接口说明

X3 端子编号	使 用 定 义	地址分配
1	IUTPUT　CH1	0
2	IUTPUT　CH2	1
3	IUTPUT　CH3	2
4	IUTPUT　CH4	3
5	IUTPUT　CH5	4
6	IUTPUT　CH6	5
7	IUTPUT　CH7	6
8	IUTPUT　CH8	7
9	0 V	
10	未使用	

表 6-1-12　DSQC652 标准 I/O 板 X4 端子数字输入接口说明

X4 端子编号	使 用 定 义	地址分配
1	IUTPUT　CH9	8
2	IUTPUT　CH10	9
3	IUTPUT　CH11	10
4	IUTPUT　CH12	11
5	IUTPUT　CH13	12
6	IUTPUT　CH14	13
7	IUTPUT　CH15	14
8	IUTPUT　CH16	15
9	0 V	
10	未使用	

表 6-1-13　DSQC652 标准 I/O 板 X5 端子 DeviceNet 总线接口说明

X5 端子编号	使 用 定 义
1	0 V　BLACK(黑色)
2	CAN 信号线 low　BLUE(蓝色)
3	屏蔽线
4	CAN 信号线 high　WHITE(白色)
5	24 V　RED(红色)
6	GND 地址选择公共端
7	模块 ID bit0(LSB)
8	模块 ID bit1(LSB)
9	模块 ID bit2(LSB)
10	模块 ID bit3(LSB)
11	模块 ID bit4(LSB)
12	模块 ID bit5(LSB)

3) ABB 机器人标准 I/O 板 DSQC653

标准 I/O 板 DSQC653 主要提供 8 个数字输入信号和 8 个数字继电器输出信号的处理。如图 6-1-5 所示为 DSQC653 板正面示意图，表 6-1-14 为 DSQC653 标准 I/O 板的模块接口说明，表 6-1-15 为 DSQC653 标准 I/O 板 X1 端子数字输出接口说明，表 6-1-16 为 DSQC653 标准 I/O 板 X3 端子数字输入接口说明。

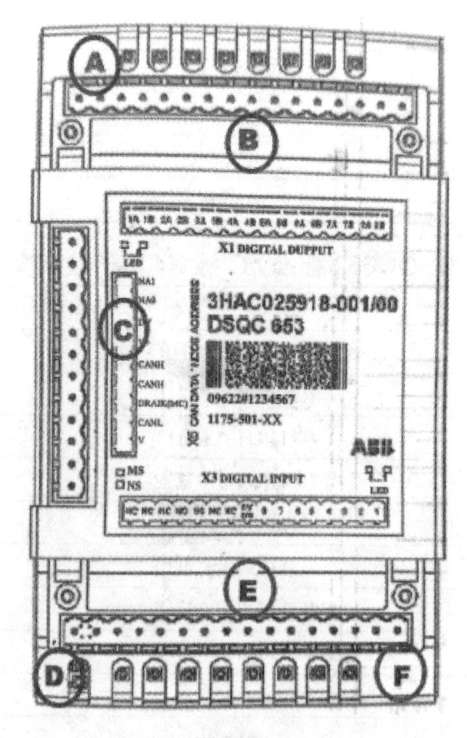

图 6-1-5

表 6-1-14　DSQC653 标准 I/O 板的模块接口说明

序号	说　　明
A	数字继电器输出接口信号指示灯
B	“X1”是数字继电器输出接口
C	“X5”是 DeviceNet 接口
D	模块状态指示灯
E	“X3”是数字输入接口
F	数字输入信号指示灯

注：DSQC653 标准 I/O 板　X5 端子与 DSQC651/652 一样。

表 6-1-15　DSQC653 标准 I/O 板 X1 端子数字输出接口说明

X1 端子编号	使 用 定 义	地址分配
1	OUTPUT　CH1A	0
2	OUTPUT　CH1B	
3	OUTPUT　CH2A	1
4	OUTPUT　CH2B	
5	OUTPUT　CH3A	2
6	OUTPUT　CH3B	
7	OUTPUT　CH4A	3
8	OUTPUT　CH4B	
9	OUTPUT　CH5A	4
10	OUTPUT　CH5B	
11	OUTPUT　CH6A	5
12	OUTPUT　CH6B	
13	OUTPUT　CH7A	6
14	OUTPUT　CH7B	
15	OUTPUT　CH8A	7
16	OUTPUT　CH8B	

表 6-1-16　DSQC653 标准 I/O 板 X3 端子数字输入接口说明

X3 端子编号	使 用 定 义	地址分配
1	IUTPUT　CH1	0
2	IUTPUT　CH2	1
3	IUTPUT　CH3	2
4	IUTPUT　CH4	3
5	IUTPUT　CH5	4
6	IUTPUT　CH6	5
7	IUTPUT　CH7	6
8	IUTPUT　CH8	7
9	0V	
10～16	未使用	

4) ABB 机器人标准 I/O 板 DSQC355A

标准 I/O 板 DSQC355A 板主要提供 4 个模拟输入信号和 4 个模拟输出信号的处理。如图 6-1-6 所示为 DSQC355A 板正面示意图，表 6-1-17 为 DSQC355A 标准 I/O 板的模块接口说明，表 6-1-18 为 DSQC355A 标准 I/O 板 X3 端子电源接口说明，表 6-1-19 为 DSQC355A 标准 I/O 板 X7 端子模拟输出接口说明，表 6-1-20 为 DSQC355A 标准 I/O 板 X8 端子模拟输入接口说明。

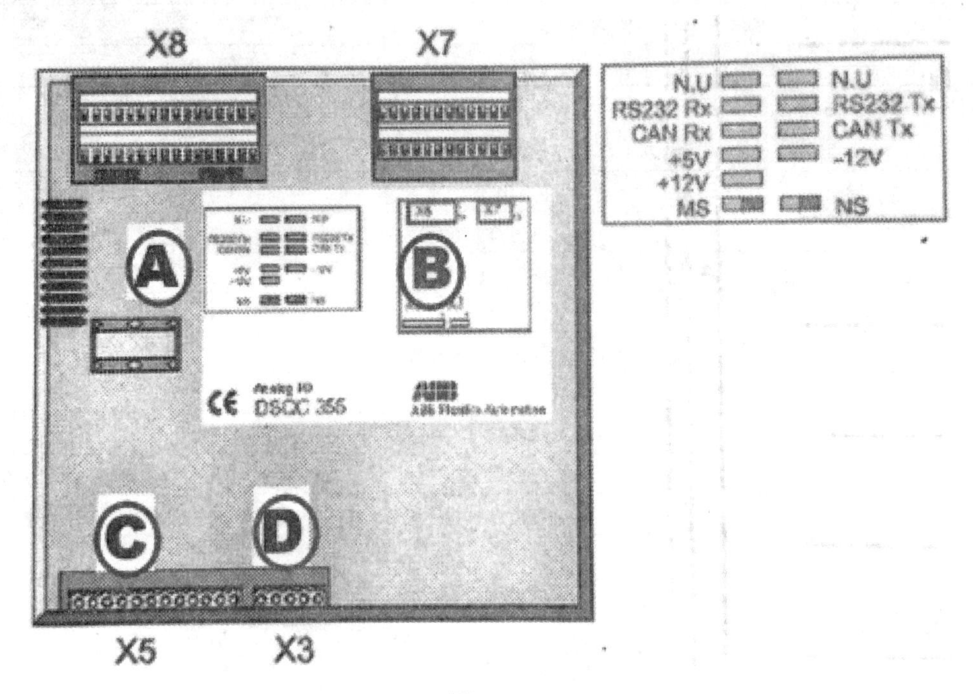

图 6-1-6

表 6-1-17　DSQC355A 标准 I/O 板的模块接口说明

序号	说　明
A	X8 模拟输入接口
B	X7 模拟输出接口
C	X5 是 DeviceNet 接口
D	X3 是供电电源

注：DSQC355A 标准 I/O 板　X5 端子与 DSQC651/652 一样。

表 6-1-18　DSQC355A 标准 I/O 板 X3 端子电源接口说明

X3 端子编号	使 用 定 义
1	0 V
2	未使用
3	接地
4	未使用
5	+24 V

表 6-1-19　DSQC355A 标准 I/O 板 X7 端子模拟输出接口说明

X7 端子编号	使 用 定 义	地址分配
1	模拟输出_1，-10 V/+10 V	0～15
2	模拟输出_2，-10 V/+10 V	16～31
3	模拟输出_3，-10 V/+10 V	32～47
4	模拟输出_4，4～20 mA	48～63
5～18	未使用	
19	模拟输出_1，0 V	
20	模拟输出_2，0 V	
21	模拟输出_3，0 V	
22	模拟输出_4，0 V	
23～24	未使用	

表 6-1-20　DSQC355A 标准 I/O 板 X8 端子模拟输入接口说明

X8 端子编号	使 用 定 义	地址分配
1	模拟输入_1，-10 V/+10 V	0～15
2	模拟输入_2，-10 V/+10 V	16～31
3	模拟输入_3，-10 V/+10 V	32～47
4	模拟输入_4，-10 V/+10 V	48～63
5～16	未使用	
17～24	+24 V	
25	模拟输出_1，0 V	
26	模拟输出_2，0 V	
27	模拟输出_3，0 V	
28	模拟输出_4，0 V	
29～32	0 V	

5) ABB 机器人标准 I/O 板 DSQC377A

标准 I/ODSQC377A 板主要提供机器人输送链跟踪功能所需的编码器与同步开关信号的处理。如图 6-1-7 所示为 I/O DSQC377A 板正面示意图，表 6-1-21 为 DSQC377A 标准 I/O 板的模块接口说明，表 6-1-22 为 DSQC377A 标准 I/O 板 X20 端子编码器与同步开关的接口说明。

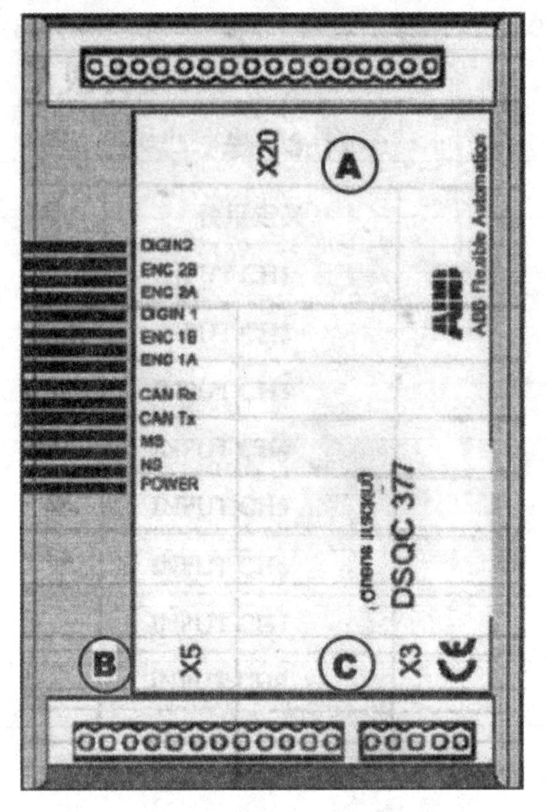

图 6-1-7

表 6-1-21　DSQC377A 标准 I/O 板的模块接口说明

序号	说　明
A	X20 是编码器与同步开关的接口
B	X5 是 DeviceNet 接口
C	X3 是供电电源

注：X3 端子与 DSQC355A 相同；X5 端子与 DSQC651 相同。

表 6-1-22　DSQC377A 标准 I/O 板 X20 端子编码器与同步开关的接口说明

X20 端子编号	使用定义	X20 端子编号	使用定义
1	24 V	6	编码器 1，B 相
2	0 V	7	数字输入信号 1，24 V
3	编码器 1，24 V	8	数字输入信号 1，0 V
4	编码器 1，0 V	9	数字信号 1，信号
5	编码器 1，A 相	10~16	未使用

3. 定义 ABB 机器人标准 I/O 板 DSQC652 的总线连接

ABB 机器人标准 I/O 板都是下挂在 DeviceNet 现场总线下的设备，通过 X5 端口与 DeviceNet 现场总线进行通信。

定义 DSQC652 板的总线连接的相关参数说明见表 6-1-23。

表 6-1-23　DSQC652 板的总线连接的相关参数说明

参数名称	设定值	说　明
Name	D652	设定 I/O 板在系统中的名字
Type of Uint	D652	设定 I/O 板的类型
Connected to Bus	DeviceNet1	设定 I/O 板连接的总线
DeviceNet Address	10	设定 I/O 板在总线中的地址

DSQC652 板总线连接操作的步骤如下：

(1) 在手动模式中的示教器菜单界面中选择“控制面板”，如图 6-1-8 所示。

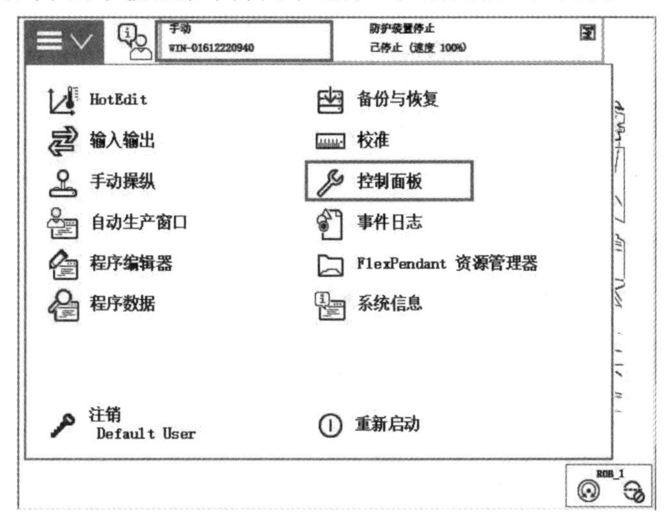

图 6-1-8

(2) 在示教器“控制面板”界面中选择“配置、配置系统参数”，如图 6-1-9 所示。

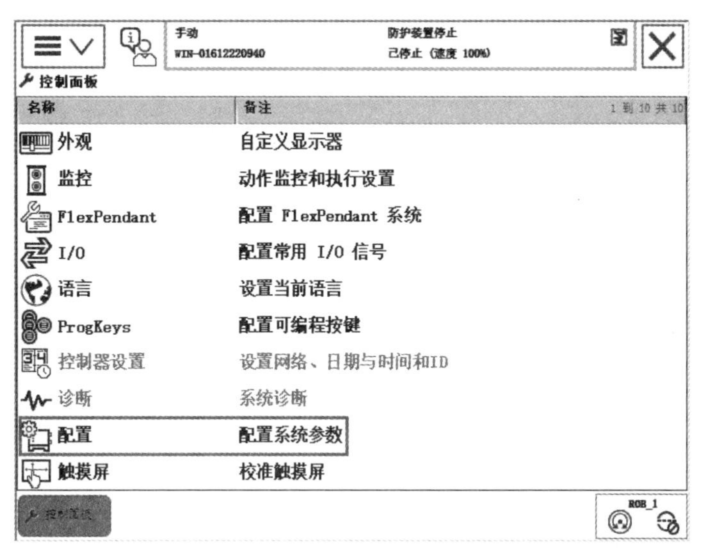

图 6-1-9

(3) 双击“DeviceNet Device”，如图 6-1-10 所示。

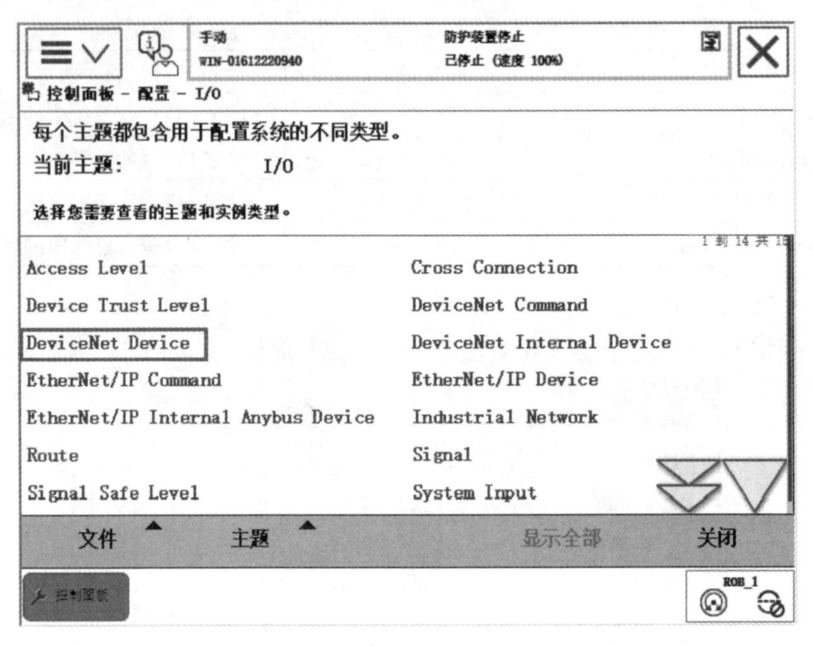

图 6-1-10

(4) 单击“添加”，如图 6-1-11 所示。

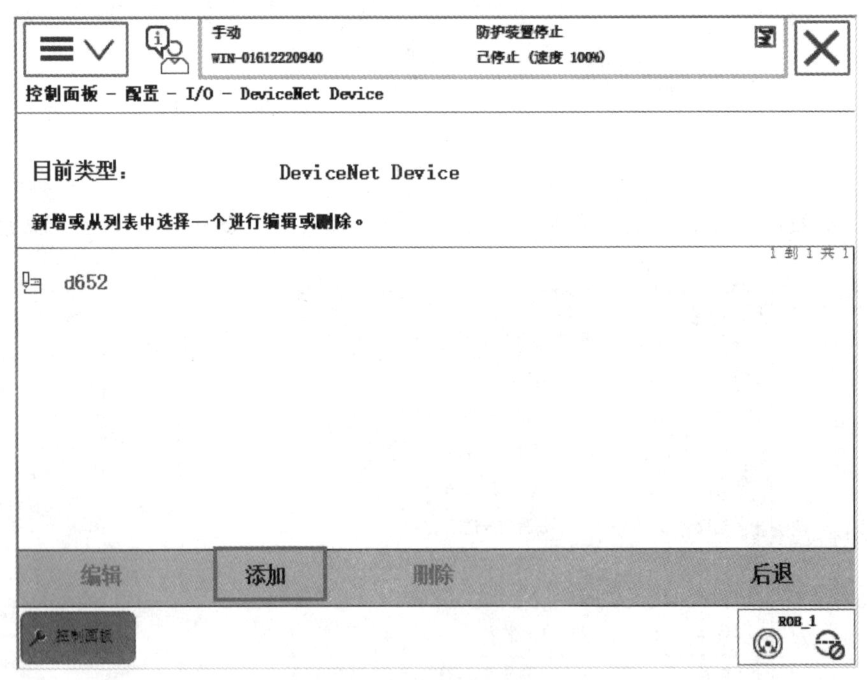

图 6-1-11

(5) 双击“Name”参数进行设置，如图 6-1-12 所示。

(6) 单击“默认”标签的下拉菜单，选择所需要配置的 I/O 板“DSQC652”，并对相关参数进行设置，最后单击“确定”，如图 6-1-13、图 6-1-14 所示。

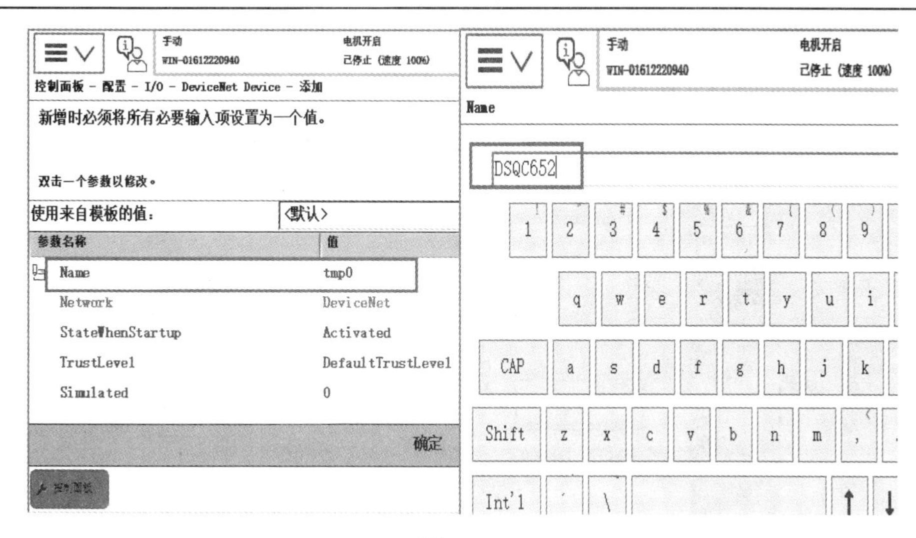

图 6-1-12

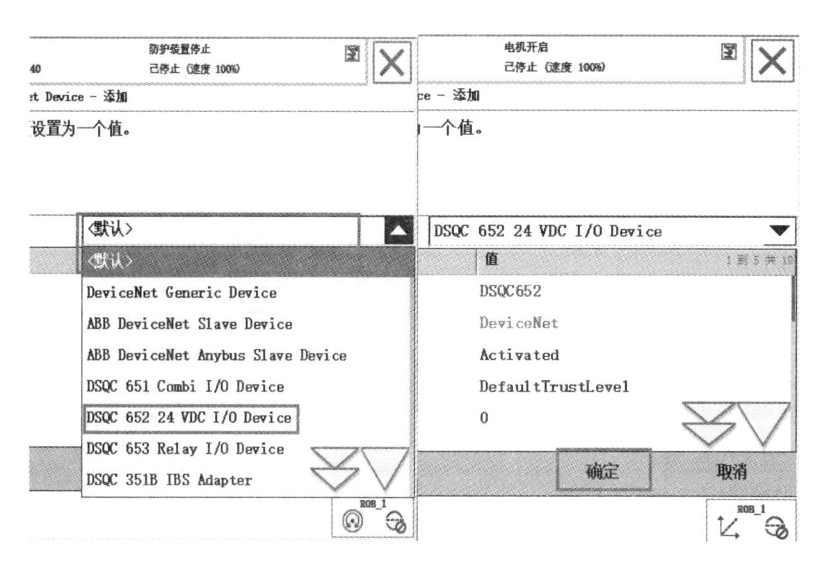

图 6-1-13

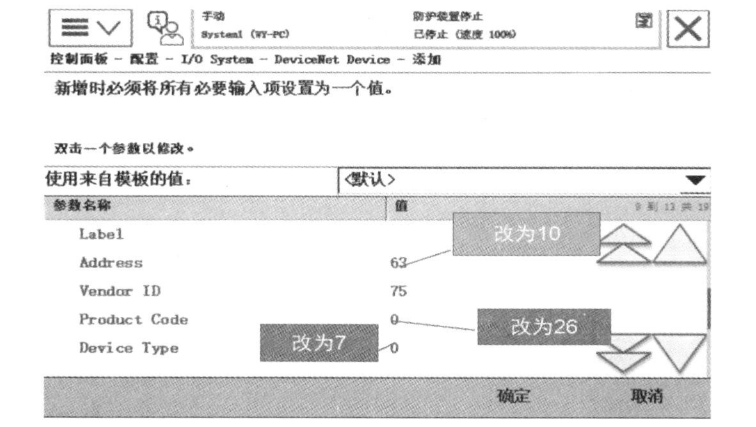

图 6-1-14

(7) 系统弹出提示重启对话框，单击“是”，如图 6-1-15 所示。

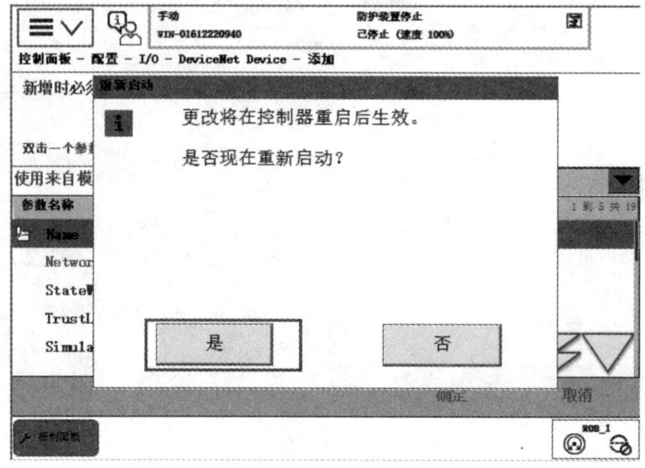

图 6-1-15

4. 定义 ABB 机器人 I/O 信号

1) 定义数字输入信号 DI

数字输入信号 DI 相关参数，表 6-1-24 为数字输入信号 DI 相关参数。

表 6-1-24　数字输入信号 DI 相关参数

参数名称	设定值	说　明
Name	di1	设定数字输入信号的名字
Type of Signalt	Digital Input	设定信号的类型
Assigned to Device	DSQC652	设定信号所在的 I/O 模块
Device Mapping	0	设定信号所占用的地址

定义数字输入信号 DI 的操作步骤如下：

(1) 在示教器中按照“控制面板→配置→双击‘Signal’”的顺序操作，如图 6-1-16 所示。

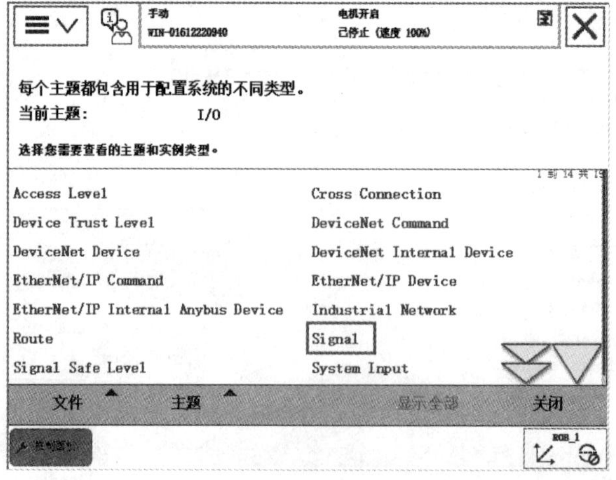

图 6-1-16

(2) 在示教器中单击“添加”，并在添加界面中按照表 6-1-24 中的参数进行设置。填写完整后单击“确定”，重启示教器后完成设定，如图 6-1-17 所示。

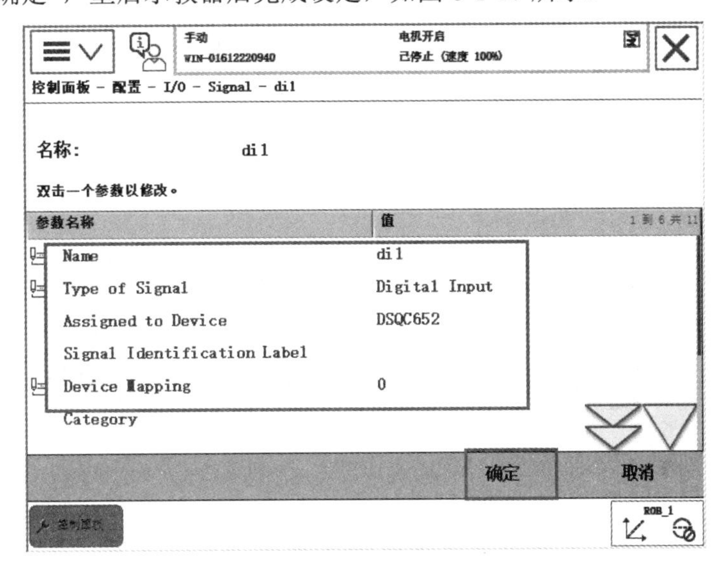

图 6-1-17

2) 定义数字输出信号 DO

表 6-1-25 为数字输出信号 DO 相关参数。

表 6-1-25　数字输出信号 DO 相关参数

参数名称	设定值	说　　明
Name	do1	设定数字输出信号的名字
Type of Signalt	Digital Onput	设定信号的类型
Assigned to Device	DSQC652	设定信号所在的 I/O 模块
Device Mapping	0	设定信号所占用的地址

定义数字输出信号 DO 的操作步骤如下：

(1) 在示教器中按照“控制面板→配置→双击‘Signal’”的顺序操作，如图 6-1-18 所示。

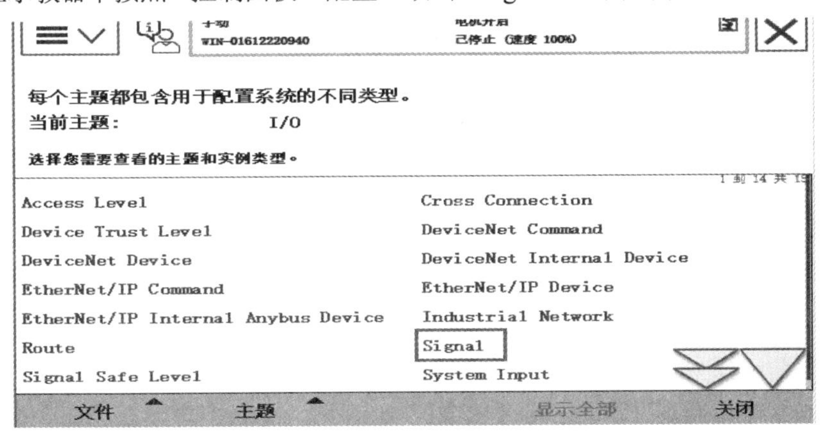

图 6-1-18

(2) 在示教器中单击“添加”，并在添加界面中按照表 6-1-25 中的参数进行设置。填写完整后单击“确定”，重启示教器后完成设定，如图 6-1-19 所示。

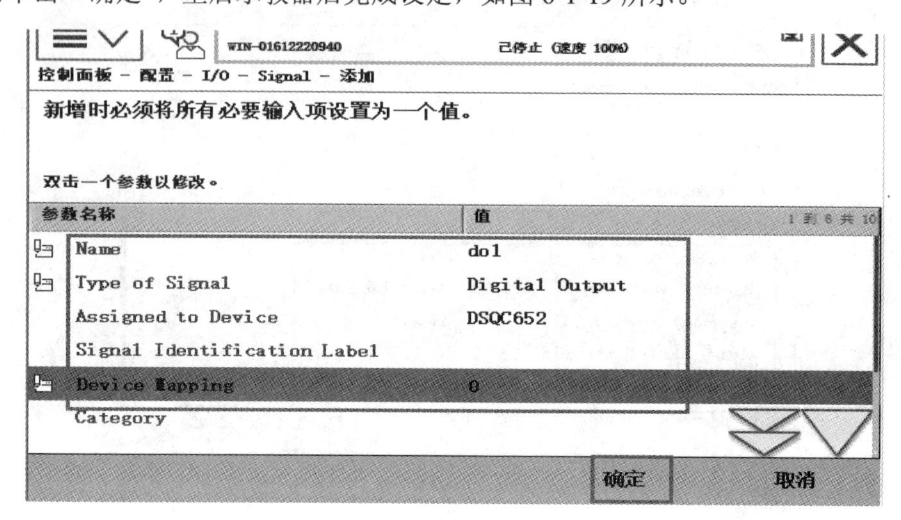

图 6-1-19

3) 定义数字组输入信号 GI

表 6-1-26 为数字组输入信号 GI 相关参数。

表 6-1-26　数字组输入信号 GI 相关参数

参数名称	设定值	说　明
Name	gi1	数字组输入信号的名字
Type of Signalt	Group Input	设定信号的类型
Assigned to Device	DSQC652	设定信号所在的 I/O 模块
Device Mapping	1～4	设定信号所占用的地址

数字组输入信号就是将几个数字输入信号组合起来使用，用于接收外围设备输入的 BCD 编码的十进制数信号。

该小节中，所设定的 gi1 所占用的地址是 1～4 共 4 位，可以代表十进制数 0～15，以此类推，如果占用 5 位地址，则可以代表 0～31，如表 6-1-27 所示。

表 6-1-27　数字组输入信号地址与十进制数之间的关系

状态	地址 1	地址 2	地址 3	地址 4	十进制数
	1	2	4	8	
状态 1	0	1	0	1	2+8=10
状态 2	1	0	1	1	1+4+8=13

定义数字组输入信号 gi1 的操作步骤如下：

(1) 在示教器中按照“控制面板→配置→双击‘Signal’”的顺序操作，如图 6-1-20 所示。

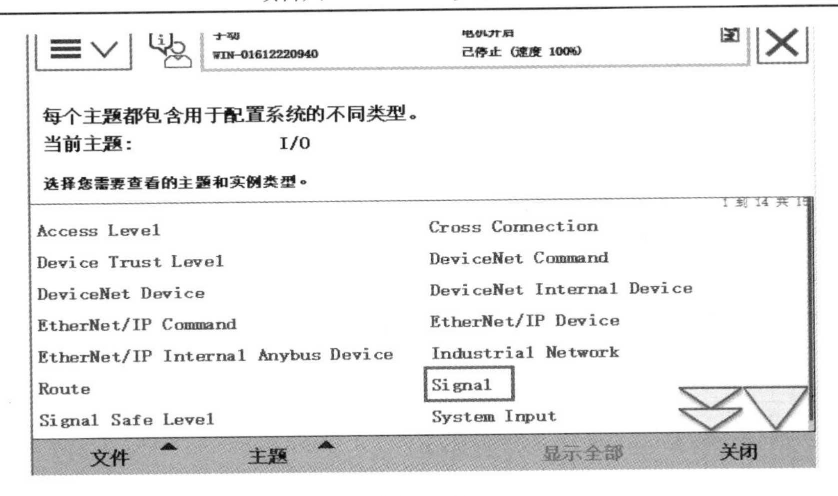

图 6-1-20

(2) 在示教器中单击“添加”，并在添加界面中按照表 6-1-26 中的参数进行设置。填写完整后单击“确定”，重启示教器后完成设定，如图 6-1-21 所示。

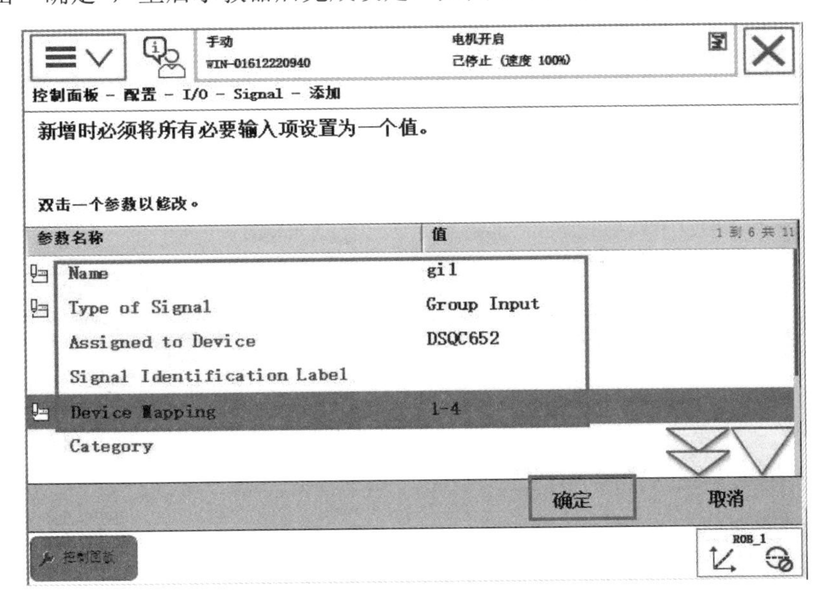

图 6-1-21

4) 定义数字组输出信号 GO

表 6-1-28 为数字组输出信号 GO 相关参数。

表 6-1-28　数字组输出信号 GO 相关参数

参数名称	设定值	说　明
Name	go1	数字组输出信号的名字
Type of Signalt	Group Output	设定信号的类型
Assigned to Device	DSQC652	设定信号所在的 I/O 模块
Device Mapping	33～36	设定信号所占用的地址

数字组输出信号就是将几个数字输出信号组合起来使用，用于输出 BCD 编码的十进制数信号。

该小节中，所设定的 go1 所占用的地址是 33～36 共 4 位，可以代表十进制数 0～15，以此类推，如果占用 5 位地址，则可以代表 0～31，如表 6-1-29 所示。

表 6-1-29　数字组输出信号地址与十进制数之间的关系

状态	地址 33	地址 34	地址 35	地址 36	十进制数
	1	2	4	8	
状态 1	0	1	0	1	2+8=10
状态 2	1	0	1	1	1+4+8=13

定义数字组输出信号 go1 的操作步骤如下：

(1) 在示教器中按照“控制面板→配置→双击‘Signal’”的顺序操作，如图 6-1-22 所示。

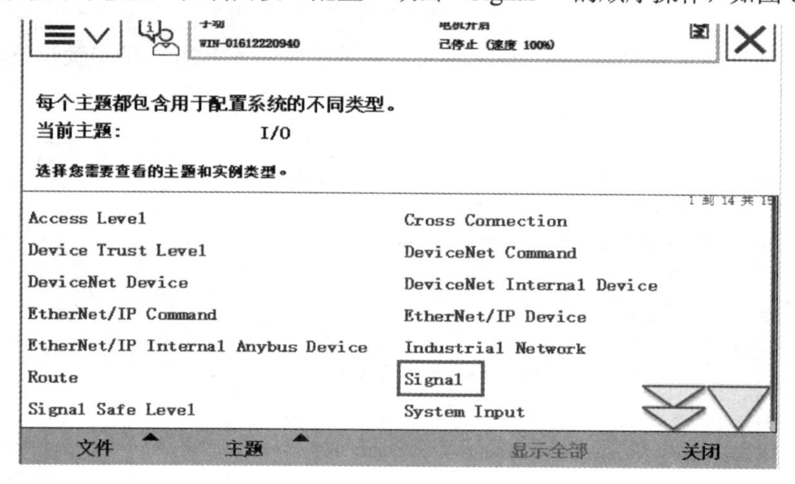

图 6-1-22

(2) 在示教器中单击“添加”，并在添加界面中按照表 6-1-28 中的参数进行设置。填写完整后单击“确定”，重启示教器后完成设定，如图 6-1-23 所示。

图 6-1-23

5. ABB 机器人 I/O 信号的监控与操作

1) I/O 信号的监控

(1) 在示教器主菜单界面里选择“输入输出”，如图 6-1-24 所示。

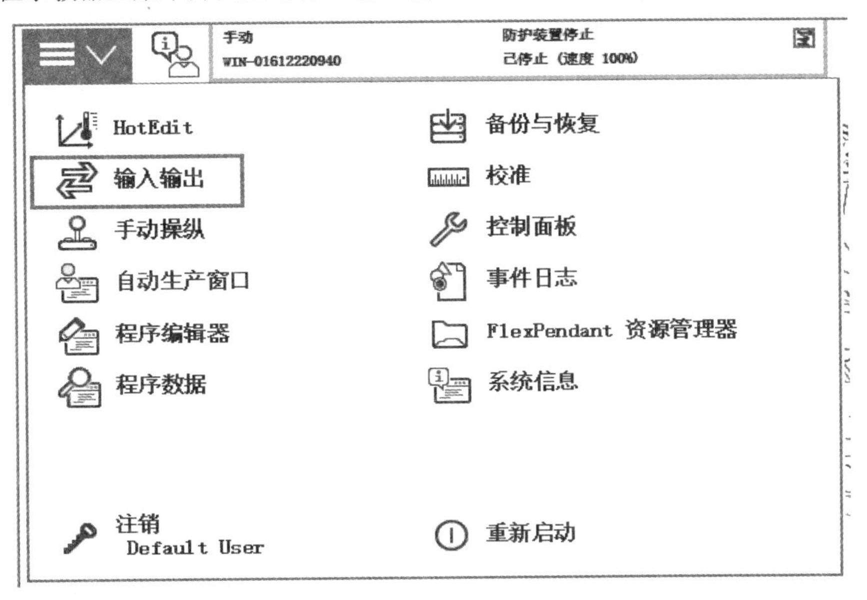

图 6-1-24

(2) 打开示教器右下角的“视图”菜单，选择“I/O 设备”，如图 6-1-25 所示。

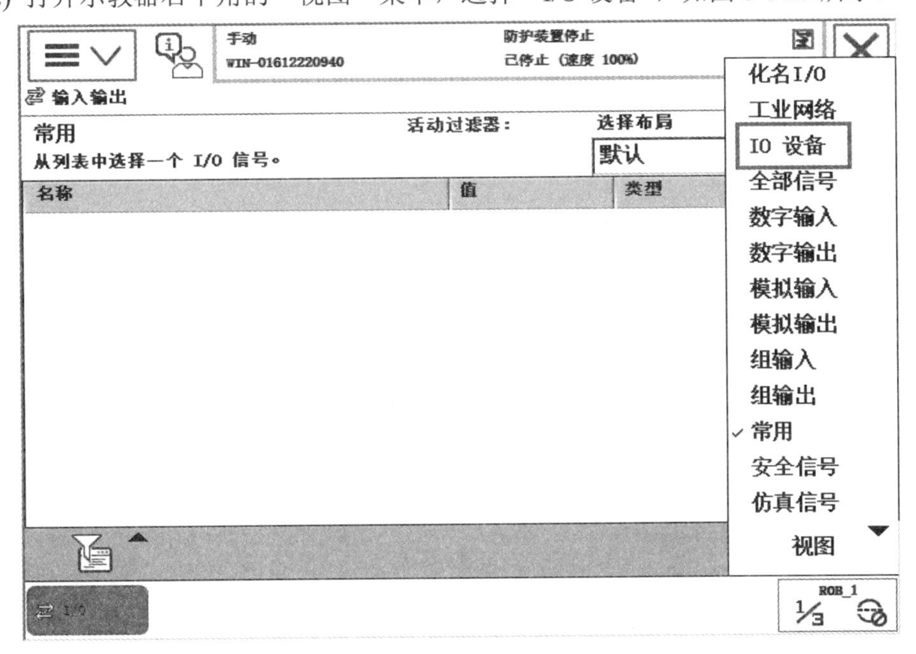

图 6-1-25

(3) 选中“D652”，单击“信号”，如图 6-1-26 所示。

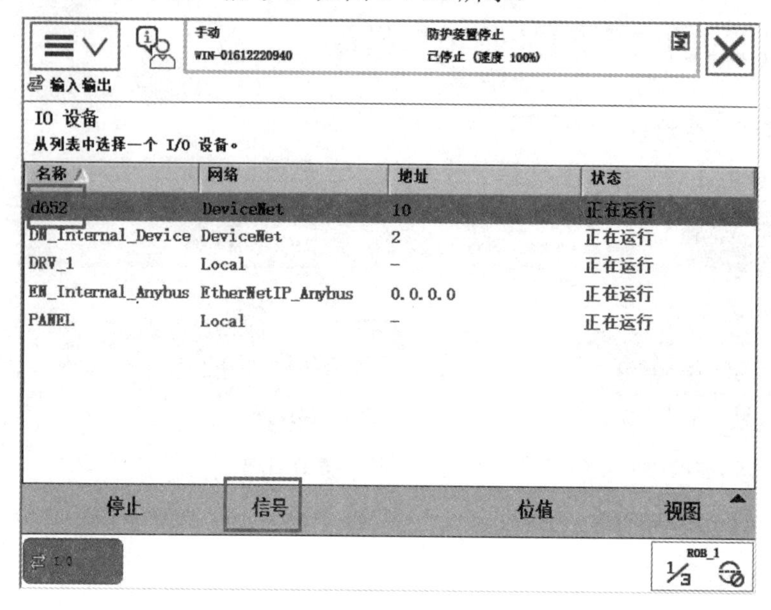

图 6-1-26

(4) 在这个界面可以看到在上节中所定义的 I/O 信号，从而可以对其进行监控、仿真和操作，如图 6-1-27 所示。

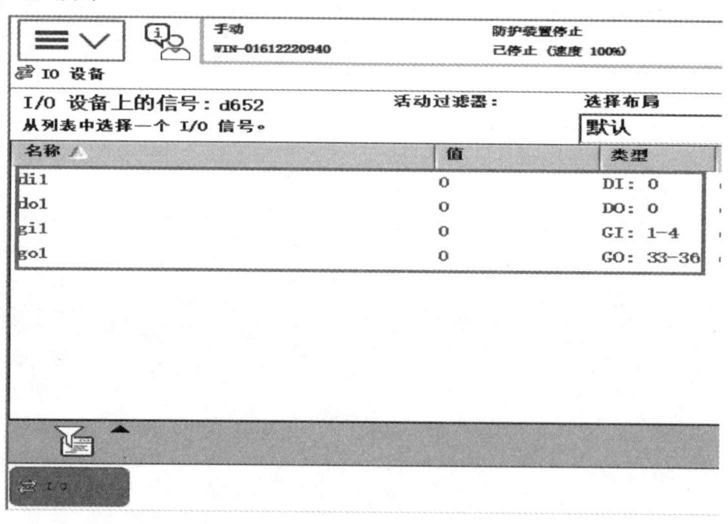

图 6-1-27

2) 对 I/O 信号进行仿真和强制操作

在实际生产应用中，需要对机器人进行调试和检修，所以需要对机器人 I/O 信号的状态或数值进行仿真和强制操作。

(1) 对 di1 进行仿真操作。

① 在上节的 I/O 设备界面中选中“di1”，单击“仿真”，如图 6-1-28 所示。

② 单击“0”和“1”，可将 di1 的状态强制仿真为“0”和“1”，如图 6-1-29 所示。

③ 仿真结束后，单击“消除仿真”，如图 6-1-30 所示。

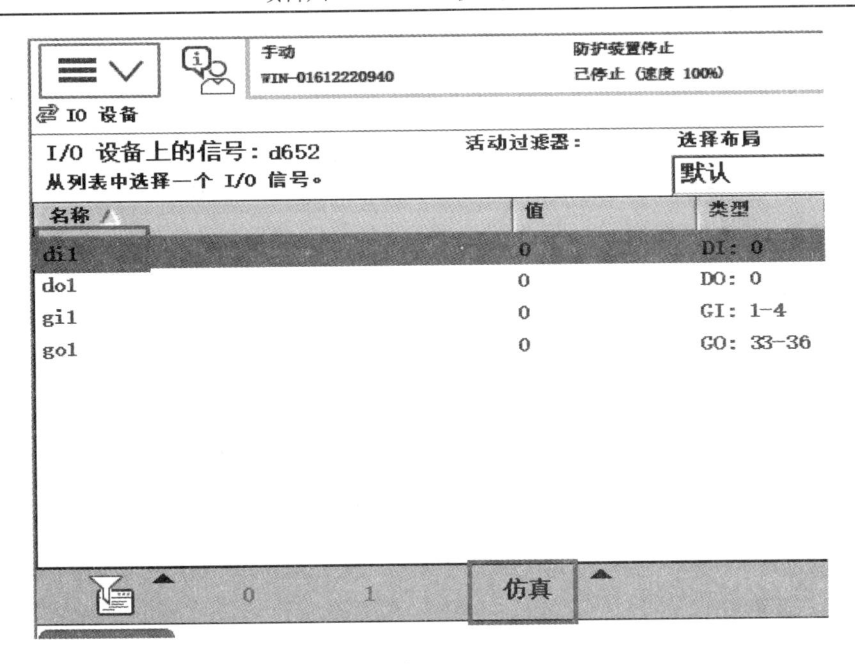

图 6-1-28

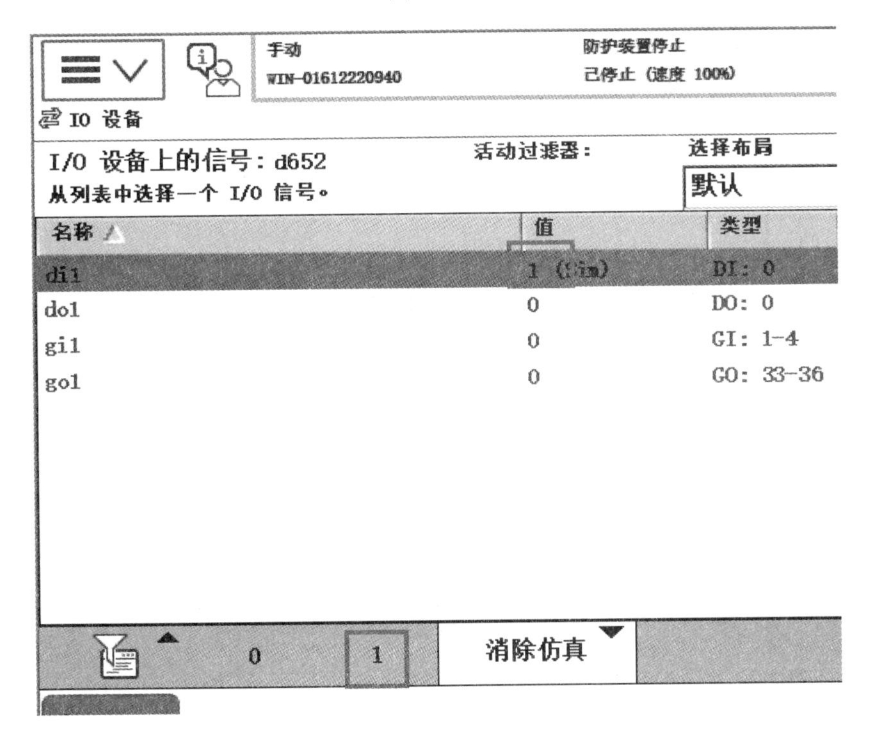

图 6-1-29

(2) 对 do1 进行仿真操作。

① 在上节的 I/O 设备界面中选中“do1”，单击“仿真”，如图 6-1-31 所示。

② 单击“0”和“1”，可将 do1 的状态强制操作仿真为“0”和“1”，如图 6-1-32 所示。

③ 仿真结束后，单击“消除仿真”，如图 6-1-33 所示。

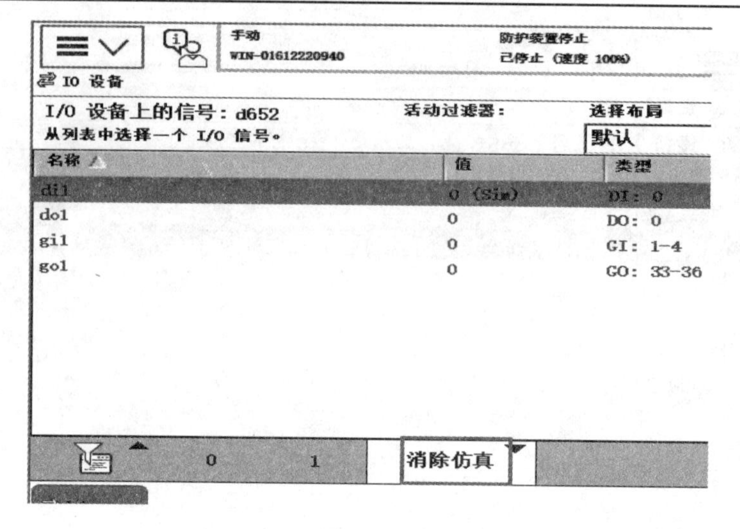

图 6-1-30

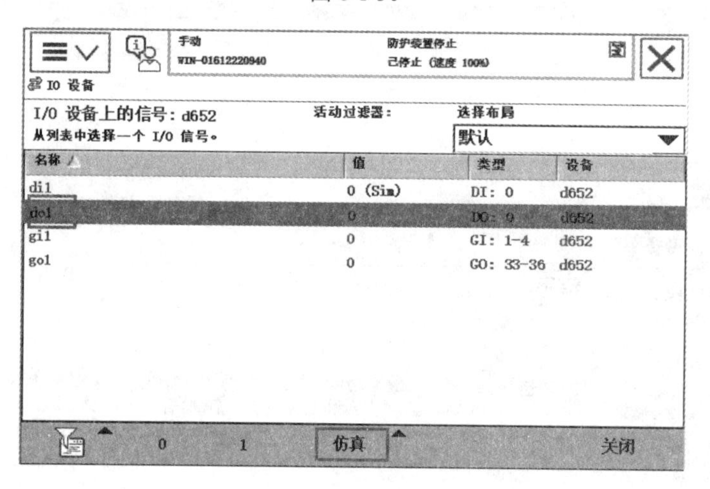

图 6-1-31

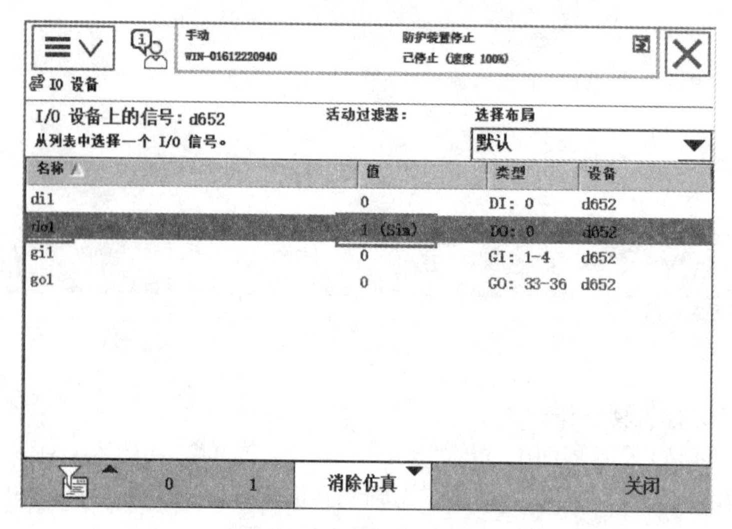

图 6-1-32

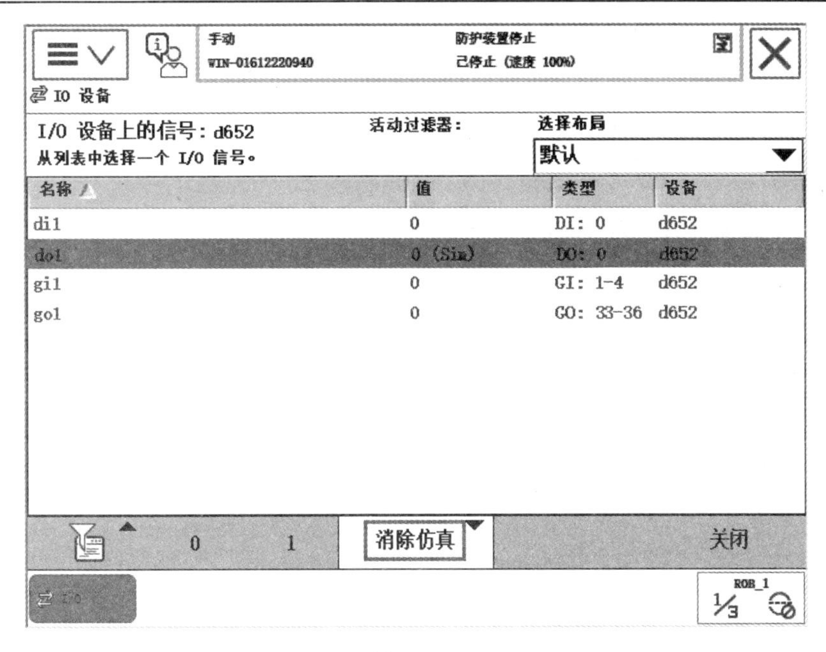

图 6-1-33

(3) 对 gi1 进行仿真操作。

① 在上节的 I/O 设备界面中选中“gi1”，单击“仿真”，如图 6-1-34 所示。

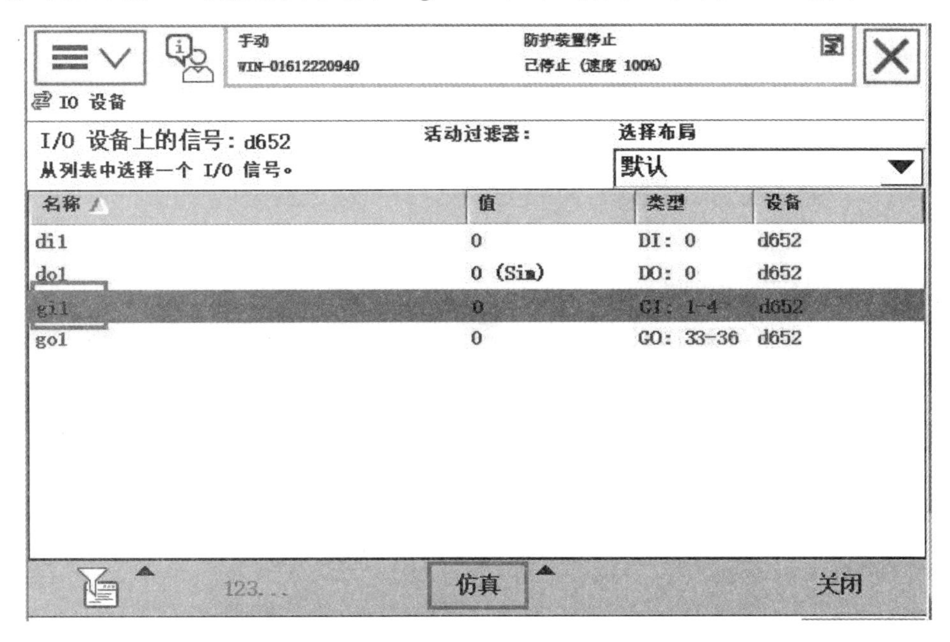

图 6-1-34

② 单击“123...”，输入需要的数值后单击“确定”，gi1 所占用的地址是 1～4 共 4 位，可以代表 0～15，以此类推，若占用地址为 5 位，可以代表十进制数 0～31，如图 6-1-35 所示。

③ 仿真结束后，单击“消除仿真”，如图 6-1-36 所示。

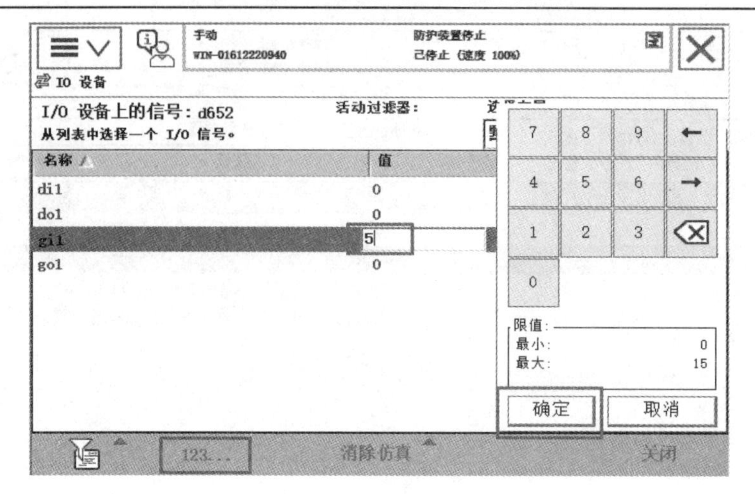

图 6-1-35

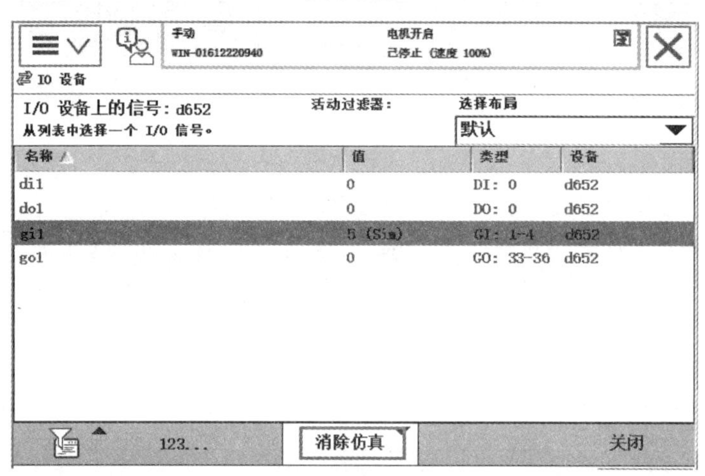

图 6-1-36

(4) 对 go1 进行仿真操作。

① 在上节的 I/O 设备界面中选中“go1”，单击“仿真”，如图 6-1-37 所示。

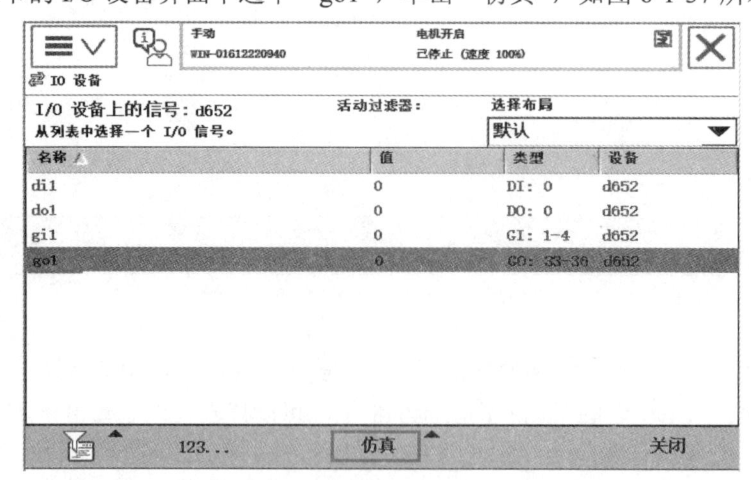

图 6-1-37

② 单击“123...”，输入需要的数值后单击“确定”，如图 6-1-38 所示。

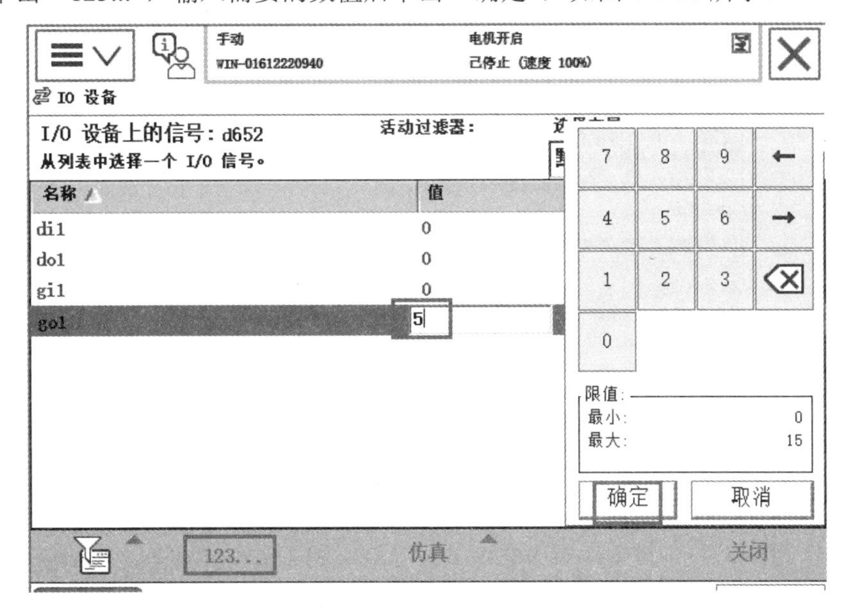

图 6-1-38

③ 仿真结束后，单击“消除仿真”，如图 6-1-39 所示。

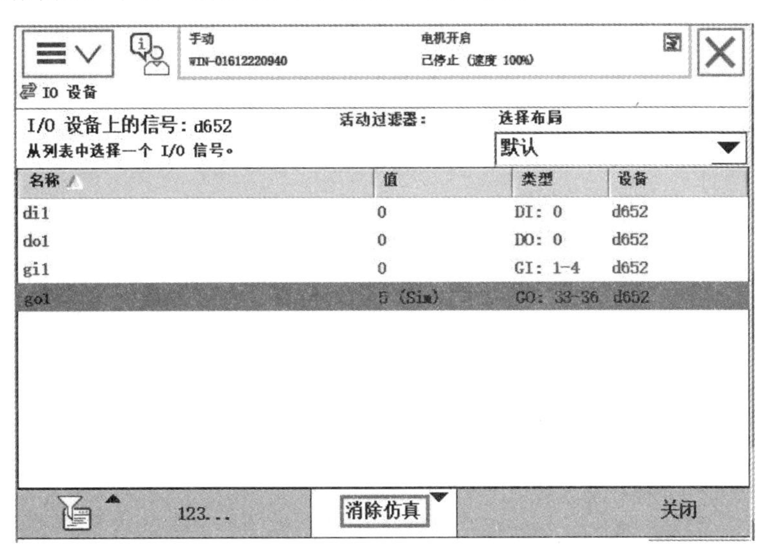

图 6-1-39

6. ABB 机器人系统输入输出与 I/O 信号的关联

将 I/O 信号中的数字输入信号与机器人系统的控制信号关联起来，就可以对系统进行控制，例如电动机开启、程序启动等。同时也可将机器人的系统信号与 I/O 信号中的数字输出信号关联起来，将系统的状态输出给外围设备，以作控制之用。

下面将介绍 ABB 机器人系统输入输出与 I/O 信号的关联操作步骤。

1) 建立机器人系统输入“电机开启”与数字输入信号 di1 的关联操作步骤

(1) 在示教器中按照“控制面板→配置→双击‘System Input’”的顺序操作，如图 6-1-40 所示。

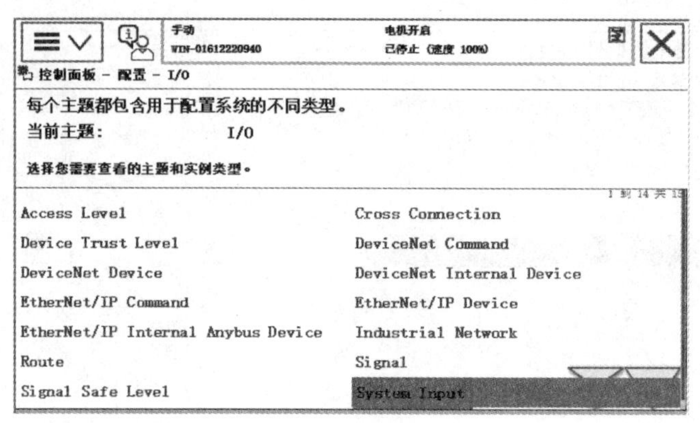

图 6-1-40

(2) 单击“添加”，如图 6-1-41 所示。

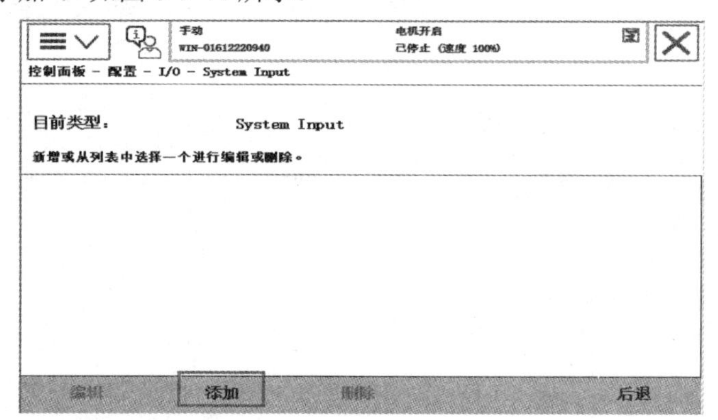

图 6-1-41

(3) 双击“Signal Name”，选择“di1”，单击“确定”，如图 6-1-42 所示。

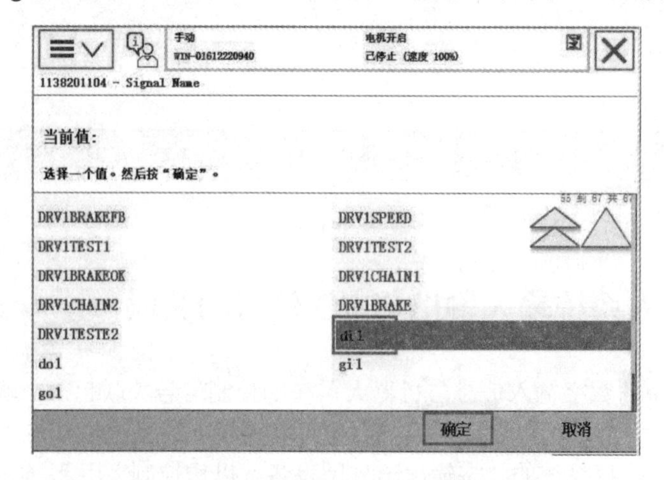

图 6-1-42

(4) 双击“Action”，选择“Motors On”，单击“确定”，如图 6-1-43 所示。

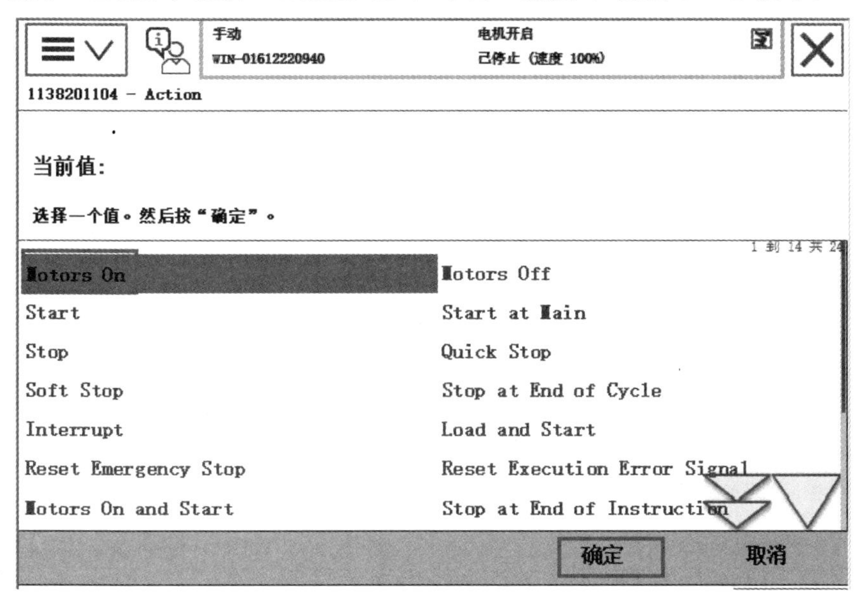

图 6-1-43

(5) 确认对应的参数设置完成，单击“是”，完成设定并重启系统，如图 6-1-44 所示。

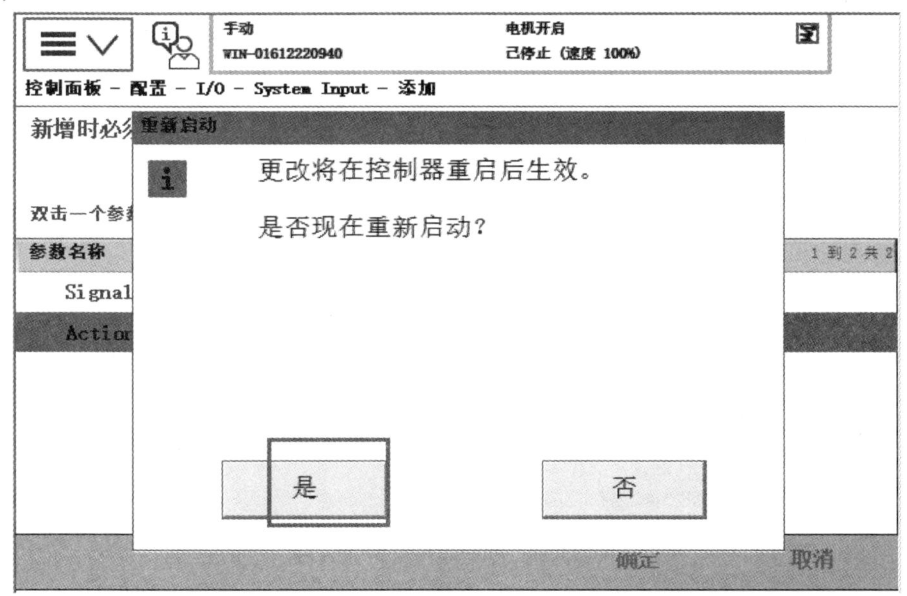

图 6-1-44

2) 建立机器人系统输出“电机开启”与数字输出信号 do1 的关联操作步骤

(1) 在示教器中按照“控制面板→配置→双击‘System Output’”的顺序操作，如图 6-1-45 所示。

(2) 单击“添加”，如图 6-1-46 所示。

(3) 双击“Signal Name”，选择“do1”，单击“确定”，如图 6-1-47 所示。

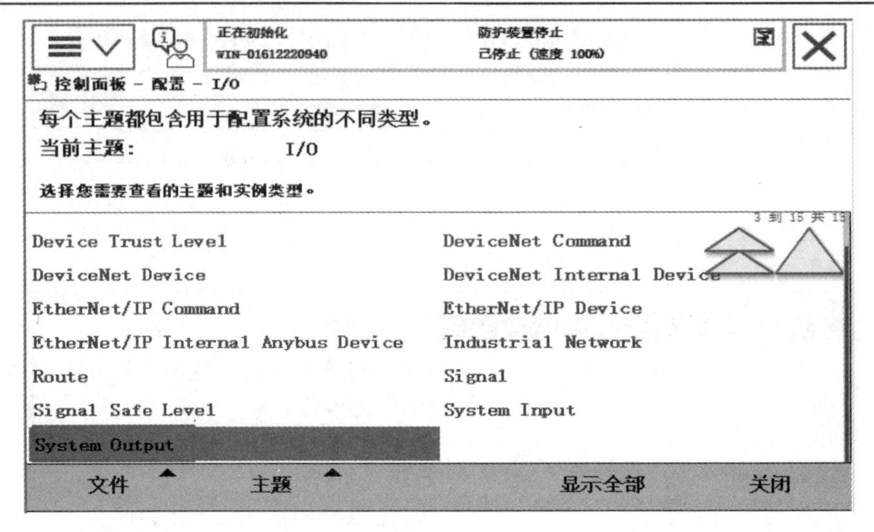

图 6-1-45

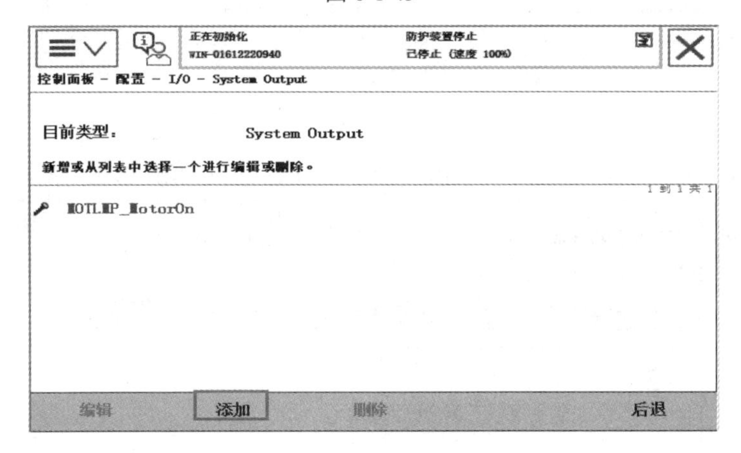

图 6-1-46

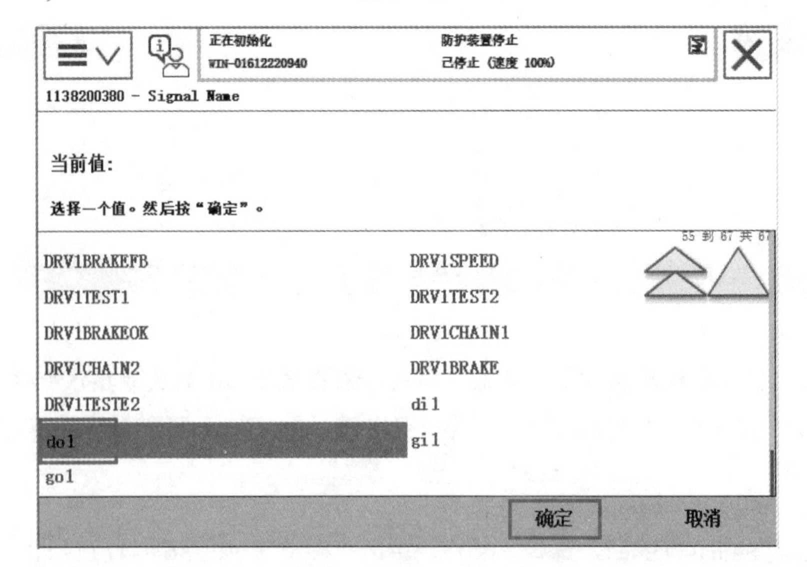

图 6-1-47

(4) 双击“Staus”，选择“Motors On”，单击“确定”，如图 6-1-48 所示。

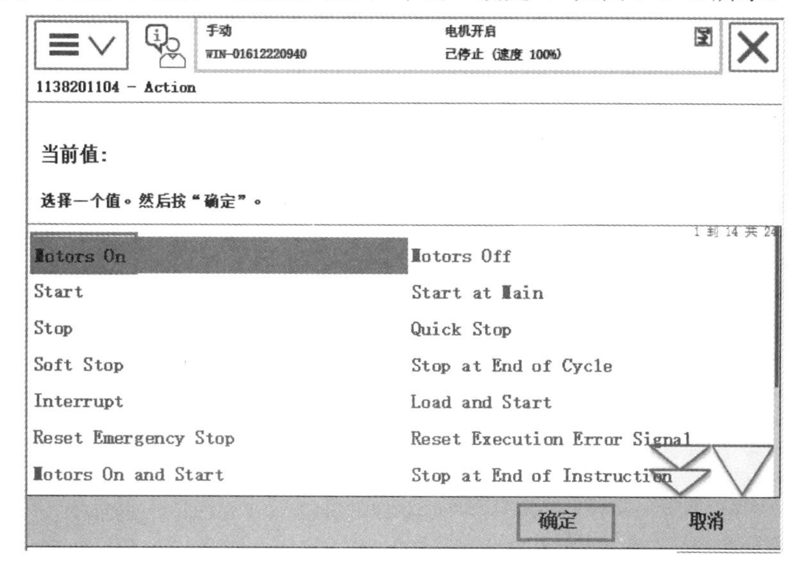

图 6-1-48

(5) 确认对应的参数设置完成，单击“是”，完成设定并重启系统，如图 6-1-49 所示。

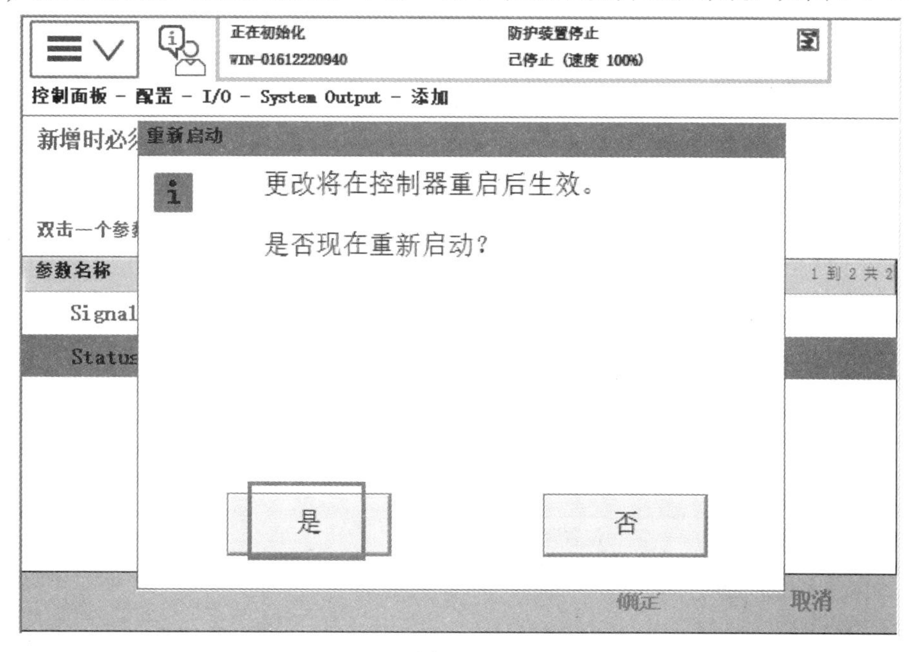

图 6-1-49

7. 对 ABB 机器人示教器的可编程按键的定义

为了在实际生产、操作中方便对 I/O 信号进行强制与仿真操作，可以将示教器可编程按键自定义并分配给想要快捷控制的 I/O 信号。如图 6-1-50 所示为示教器可编程按键。

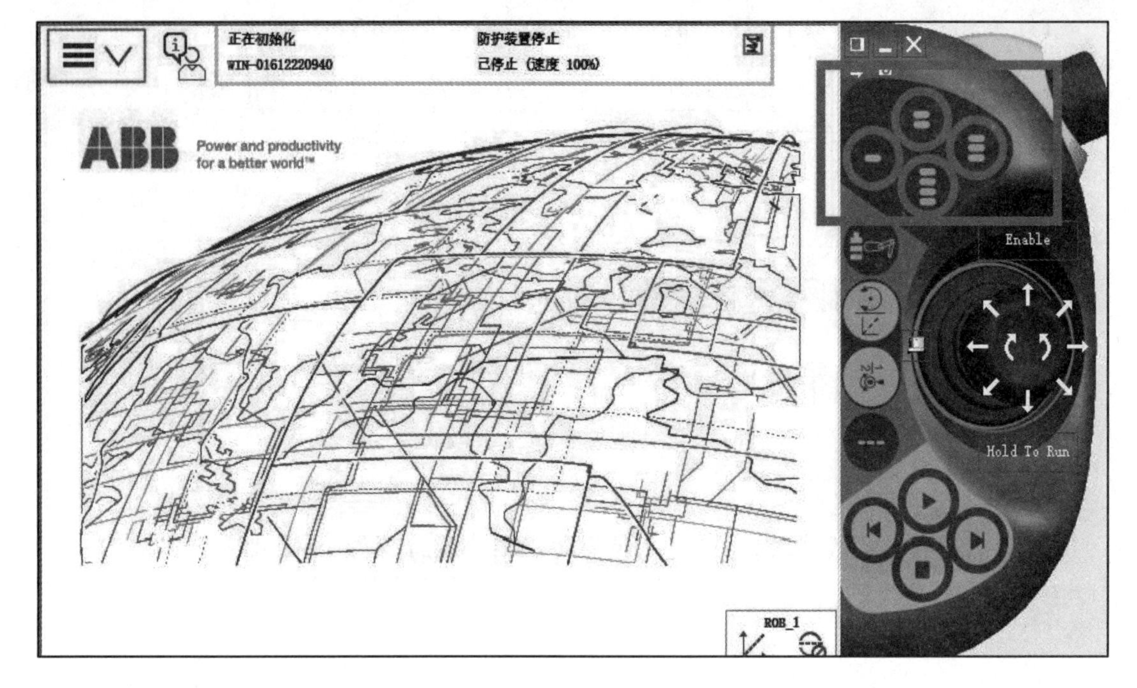

图 6-1-50

示教器可编程按键 1 与数字输出信号 do1 关联的操作步骤如下：

(1) 在示教器主菜单界面中选择“控制面板”，并选中“配置可编程按键”，如图 6-1-51 所示。

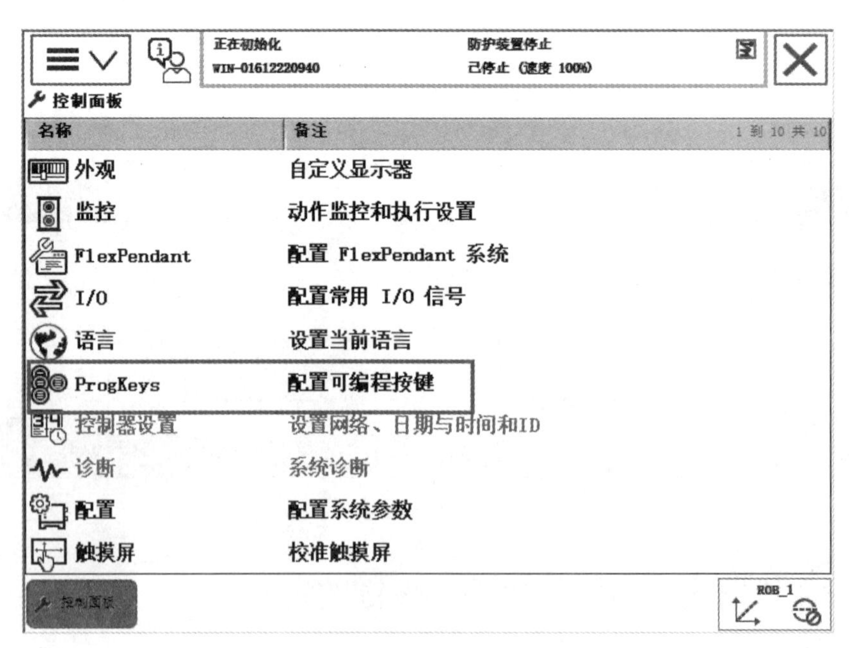

图 6-1-51

(2) 在类型中选择“输出”，如图 6-1-52 所示。

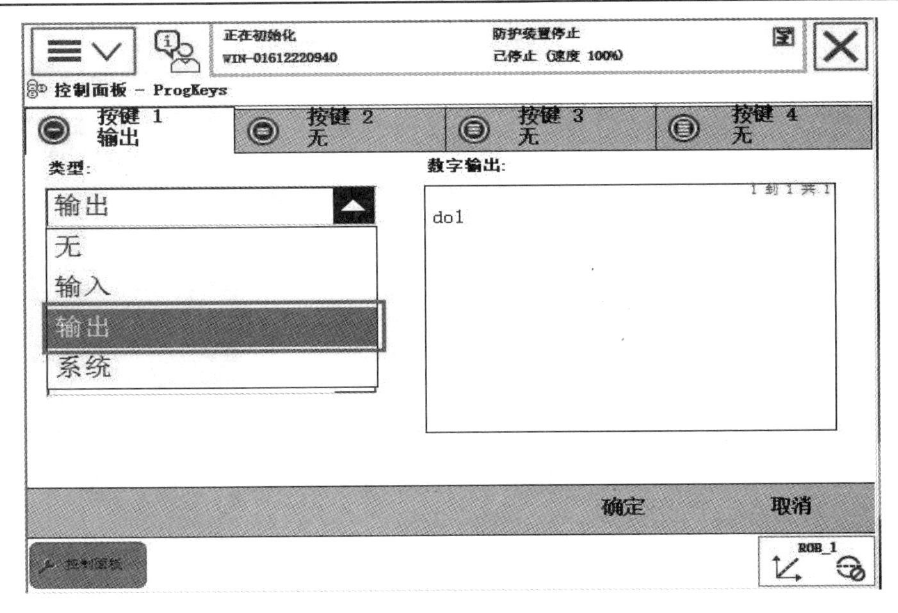

图 6-1-52

(3) 在“数字输出”框内选择“do1”，在“按下按键”中选择“切换”，也可以根据实际需要选择按键的动作特性，再单击“确定”完成设定，就可以通过示教器的可编程按键 1 在手动状态下对 do1 进行强制操作，如图 6-1-53 所示。

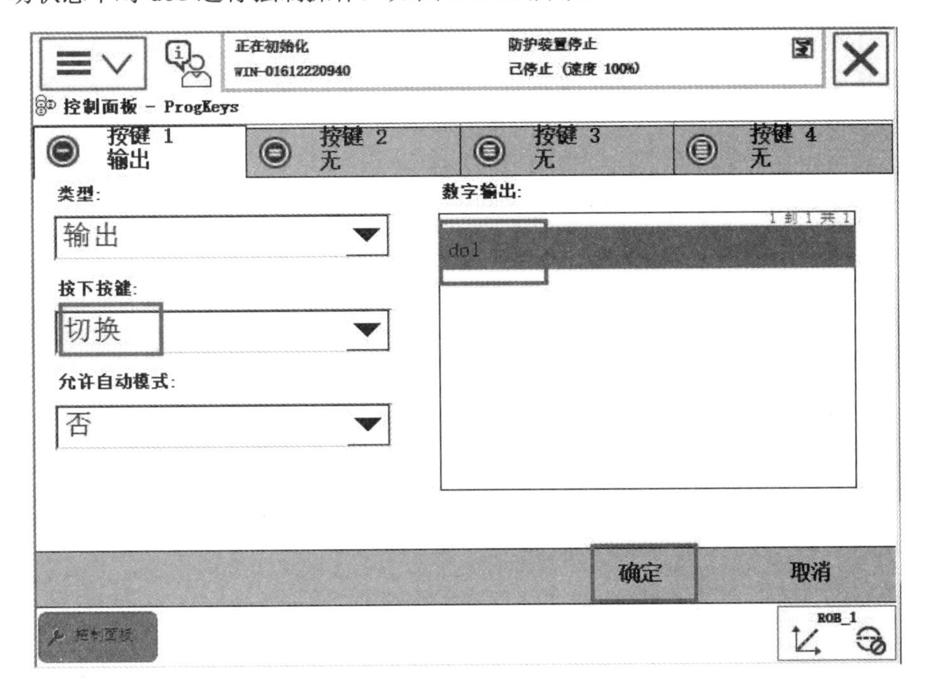

图 6-1-53

(4) 在示教器主菜单界面中选择“输入输出”，并在“视图”中选择“数字输出”，选中“do1”，若按下“可编程按键 1”则界面中“do1”值会显示为 1，再次按下“可编程按键 1”“do1”值会显示为 0，如图 6-1-54 所示。

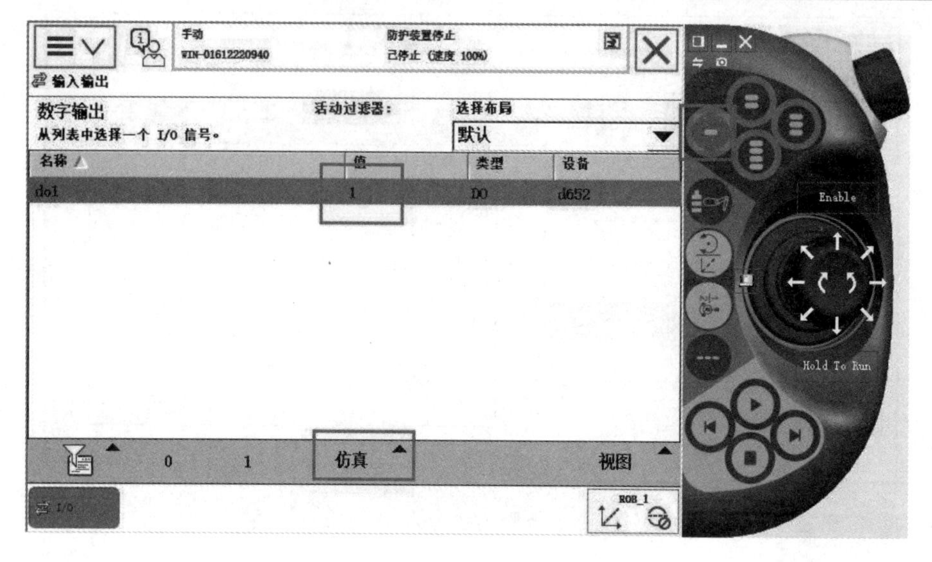

图 6-1-54

习　　题

简答题：

1．怎样配置可编程按键？

2．怎样配置 IO 板？

3．怎样设置关联 ABB 工业机器人的系统输入输出？

4．如何对定义的 DO 和 DI 信号进行仿真操作？

5．ABB 有哪几种 IO 信号？

6．在示教器上定义 Di1 和 Do1 数定输入、输出信号。

项目七　ABB 工业机器人 RAPID 程序

任务 1　ABB 工业机器人 RAPID 程序编写与调试

➢ 任务目标

1. 学会创建新的 RAPID 程序模块。
2. 掌握常用的 RAPID 程序指令的功能和使用方式。
3. 学习应用机器人 RAPID 程序程序运动和 I/O 指令。
4. 学会机器人程序编写与调试。

1. RAPID 程序模块的结构关系

RAPID 是一种英文编程语言，所包含的指令可以移动机器人、设置输出、读取输入，还能实现决策、重复其他指令、构造程序与系统操作员交流等功能。应用程序就是使用 RAPID 编程语言的特定词汇和语法编写而成的。

RAPID 是一种高级程序设计语言，它主要用于控制 ABB 工业机器人，是由 ABB 在 1994 年和 S4 控制系统一起引进的，取代了 ARLA 编程语言。

不同公司用的工业机器人的编程语言是不一样的，如在机械臂领域实力较强的 ABB 公司用的是 RAPID 语言，工业机器人编程语言还有 VAL3、AS 等。如图 7-1-1 所示。

```
PROC ke()
ConfJ\OFF;
ConfL\OFF;
        MoveL Pt1,v200,z1,Tool01\WObj:=OBJ2;
        MoveL Pt2,v200,z1,Tool01\WObj:=OBJ2;
        MoveL Pt3,v200,z1,Tool01\WObj:=OBJ2;
        MoveL Pt4,v200,z1,Tool01\WObj:=OBJ2;
        MoveL Pt5,v200,z1,Tool01\WObj:=OBJ2;
        MoveL Pt6,v200,z1,Tool01\WObj:=OBJ2;
                ........
ENDPROC

ENDMODULE
```

图 7-1-1

RAPID 程序中包含了一连串控制机器人的指令，执行这些指令可以实现对机器人的控制操作。RAPID 程序的基本架构如表 7-1-1 所示。

表 7-1-1　RAPID 程序的基本架构

RAPID 程序			
程序模块 1	程序模块 2	程序模块 3	程序模块 4
程序数据 主程序 main 例行程序 中断程序 功能	程序数据 例行程序 中断程序 功能	… … … …	程序数据 例行程序 中断程序 功能

关于 RAPID 程序的架构说明：

(1) RAPID 程序是由程序模块与系统模块组成。一般地，只通过新建程序模块来构建机器人的程序，而系统模块多用于系统方面的控制。

(2) 可以根据不同的用途创建多个程序模块，如专门用于主控制的程序模块，用于位置计算的程序模块，用于存放数据的程序模块，这样便于归类管理不同用途的例行程序与数据。

(3) 每一个程序模块包含了程序数据、例行程序、中断程序和功能四种对象，但不一定在一个模块中都有这四种对象，程序模块之间的数据、例行程序、中断程序和功能是可以互相调用的。

(4) 在 RAPID 程序中，只有一个主程序 main，并且存在于任意一个程序模块中，并且是作为整个 RAPID 程序执行的起点。

关于 RAPID 程序文件结构说明：

对于名称已定的程序中包含所有编程模块，将程序保存到闪存盘或大容量内存上时，会生成一个新的以该程序名称命名的文件夹。所有程序模块都保存在该文件夹中，对应文件扩展名为“.mod”。另外随之一起存入该文件夹的还有同样以程序名称命名的相关使用说明文件，扩展名为“.pgf”。该使用说明文件包括程序中所含的所有模块的一份列表。

2. 创建新的 RAPID 程序的操作步骤

(1) 单击“ABB”主菜单，选择“程序编辑器”，如图 7-1-2 所示。

(2) 单击“取消”按钮，可以进入程序模块菜单界面。单击“新建”按钮可以直接创建新程序，单击“加载”按钮加载已有的程序，如图 7-1-3 所示。

(3) 打开“文件”菜单，选择“新建模块”。其中“加载模块”是加载需要用到的模块；“另存模块为”是将模块程序保存到机器人或是外接存储盘；“删除模块”是将程序模块从运行内存中删除，但是这样不影响已保存的模块，如图 7-1-4 所示。

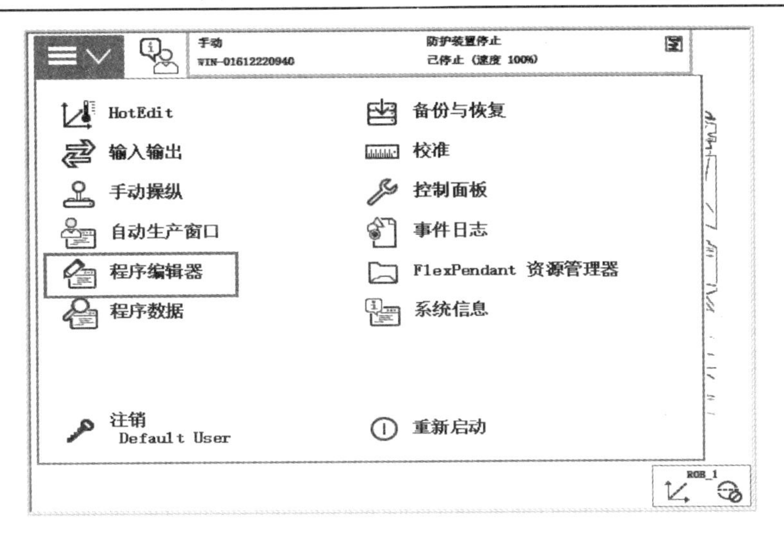

图 7-1-2

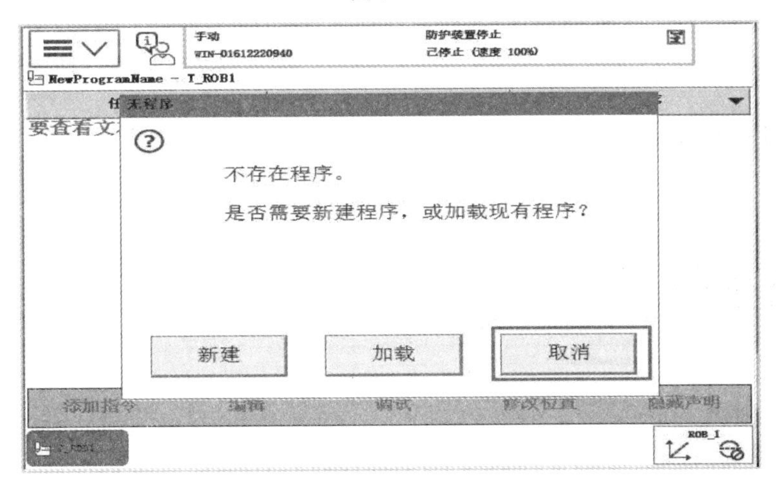

图 7-1-3

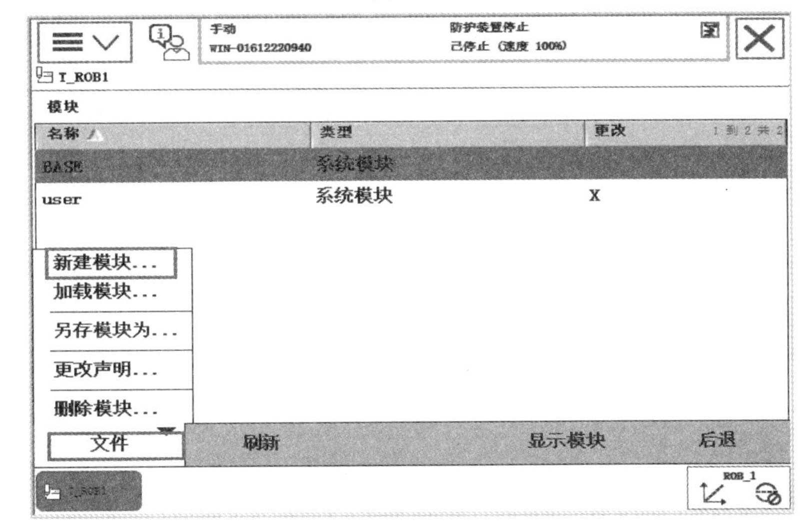

图 7-1-4

(4) 单击“是”然后进行接下来的设置，如图 7-1-5 所示。

图 7-1-5

(5) 单击“ABC...”设置模块的名称，然后单击“确定”，创建成功，如图 7-1-6 所示。

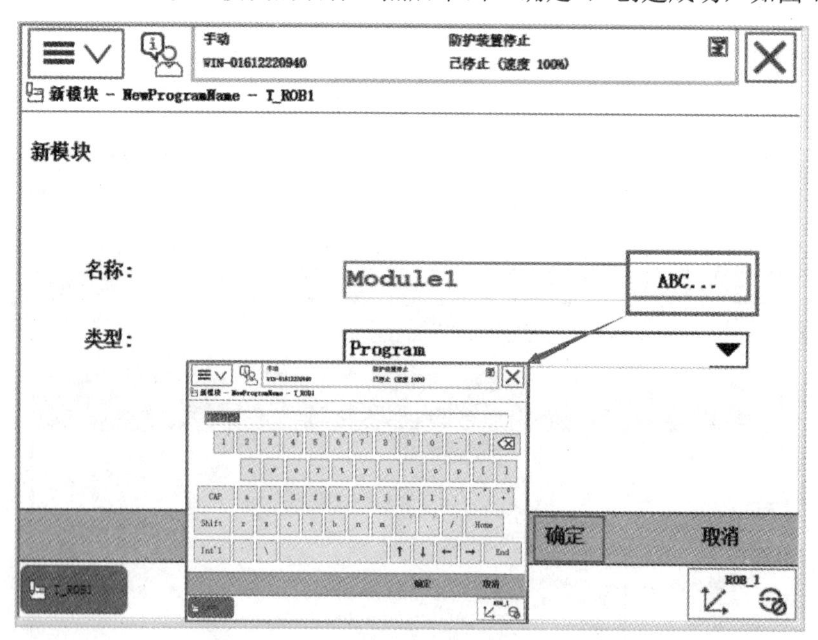

图 7-1-6

(6) 选中新建的模块“Module1”，单击“显示模块”，如图 7-1-7 所示。

(7) 单击“例行程序”，创建例行程序，如图 7-1-8 所示。

(8) 单击“文件”，选择“新建例行程序”，如图 7-1-9 所示。

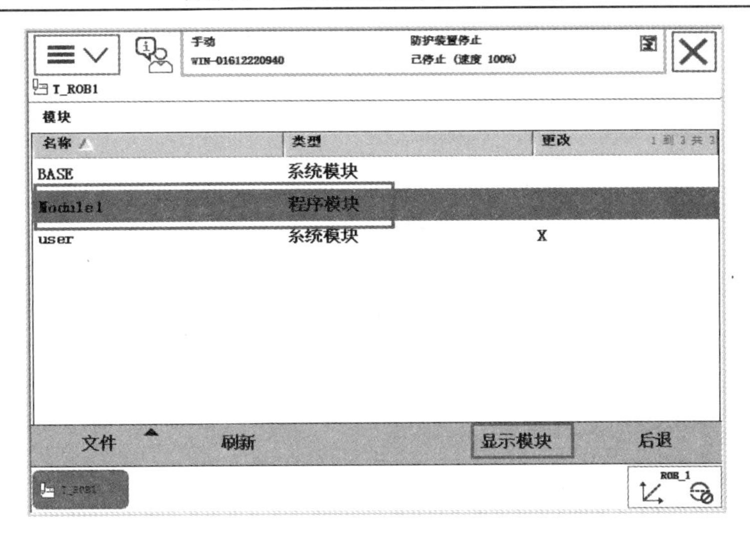

图 7-1-7

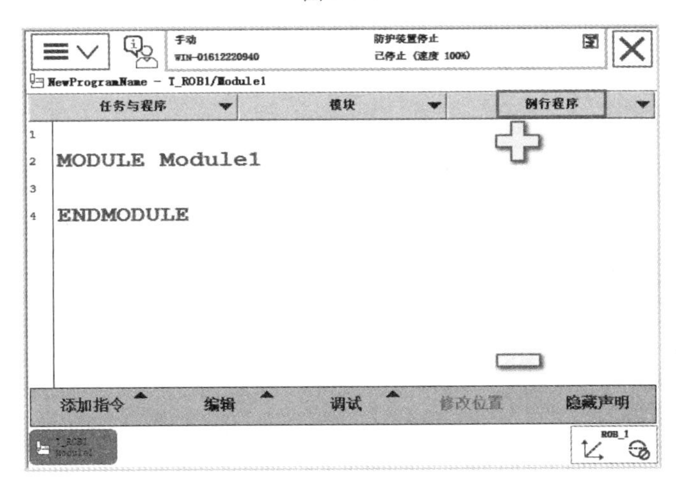

图 7-1-8

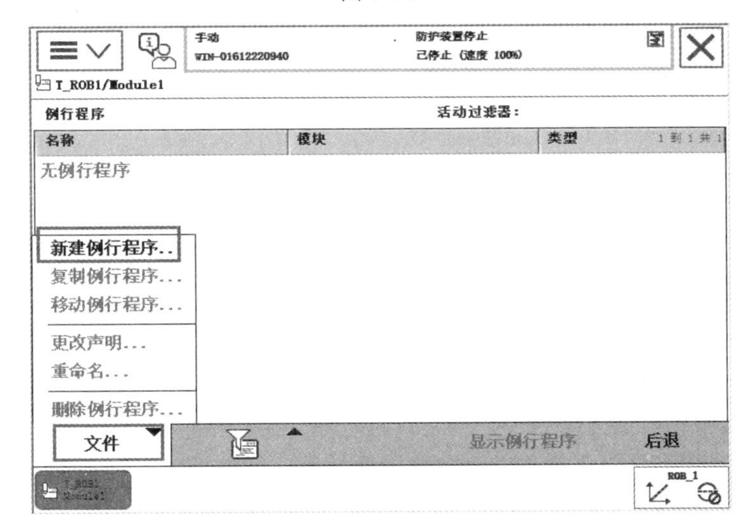

图 7-1-9

(9) 开始先建立一个“main”主程序，单击“确定”，如图 7-1-10 所示。

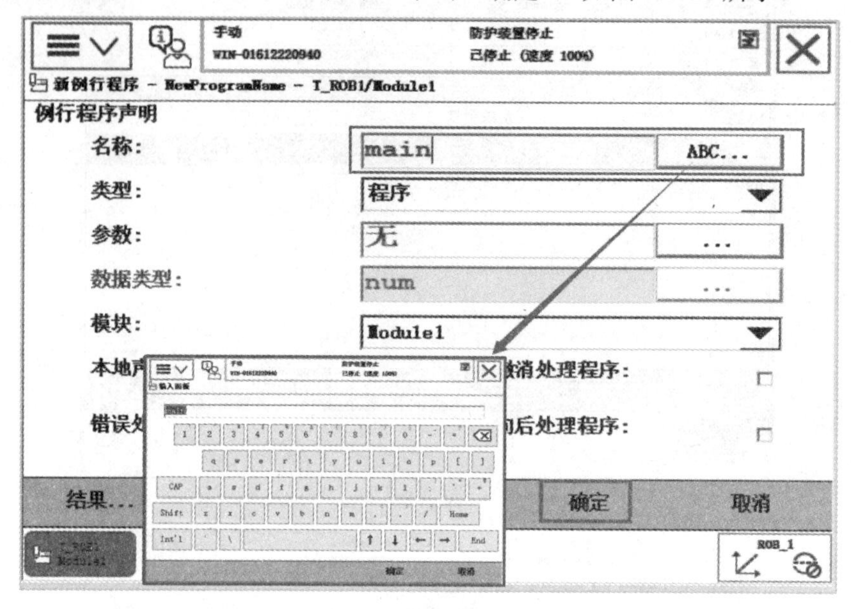

图 7-1-10

(10) 再次打开“文件”，选择“新建的例行程序”，再创建一个新的例行程序，如图 7-1-11 所示。

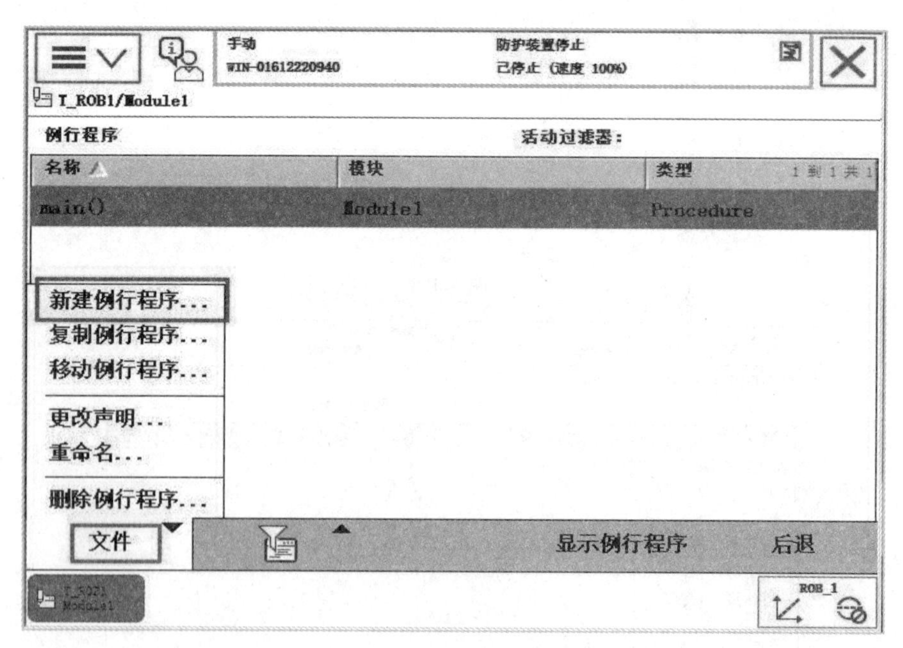

图 7-1-11

(11) 根据自身程序的需要来建立新的例行程序，主要用于被“main”主程序调用或是例行程序之间的相互调用。“名称”等参数设置好后，单击“确定”，便可以进行编程了，如图 7-1-12 所示。

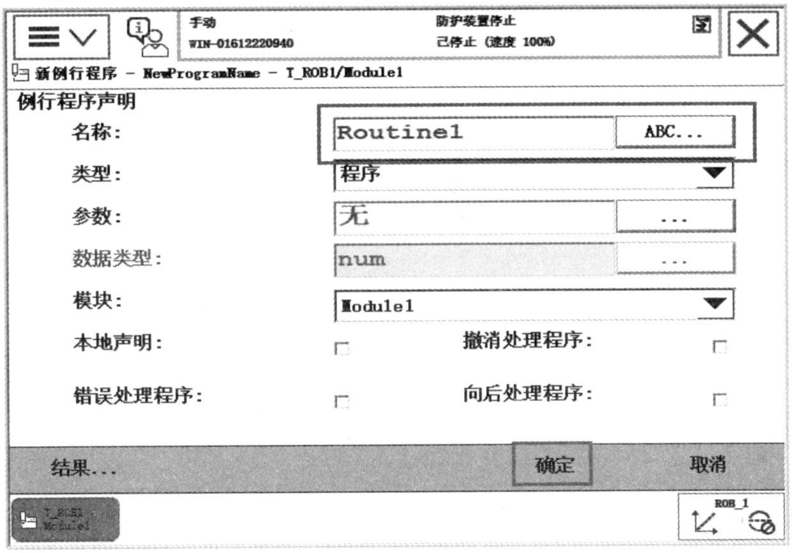

图 7-1-12

3. 在例行程序中添加指令的方法

(1) 打开新建的例行程序，单击“添加指令”，打开指令列表“Common”，如图 7-1-13 所示。

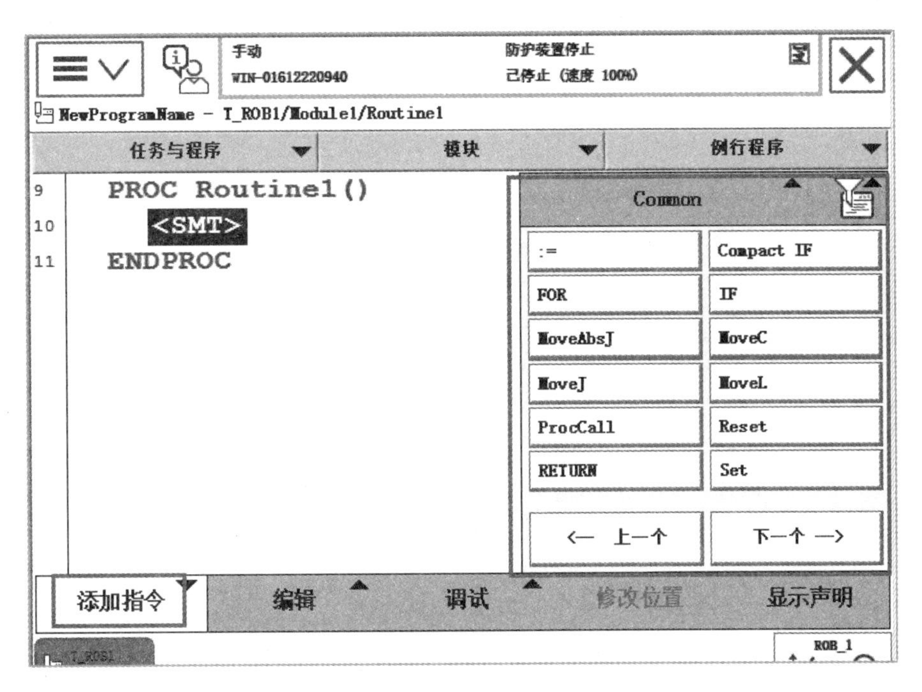

图 7-1-13

(2) 选取要添加指令的位置，选取需要的指令，例如：“MoveAbsJ”和“MoveL”，单击鼠标，即可添加到例行程序中，如图 7-1-14 所示。

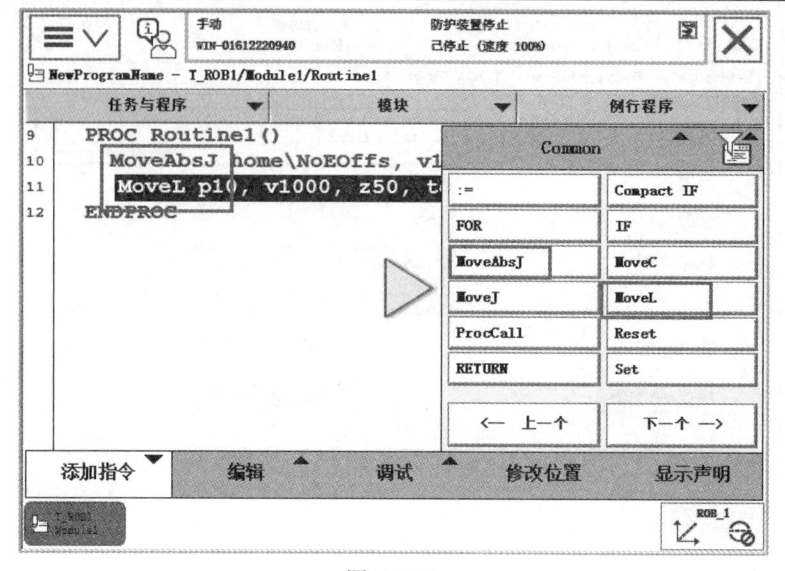

图 7-1-14

4. RAPID 程序常用的基本指令

ABB 工业机器人系统为各种简单或是复杂的应用提供了丰富的 RAPID 程序编程指令，下面介绍常用的指令开始学习。

1) 赋值指令

赋值指令“:=”是用于对程序数据进行赋值，赋值可以是一个常量或数学表达式。

常量赋值：reg1 := 10;

数学表达式赋值：reg2 := reg1+5;

添加常量赋值指令的操作步骤如下：

(1) 在示教器的指令列表中选择“:=”，如图 7-1-15 所示。

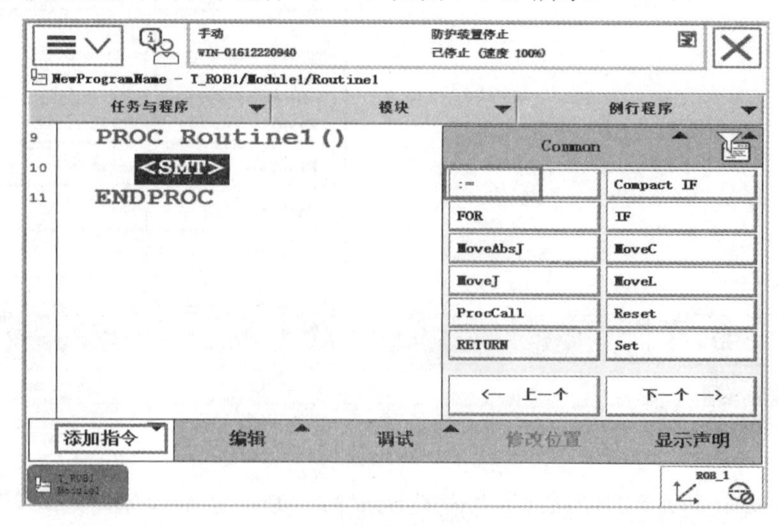

图 7-1-15

(2) 单击“更改数据类型…”，选择“num ”数字型数据，如图 7-1-16 所示。

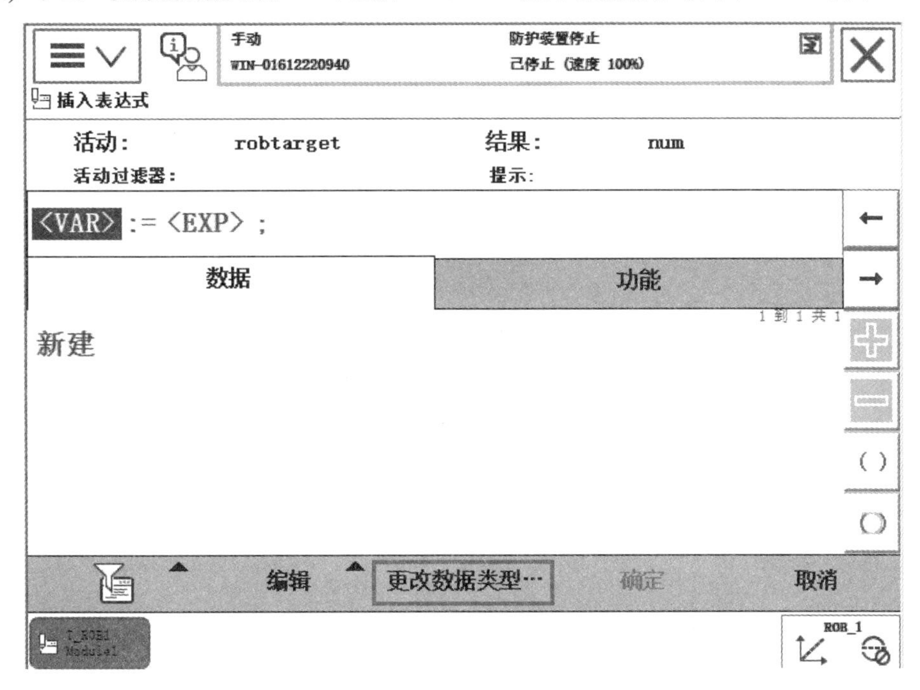

图 7-1-16

(3) 在列表中找到“num”并选中，然后单击“确定”，如图 7-1-17 所示。

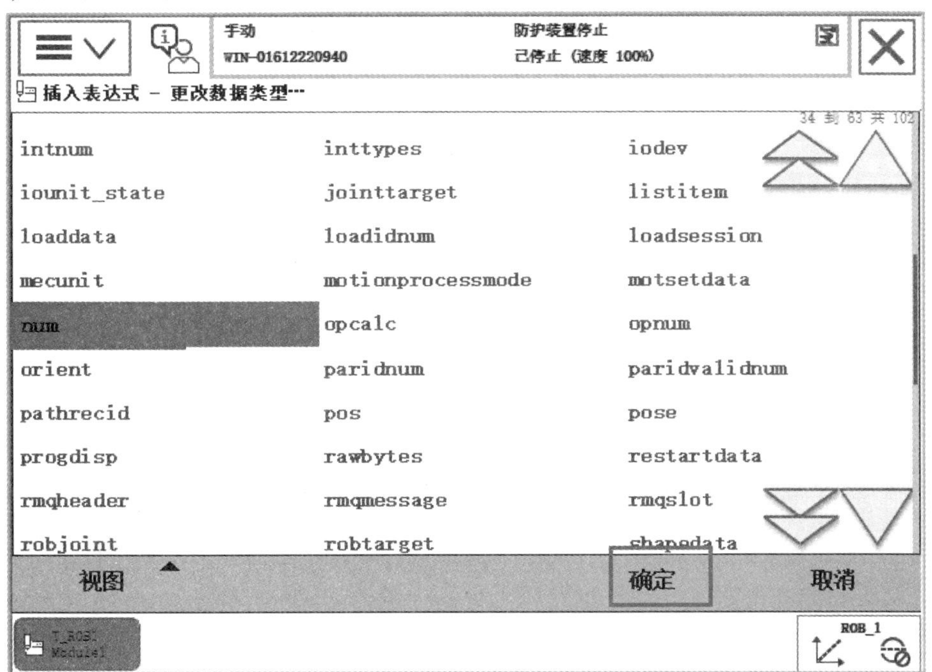

图 7-1-17

(4) 选中已经定义好的“reg1”数据，如图 7-1-18 所示。

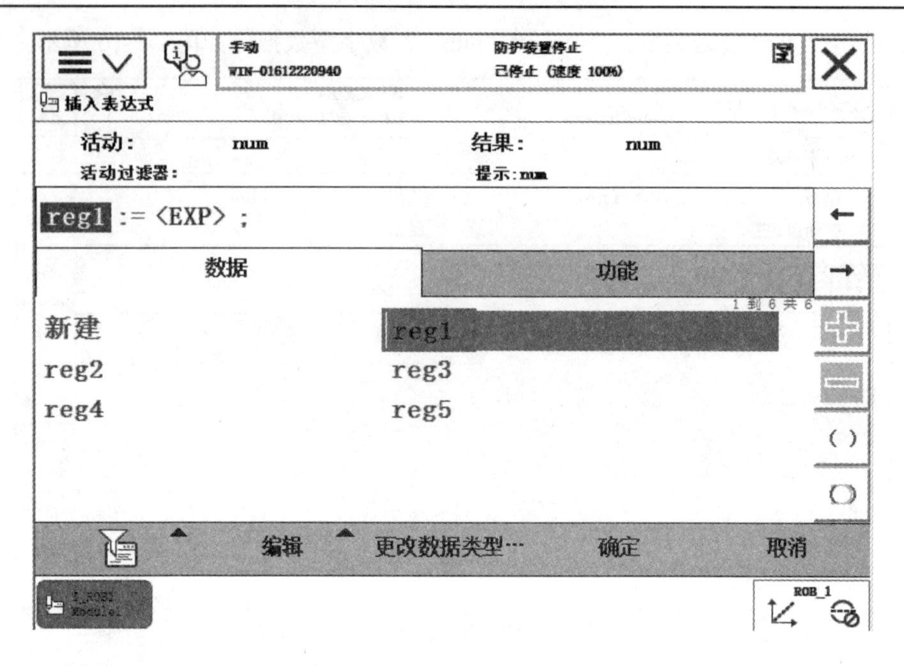

图 7-1-18

(5) 单击选中“<EXP>”，同时打开“编辑”，从中选择“仅限选定内容”，如图 7-1-19 所示。

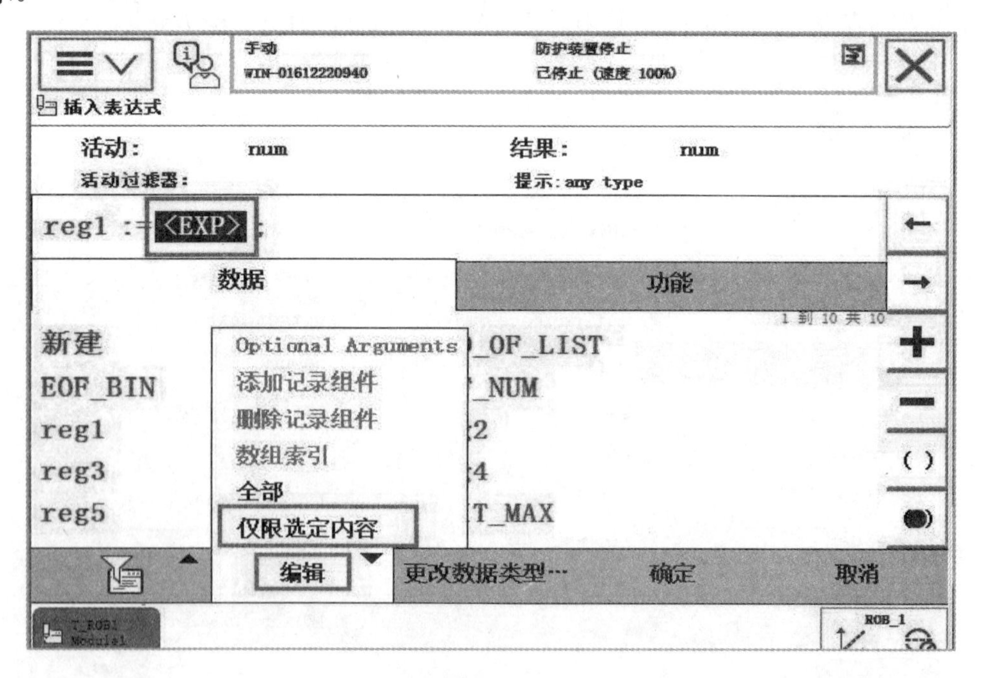

图 7-1-19

(6) 在软键盘输入界面中输入数字“10”，然后单击“确定”，如图 7-1-20 所示。

(7) 单击“确定”，设置完成，如图 7-1-21 和图 7-1-22 所示。

图 7-1-20

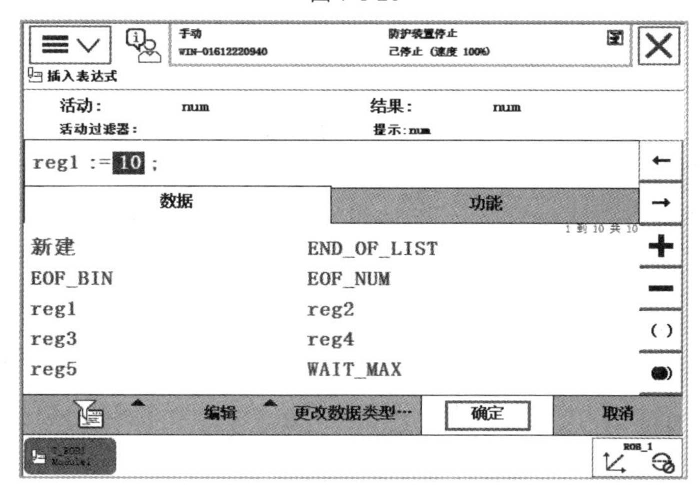

图 7-1-21

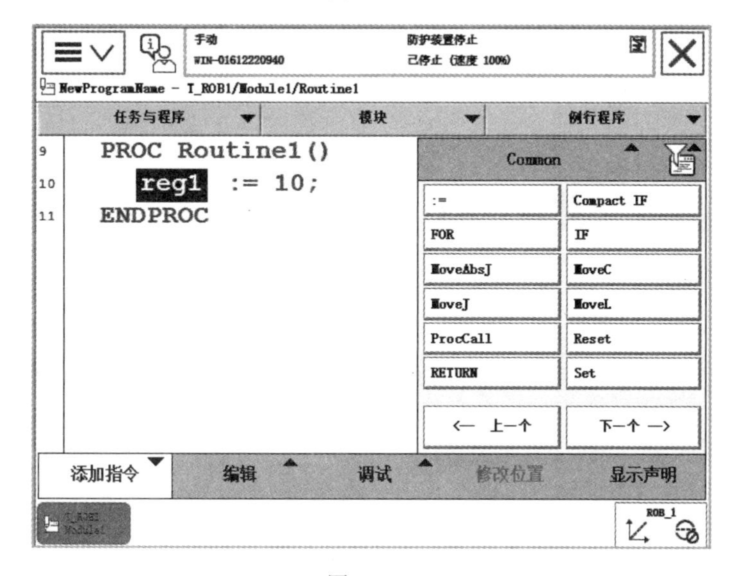

图 7-1-22

添加带数学表达式的赋值指令的操作步骤如下：

(1) 在示教器的指令列表中选择“:=”，如图 7-1-23 所示。

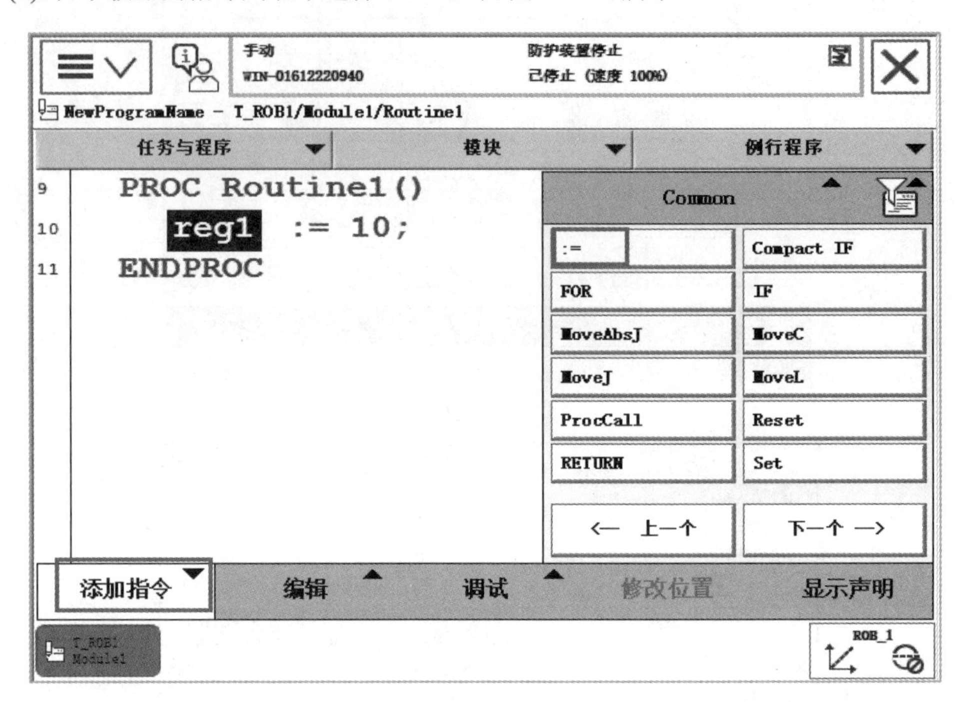

图 7-1-23

(2) 选中“reg2”，如图 7-1-24 所示。

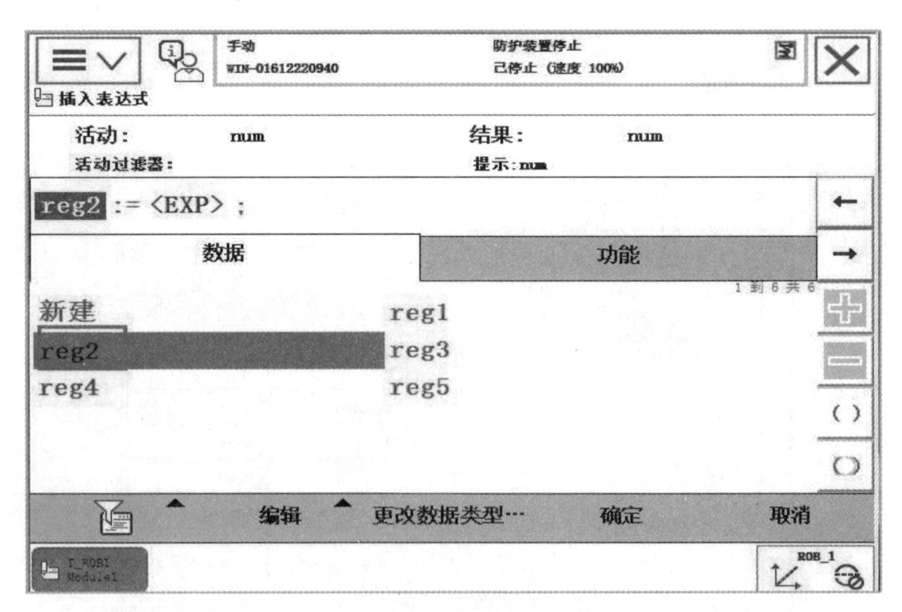

图 7-1-24

(3) 单击“<EXP>”，选中“reg1”，如图 7-1-25 所示。

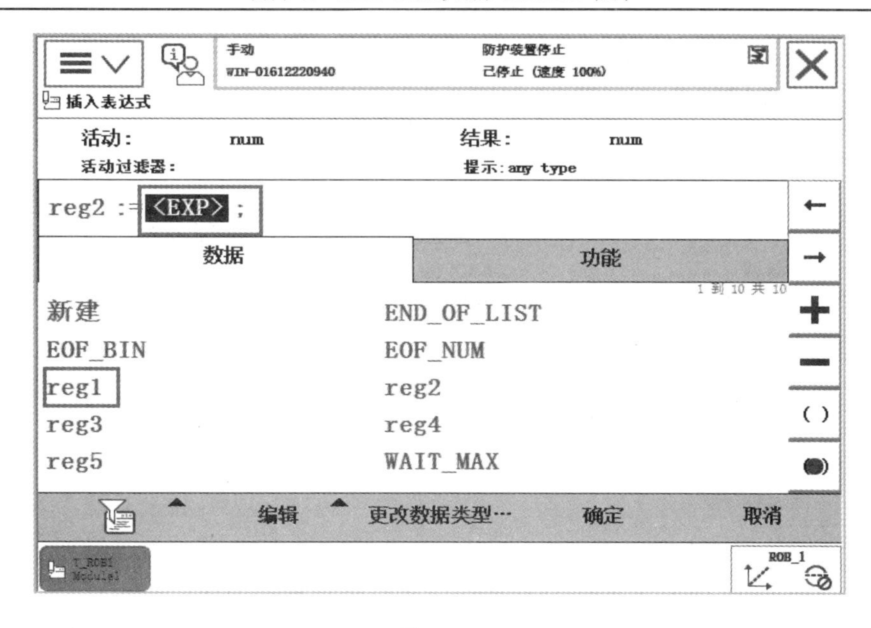

图 7-1-25

(4) 单击“+”，如图 7-1-26 所示。

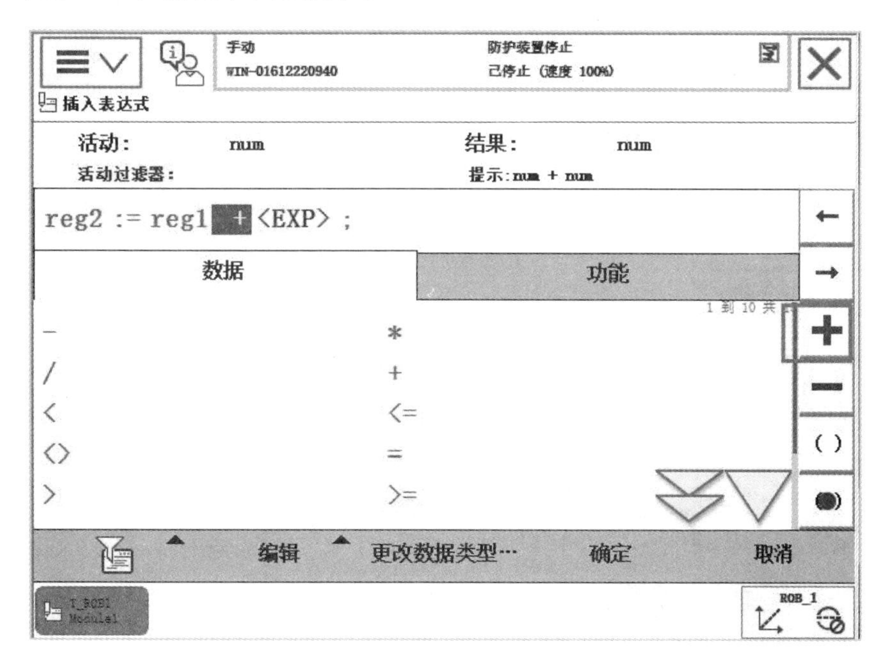

图 7-1-26

(5) 单击“<EXP>”，打开“编辑”菜单，从中选择“仅限选定内容”，然后通过软键盘输入数字“5”并单击“确定”确认数据，最后再单击“确定”，如图 7-1-27 所示。

(6) 单击“下方”按钮，则添加指令成功，然后单击“添加指令”收起指令列表，如图 7-1-28 和图 7-1-29 所示。

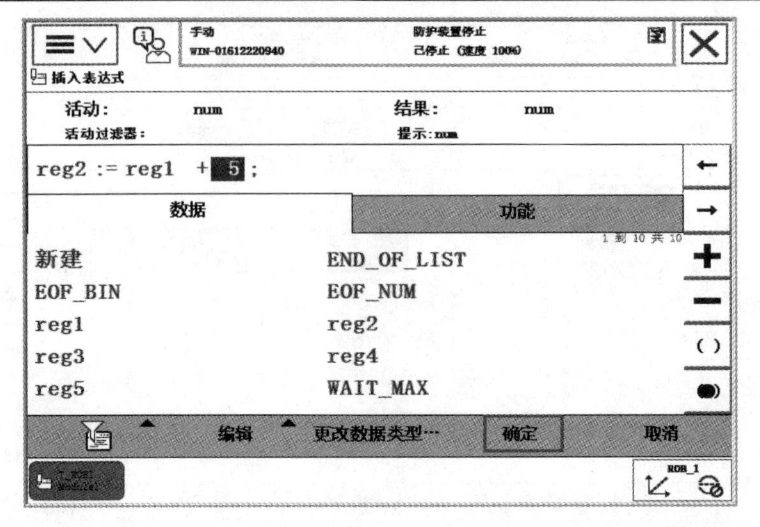

图 7-1-27

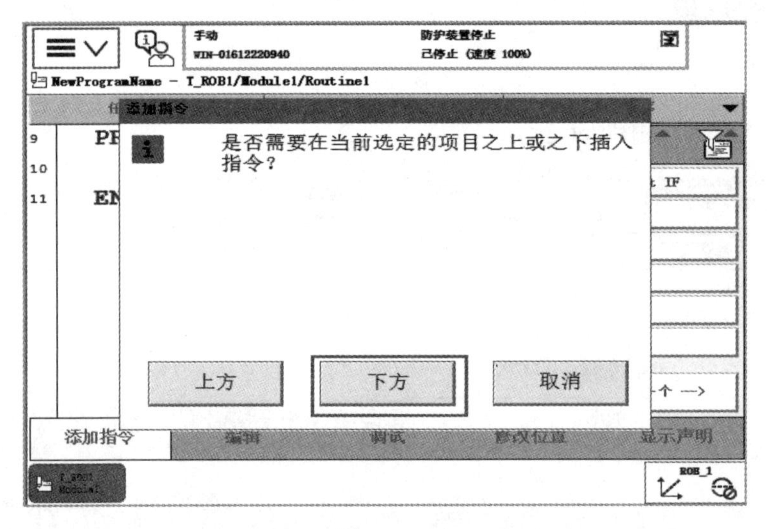

图 7-1-28

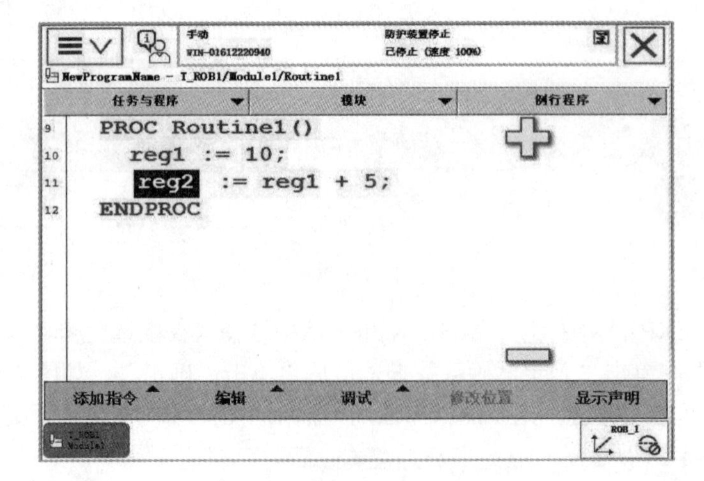

图 7-1-29

注意：编程界面操作技巧(如图 7-1-30 所示)。

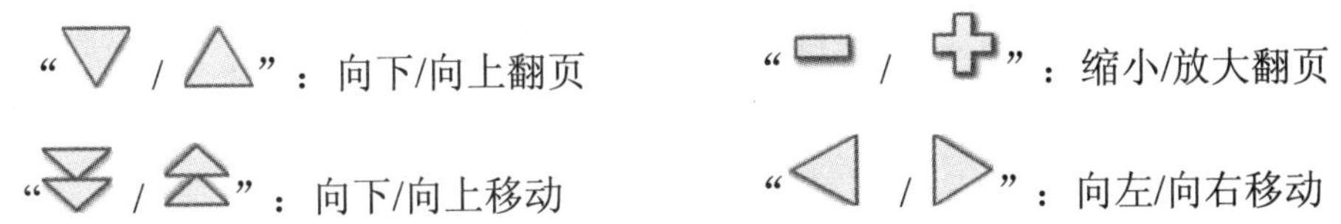

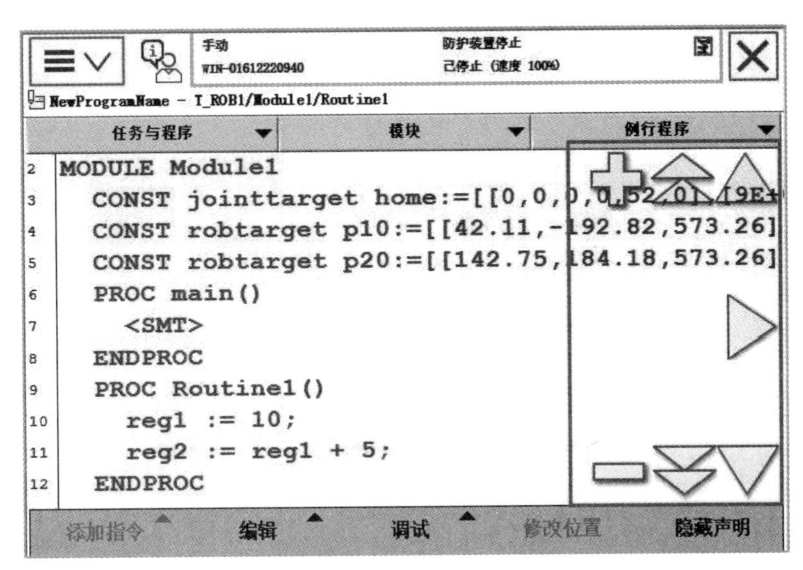

图 7-1-30

2) 运动指令

机器人在空间中进行运动主要有四种方式，即关节运动(MoveJ)、线性运动(MoveL)、圆弧运动(MoveC)和绝对位置运动(MoveabsJ)。

(1) MoveJ 关节运动指令：在对路径精度要求不高的情况，机器人的工具中心点 TCP 从一个位置移动到另一个位置，两个位置之间的路径不一定是直线。表 7-1-2 为 MoveJ 指令的参数说明。

表 7-1-2　MoveJ 指令的参数说明

参　数	含　　义
ToPoint	目标点，默认为*(robtarget)，例如：“P10”
Speed	运行速度数据 (speeddata)，例如：“V1000”
Zone	运行转角数据(zonedata)，例如：“Z10”
Tool	工具中心点(TCP) (tooldata)，例如：“tool0”
[\Wobj]	工件坐标系(wobjdata)，例如：“Wobj:=wobj0”

格式：MoveJ ToPoint, Speed, Zone,Tool [\Wobj];

应用：机器人以最快捷的方式运动至目标点，机器人运动状态不可控，但运动路径保持唯一，常用于机器人在空间大范围移动，如图 7-1-31 所示。

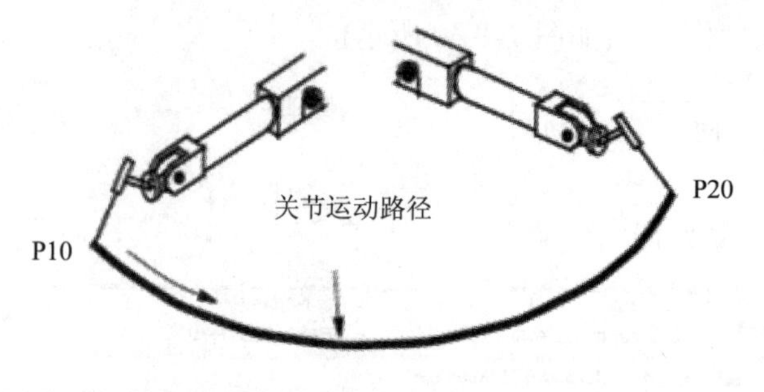

图 7-1-31

(2) MoveL 线性运动指令：线性运动是机器人的 TCP 从起点到终点之间的路径始终保持为直线，一般如焊接，涂胶等应用对路径要求高的场合进行使用此指令，如图 7-1-32 所示。表 7-1-3 为 MoveL 指令的参数说明。

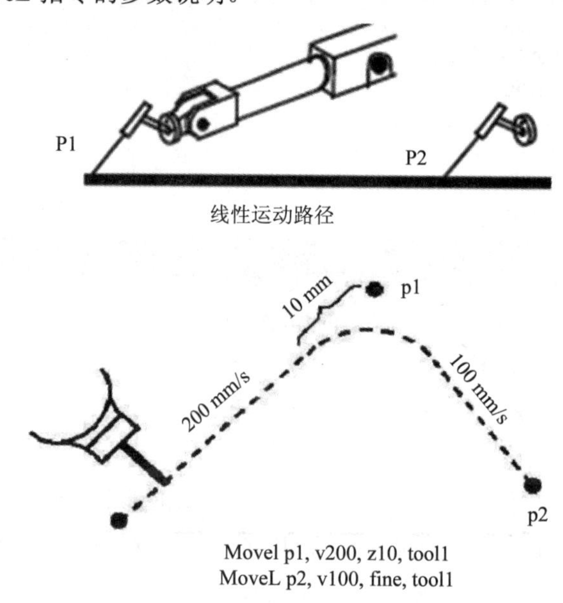

图 7-1-32

表 7-1-3　MoveL 指令的参数说明

参数	含　义
ToPoint	目标点，默认为*(robtarget)，例如：“P10”
Speed	运行速度数据(speeddata)，例如：“v1000”
Zone	运行转角数据(zonedata)，例如：“z10”
Tool	工具中心点(TCP) (tooldata)，例如：“tool0”
[\Wobj]	工件坐标系(wobjdata)，例如：“Wobj:=wobj0”

格式：MoveL ToPoint, Speed, Zone, Tool [\Wobj]；

应用：机器人以线性移动方式运动至目标点，当前点与目标点两点决定一条直线，机器人运动状态可控，运动路径保持唯一，可能出现死点，常用于机器人在工作状态移动。

(3) MoveC 圆弧运动指令：机器人通过中间点以圆弧移动方式运动至目标点，当前点、中间点与目标点三点决定一段圆弧，机器人运动状态可控，运动路径保持唯一，常用于机器人在工作状态移动，如图 7-1-33 所示。表 7-1-4 为 MoveC 指令的参数说明。

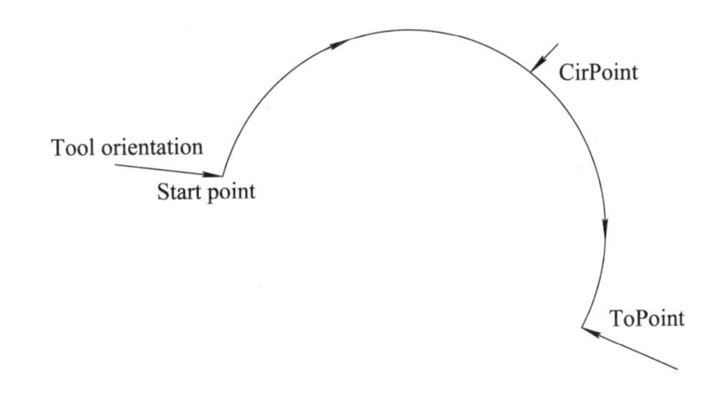

图 7-1-33

表 7-1-4　MoveC 指令的参数说明

参　数	含　义
CirPoint	圆周点，默认为*(robtarget)，例如："P10"
ToPoint	圆弧终点，默认为*(robtarget)，例如："P20"
Speed	运行速度数据(speeddata)，例如："v1000"
Zone	运行转角数据(zonedata)，例如："z10"
Tool	工具中心点(TCP)(tooldata)，例如："tool0"
[\Wobj]	工件坐标系(wobjdata)，例如："Wobj:=wobj0"

指令格式：MoveC CirPoint, ToPoint, Speed, Zone, Tool[\Wobj];

(4) MoveAbsJ 绝对位置运动指令：绝对位置运动指令是机器人的运动使用六个轴和外轴的角度值来定义目标位置数据。表 7-1-5 为 MoveAbsJ 指令的参数说明。

格式：MoveAbsJ *\NoEoffs,v1000,z50,tool0\Wobj:=wobj0;

表 7-1-5　MoveAbsJ 指令的参数说明

参　数	含　义
*	目标点位置数据
\NoEOffs	外轴不带偏移数据
v1000	运动速度数据1000 mm/s
z50	转弯区数据
tool0	工具坐标数据
wobj0	工件坐标数据
提示：MoveAbsJ常用于机器人六个轴回到机械零点(0°)的位置。	

3) I/O 控制指令

I/O 控制指令用于控制 I/O 信号，以达到与机器人周边设备进行通信的目的。

(1) Set 数字信号置位指令：用于将数字输出(Digital Output)置位为"1"，如图 7-1-34 所示。

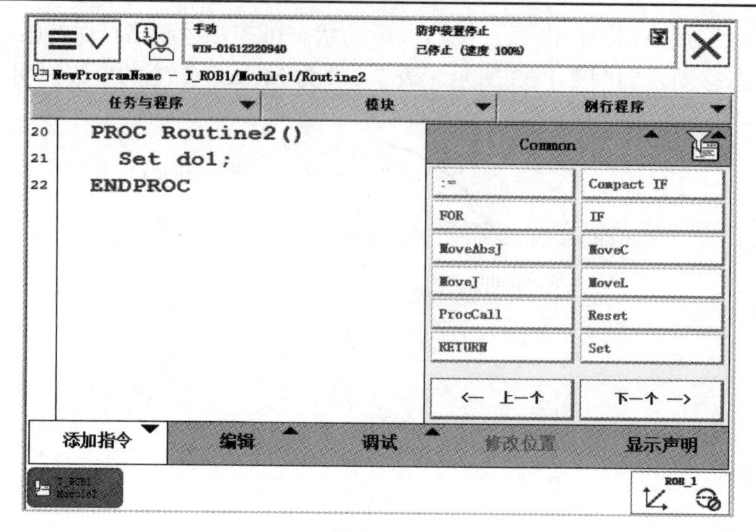

图 7-1-34

(2) Reset 数字信号复位指令：用于将数字输出(Digital Output)置位为“0”，如图 7-1-35 所示。

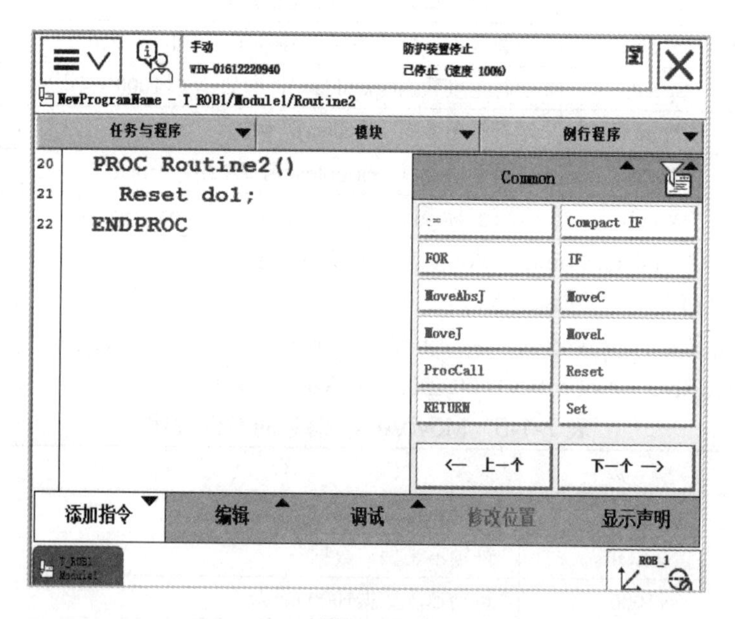

图 7-1-35

提示：如果在 Set、Reset 指令前有运动指令 MoveJ、MoveL、MoveC、MoveAbsJ 的转弯区数据，必须使用 fine 才可以准确地输出 I/O 信号状态的变化。

(3) WaitUntil 信号判断指令：可用于布尔量、数字量和 I/O 信号值的判断，如果条件到达指令中的设定值，程序继续往下执行，否则就一直等待，除非设定了最大等待时间，如图 7-1-36 所示。

(4) WaitDI 等待数字输入信号指令：用于判断数字输入信号的值是否与目标一致，如图 7-1-37 所示。

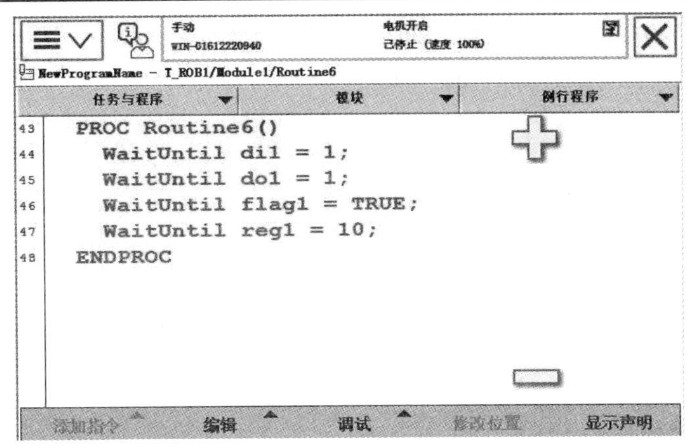

图 7-1-36

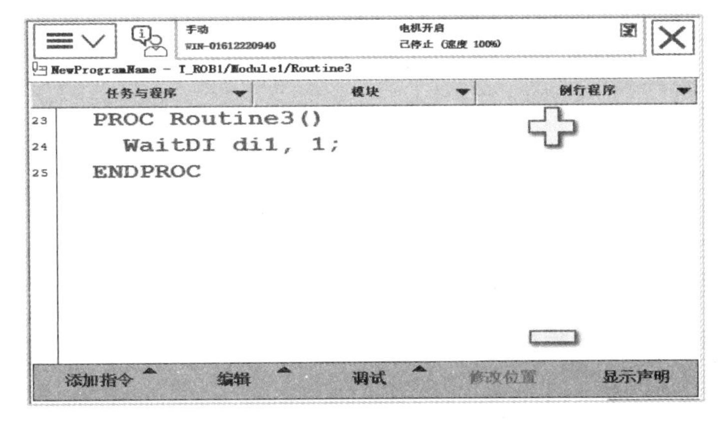

图 7-1-37

程序执行 WaitDI 指令时，等待数字输入信号 di1 为 1。如果 di1 为 1，则程序往下执行；如果到达最大等待时间 300 s(可按需修改)后，di1 的值仍不为 1，则机器人报警或进入出错处理程序。

(5) WaitDO 数字输出信号判断：用于判断数字输出信号的值是否与目标一致，如图 7-1-38 所示。

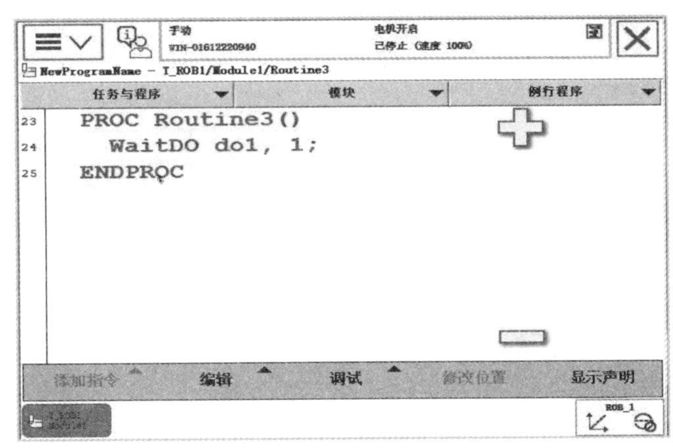

图 7-1-38

在程序执行 WaitDO 指令时，等待 do1 的值为 1。如果 do1 为 1，则程序继续往下执行；如果达到最大等待时间 300s 以后，do1 的值还不为 1，则机器人报警或进入出错处理程序。

4) 条件逻辑判断指令

(1) Compact IF 紧凑型条件判断指令：用于当一个条件具备之后，就执行一句指令，如图 7-1-39 所示。

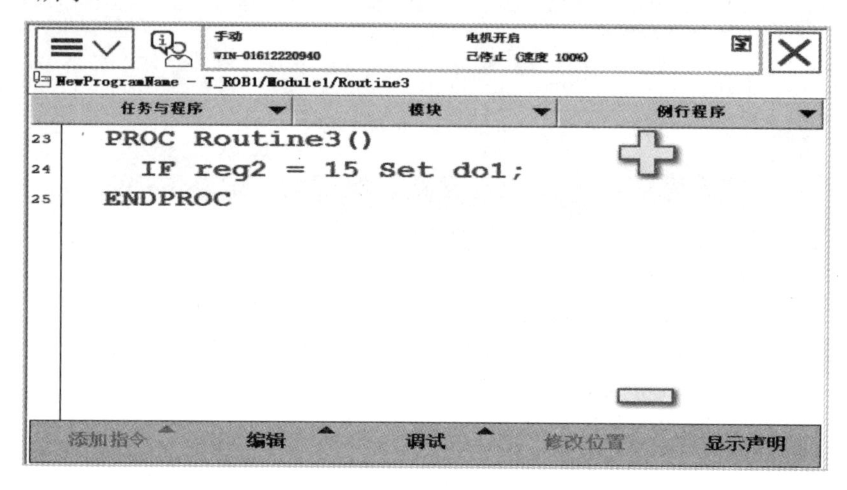

图 7-1-39

如果 flag1 的状态为 TRUE，则 do1 被置位为 1。

(2) IF 条件判断指令：根据不同的条件执行不同的指令。条件判定的条件数量可以根据实际情况进行增加或减少，如图 7-1-40 所示。

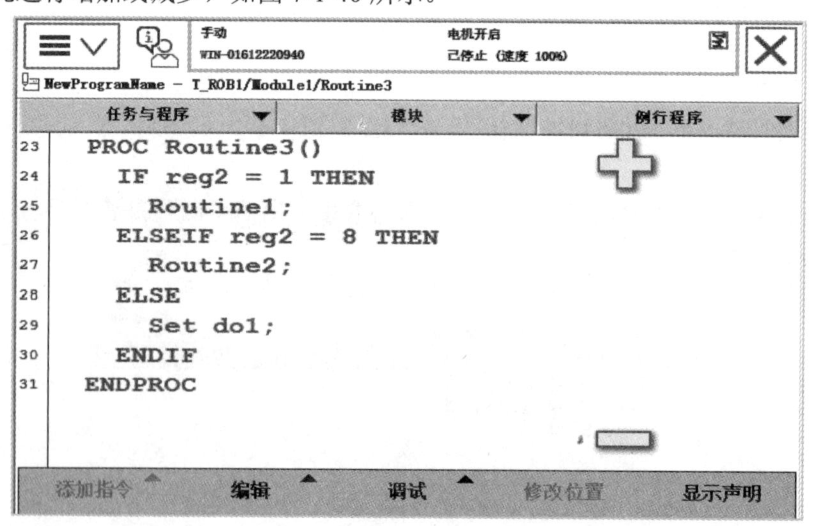

图 7-1-40

如果 reg2 为 1，则执行“Routine1”例行程序；如果 reg2 为 8，则执行“Routine2”例行程序；其他情况下，将 do1 信号置位。

(3) For 重复执行判断指令：适用于一个或多个指令需要重复执行数次的情况。如图 7-1-41 所示为重复执行例行程序 Routine 1～5 次。

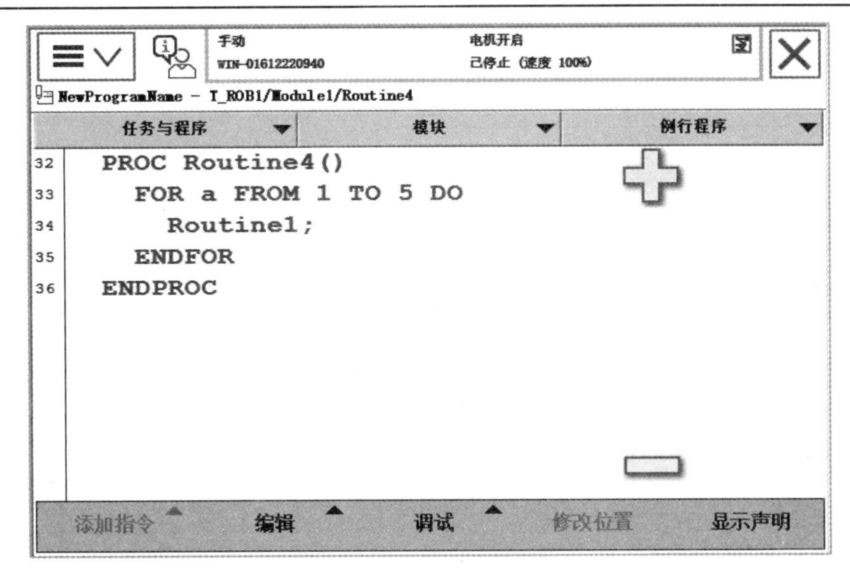

图 7-1-41

(4) WHILE 条件判断指令：用于在给定条件满足的情况下，一直重复执行对应的指令。如图 7-1-42 所示，当 reg1<5 的条件具备的情况下，就一直执行 reg1:=reg1+1 的操作。

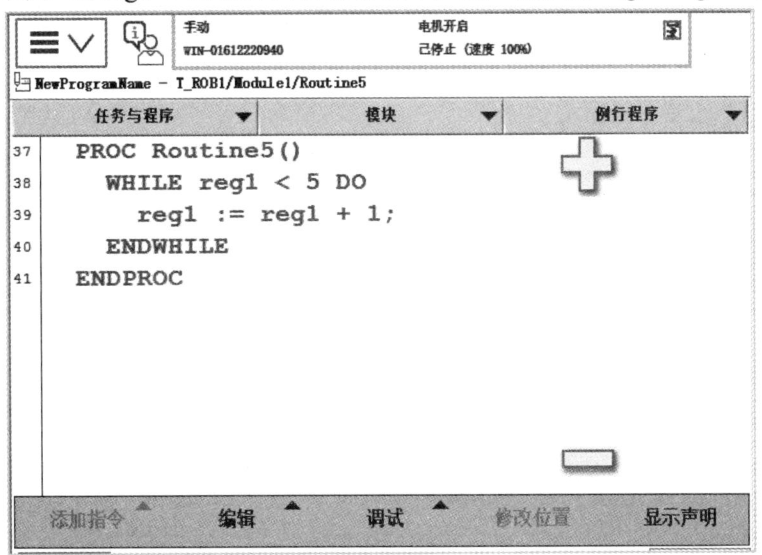

图 7-1-42

5) 程序调用指令

ProcCall 例行程序调用指令：主要是使用例行程序调用指令。通过调用对应的例行程序，可使机器人执行到对应程序时，执行对应例行程序里的程序。一般在程序中指令比较多的情况，首先建立对应的例行程序，再使用 ProcCall 指令实现调用，便于管理。

其操作步骤如下：

(1) 选中“main”主程序中“<SMT>”调用例行程序的位置，单击“添加指令”，选择“ProcCall”指令，如图 7-1-43 所示。

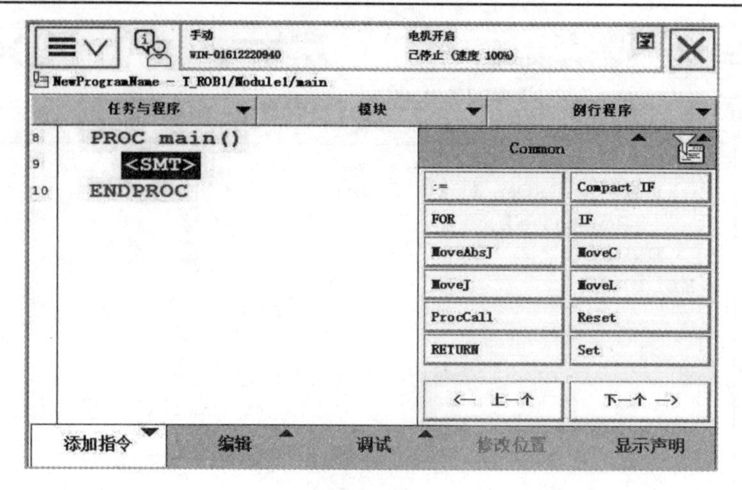

图 7-1-43

(2) 选中需要调用的例行程序“Routine1”，单击“确定”，如图 7-1-44 所示。

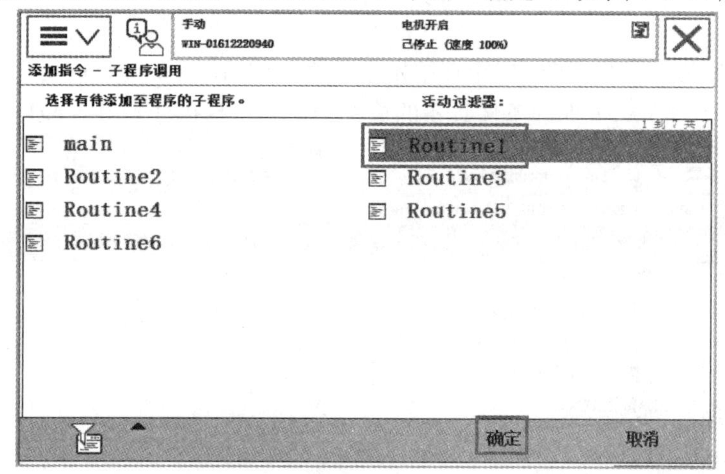

图 7-1-44

(3) 设置完成，如图 7-1-45 所示。

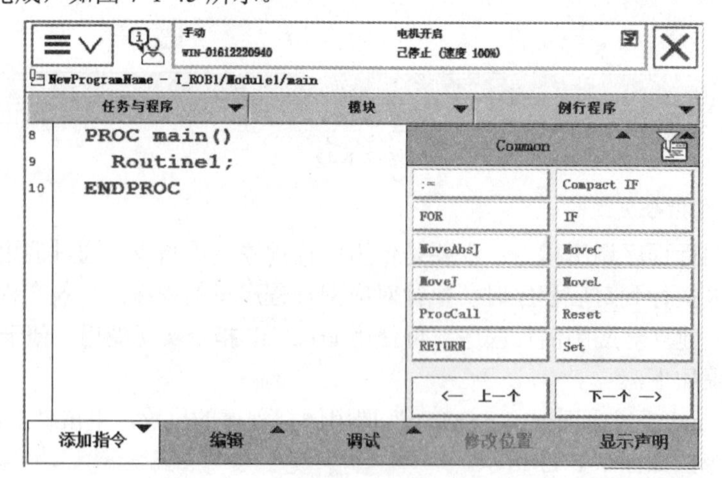

图 7-1-45

6) 其他指令

(1) I/O 其他控制指令：

SetDo：置位数字量输出信号，如 SetDodo1,1。

SetGo：置位组输出信号，如 SetGogo1,7。

SetAo：置位模拟量输出信号，如 SetAoao1,7.7。

PulseDo：置位脉冲输出信号，如 PulseDo\\Plength:=2,do1。

WaitDi：等待数字输入信号，如 WaitDidi,1。

WaitGi：等待组输入信号，如 WaitGigi1,5。

WaitAi：等待模型量输入信号，如 WaitAiai1,6.5。

(2) GOTO 跳转指令：

```
IF reg1>100 GOTO highvalue;
lowvalue:
GOTO ready;
highvalue:
ready:
reg1:=1;
next:
reg1:=reg1+1;
IF reg1<=5 GOTO next;
```

跳转指令必须与跳转标签同时使用，执行跳转指令后，机器人将从当前位置跳转到对应标签处继续运行程序指令。

(3) RETURN 返回例行程序指令：当 RETURN 指令被执行时，则本例行程序的执行会马上结束，返回程序指针到调用，如图 7-1-46 所示。

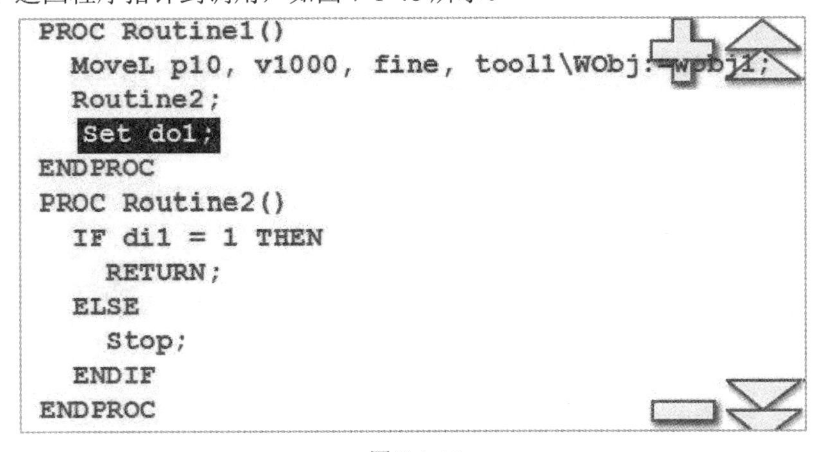

图 7-1-46

当 di1=1 时，执行 RETURN 指令，程序指针返回到调用 Routine2 的位置并继续向下执行 Set do1 这个指令。

(4) WaitTime 时间等待指令：用于程序在等待一个指定的时间以后，再继续向下执行。如图 7-1-47 所示。

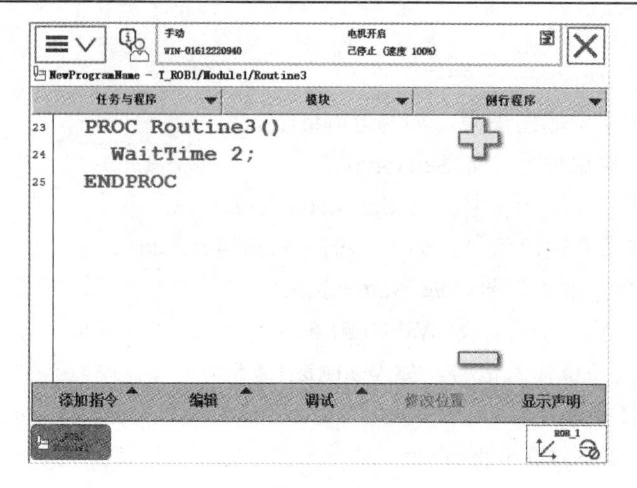

图 7-1-47

任务 2　建立一个可运行的基本 RAPID 程序

在之前的讲解中，我们已大概了解了 RAPID 程序编程的相关操作及基本的指令，现在就通过一个实例来完整学习一下 ABB 机器人便捷的程序编辑。

编写一个可以运行的程序的基本流程如下：

(1) 确定需要多少个程序模块。需要多少个程序模块是由应用的复杂性所决定的，比如可以将位置计算、程序数据、逻辑控制等分配到不同的程序模块，以方便管理，如图 7-1-48 所示。

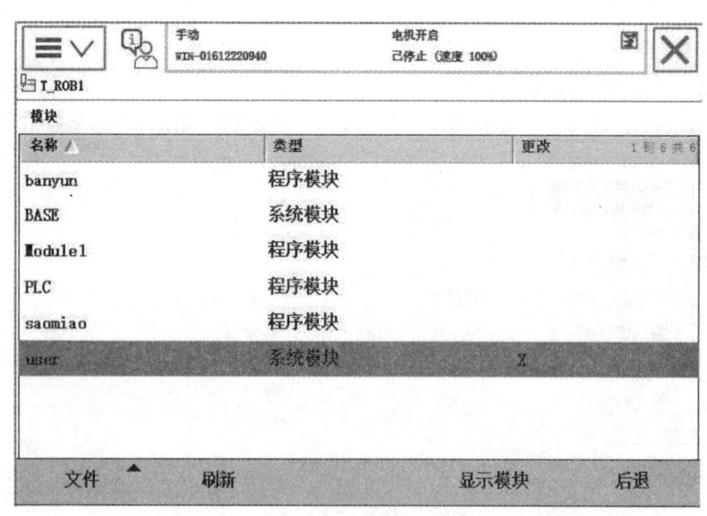

图 7-1-48

(2) 确定各个程序模块中要建立的例行程序。不同的功能就放到不同的程序模块中去，如夹具打开、夹具关闭这样的功能就可以分别建立成例行程序，以方便调用与管理，如图 7-1-49 所示。

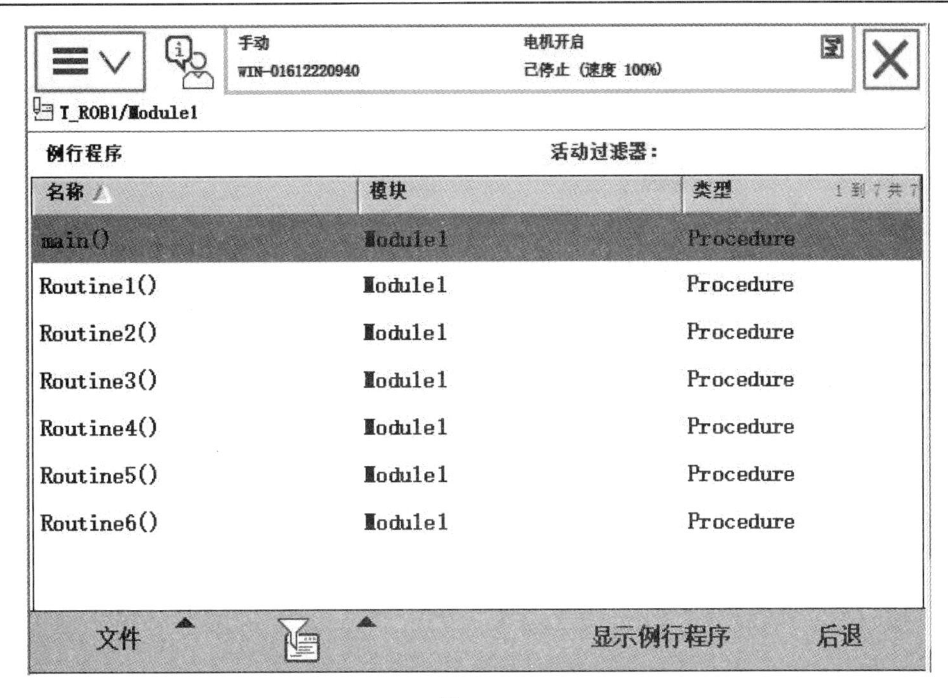

图 7-1-49

1) 建立RAPID 程序实例

(1) 具体要求：

① 机器人在待机时，在 Phome 位置等待。

② 当外部输入信号 di1 为“1”时，机器人沿着物体从 P10 位置到 P20 位置，如图 7-1-50 所示。

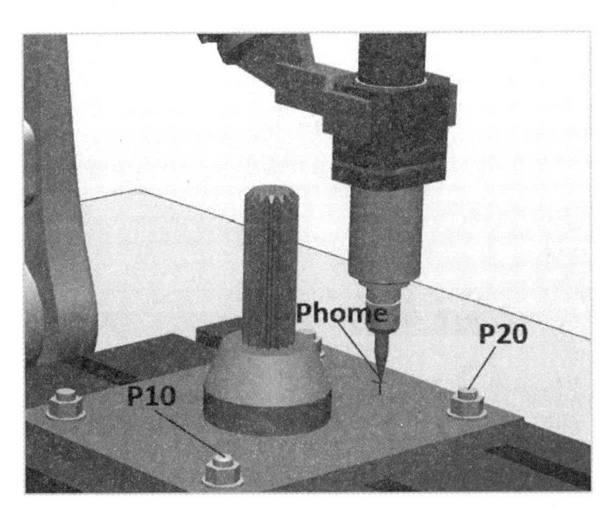

图 7-1-50

(2) 操作步骤：

① 在 ABB 菜单中选择“程序编辑器”，如图 7-1-51 所示。

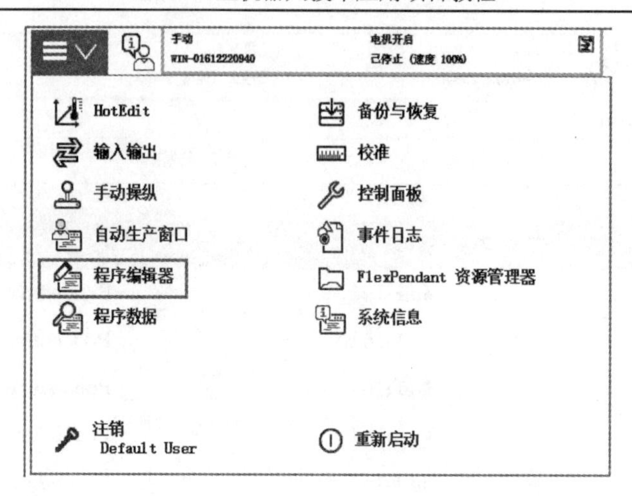

图 7-1-51

② 单击“取消”(如果系统中不存在程序的话，会出现此对话框)，如图 7-1-52 所示。

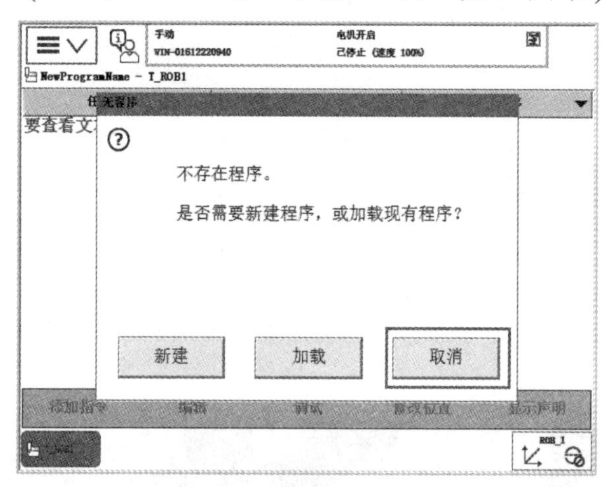

图 7-1-52

③ 打开“文件”菜单，选择“新建模块”，如图 7-1-53 所示。

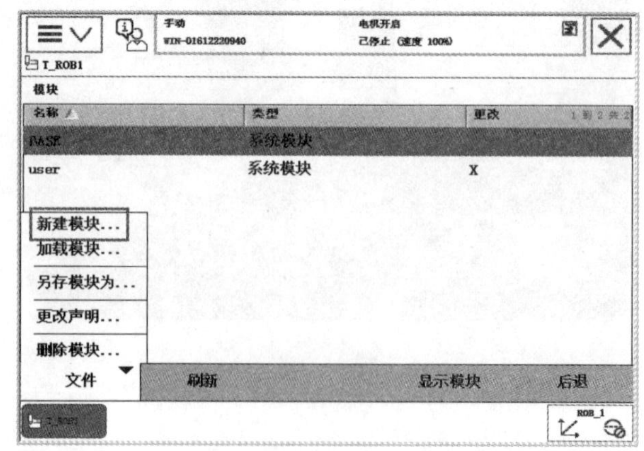

图 7-1-53

④ 单击“是”确定，如图 7-1-54 所示。

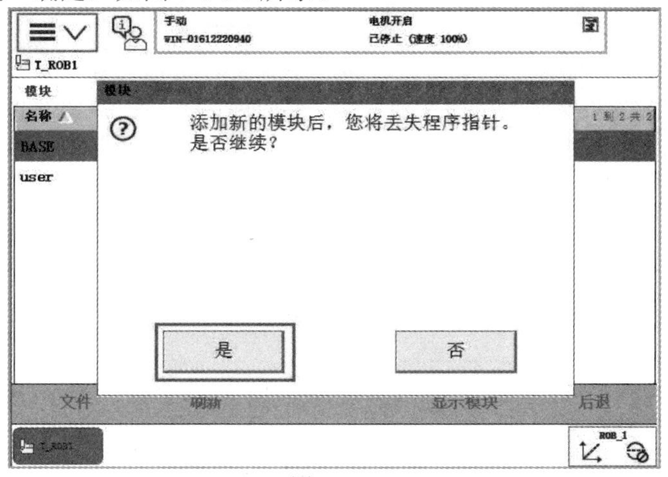

图 7-1-54

⑤ 根据实际需要定义程序模块的名称后，单击“确定”，如图 7-1-55 所示。

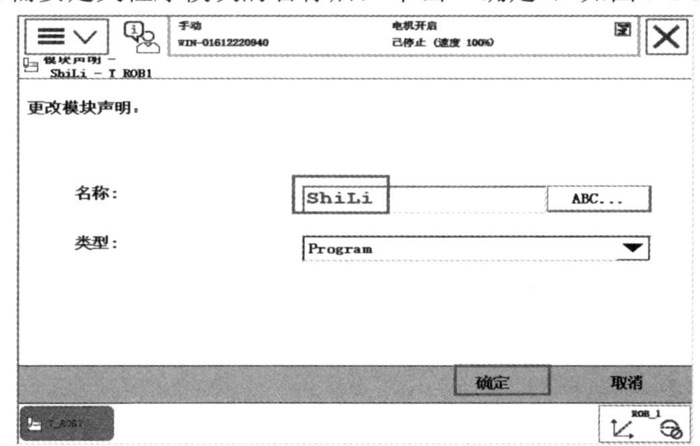

图 7-1-55

⑥ 选中程序模块“ShiLi”，单击“显示模块”，如图 7-1-56 所示。

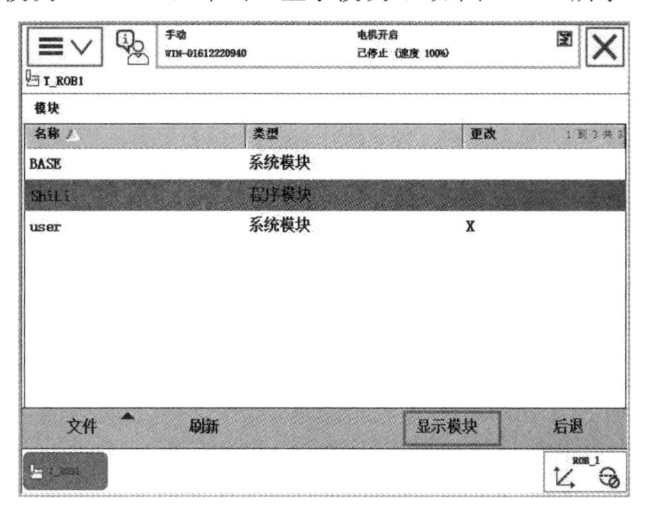

图 7-1-56

⑦ 单击“例行程序”，如图 7-1-57 所示。

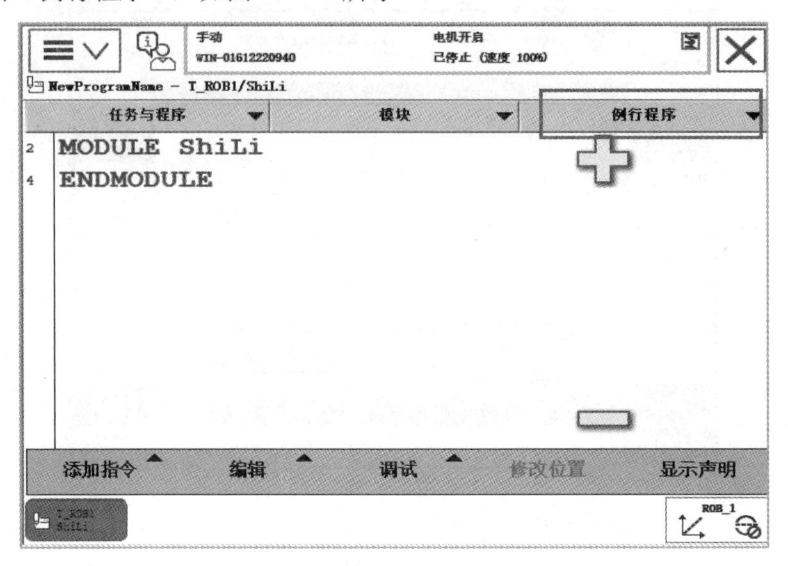

图 7-1-57

⑧ 打开“文件”，单击“新建例行程序”，如图 7-1-58 所示。

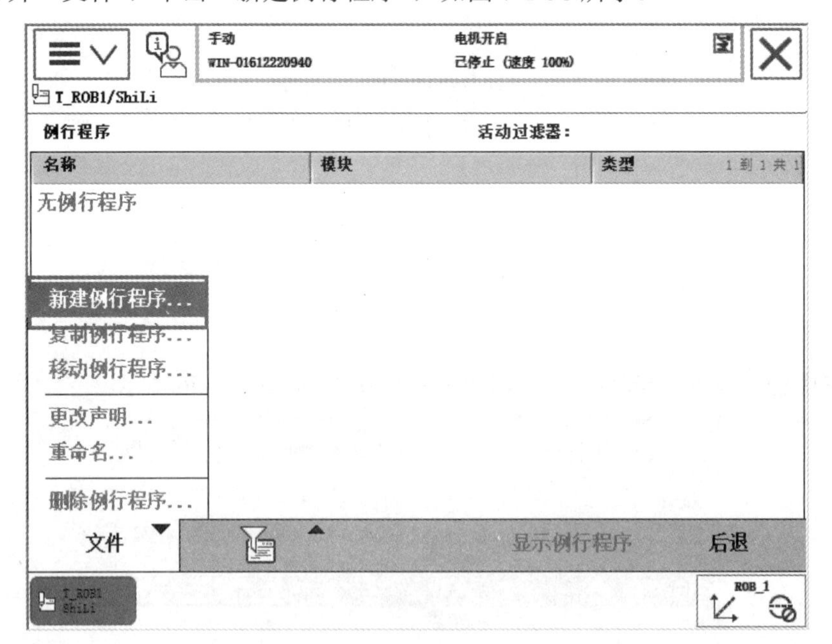

图 7-1-58

⑨ 首先建立一个主程序 main，然后单击“确定”，根据步骤⑧建立相关例行程序。Rhome 用于机器人回等待位，Rmove 存放直线运动路径例行程序。如图 7-1-59 和图 7-1-60 所示。

⑩ 选择“Rhome”例行程序，然后单击“显示例行程序”，如图 7-1-61 所示。

⑪ 进入示教器“手动操纵”菜单，确认工具坐标与工件坐标已设置成对应的正确参数，如图 7-1-62 所示。

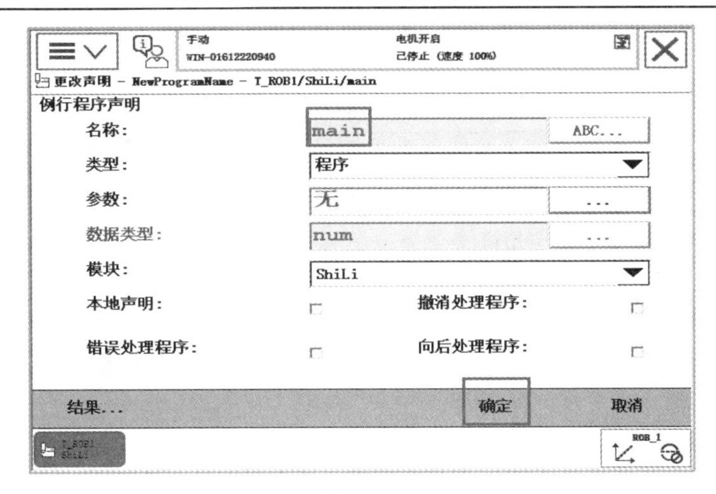

图 7-1-59

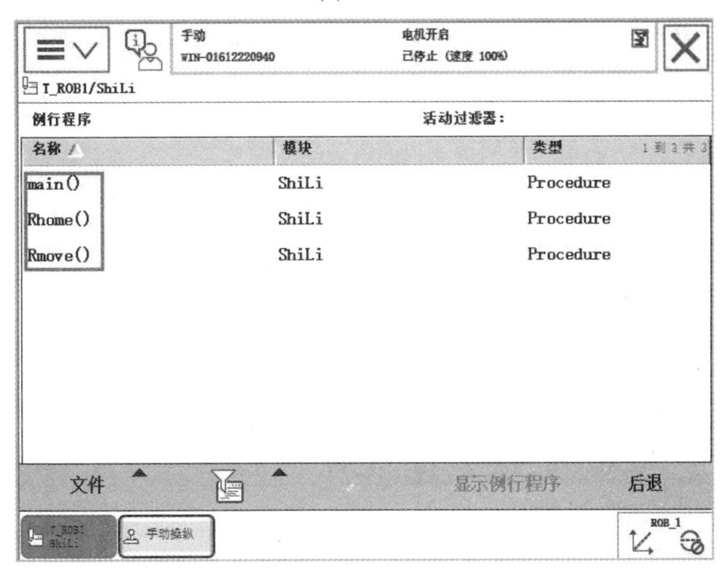

图 7-1-60

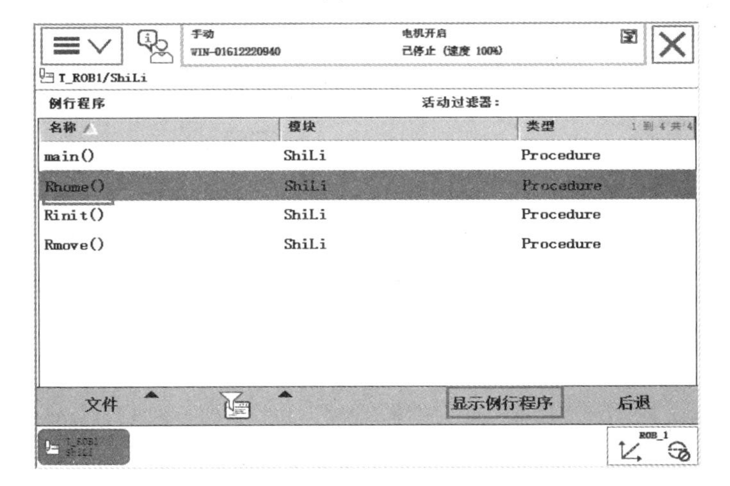

图 7-1-61

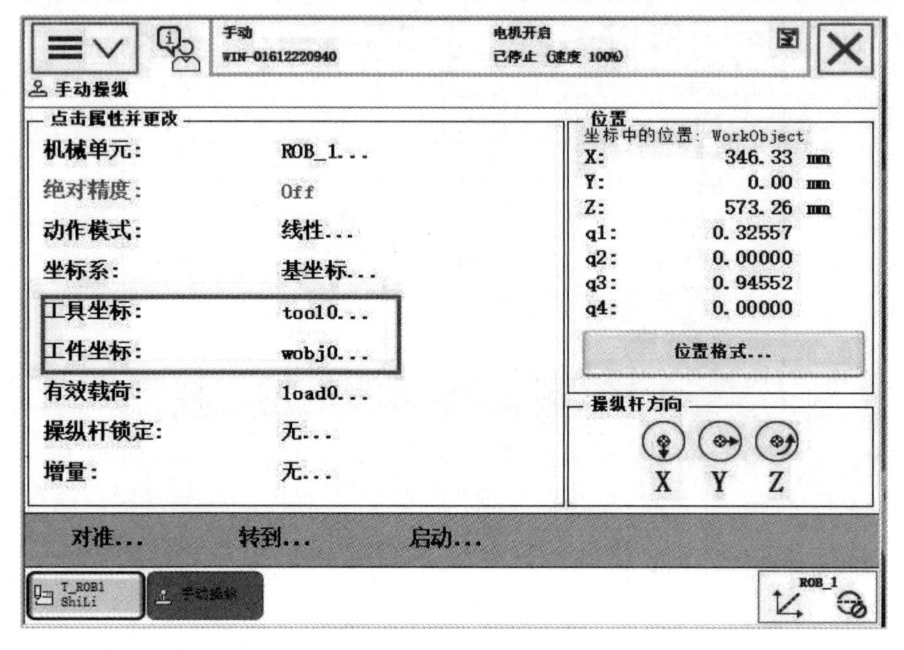

图 7-1-62

⑫ 回到程序编辑器“Rhome”界面，单击“添加指令”，打开指令列表。选中“<SMT>”为插入指令的位置，在指令列表中选择“MoveJ”，如图 7-1-63 所示。

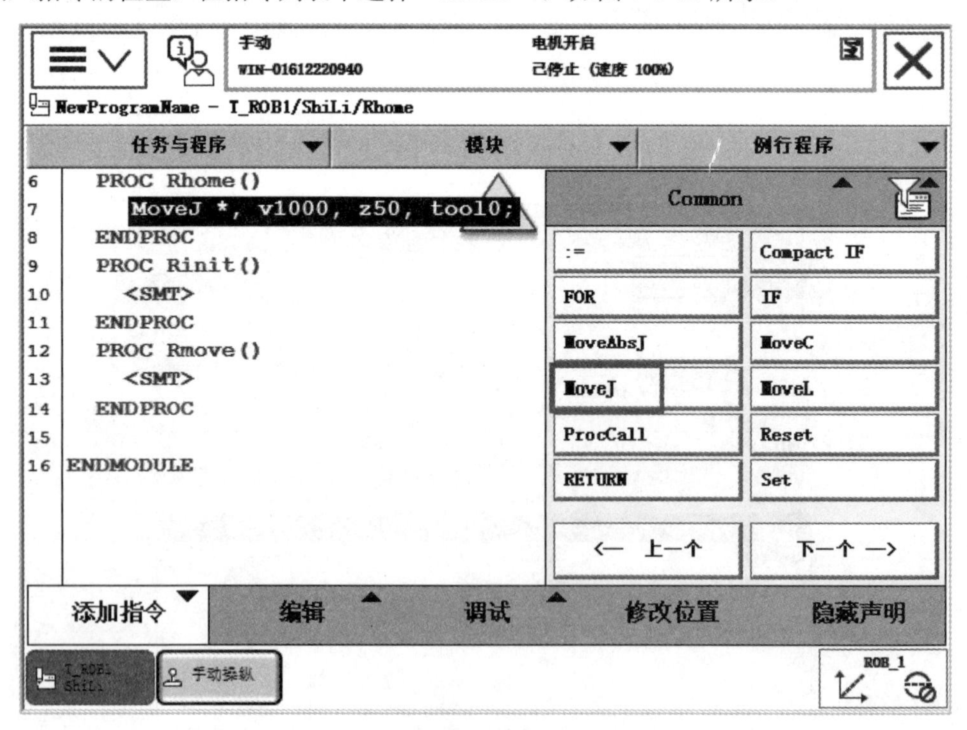

图 7-1-63

⑬ 双击“*”，进入指令参数修改画面，如图 7-1-64 所示。

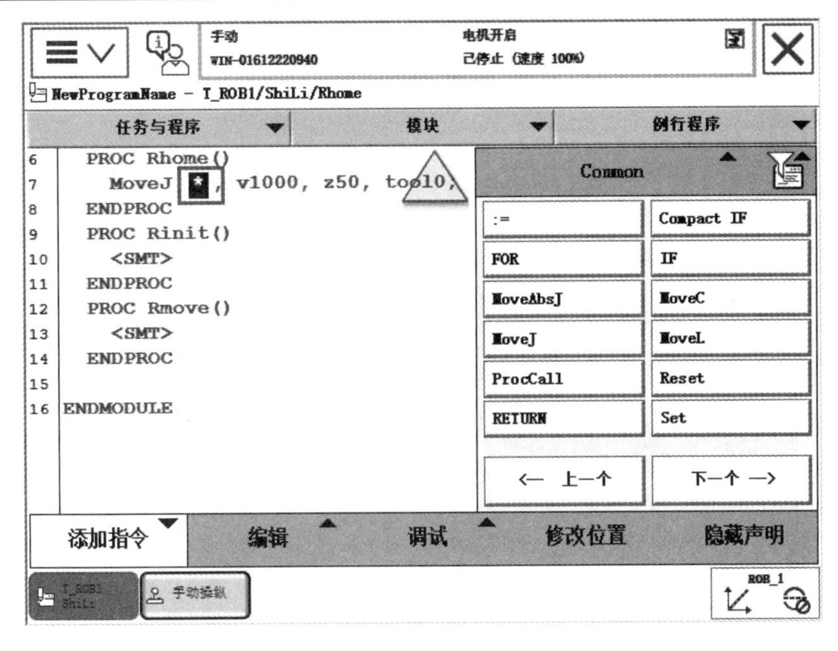

图 7-1-64

⑭ 通过新建或选择对应的参数数据，设定为图中所示的“Phome”数值，最后单击“确定”，如图 7-1-65 所示。

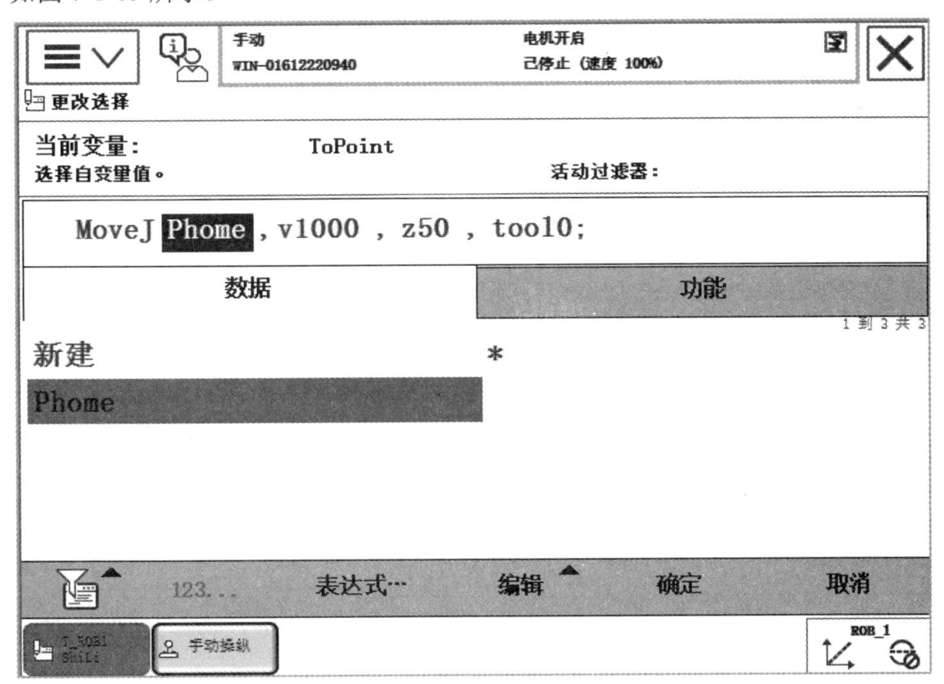

图 7-1-65

⑮ 选择合适的动作模式，使用摇杆将机器人运动到图中的“Phome”位置，作为机器人的原点位置，如图 7-1-66 所示。

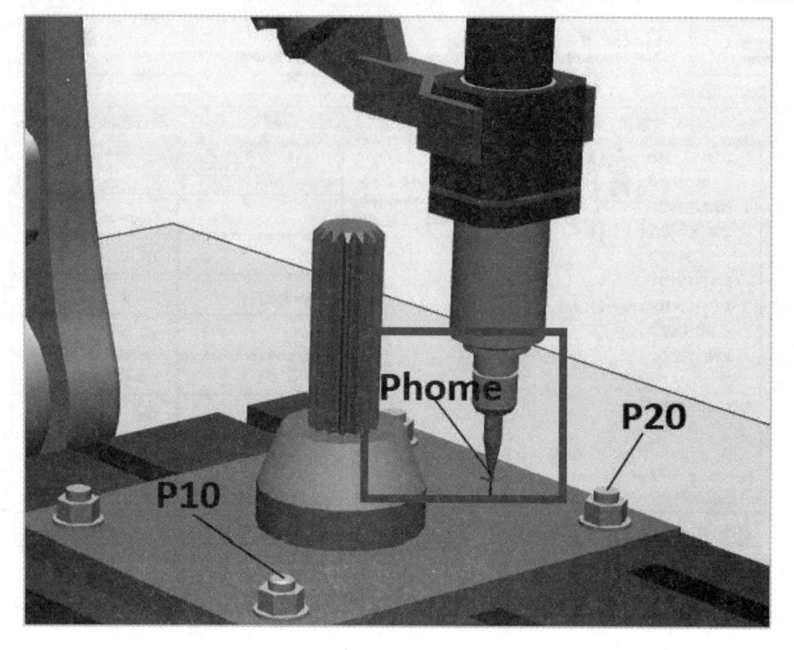

图 7-1-66

⑯ 选中“Phome”目标点，单击“修改位置”，将机器人的当前位置数据记录下来，如图 7-1-67 所示。

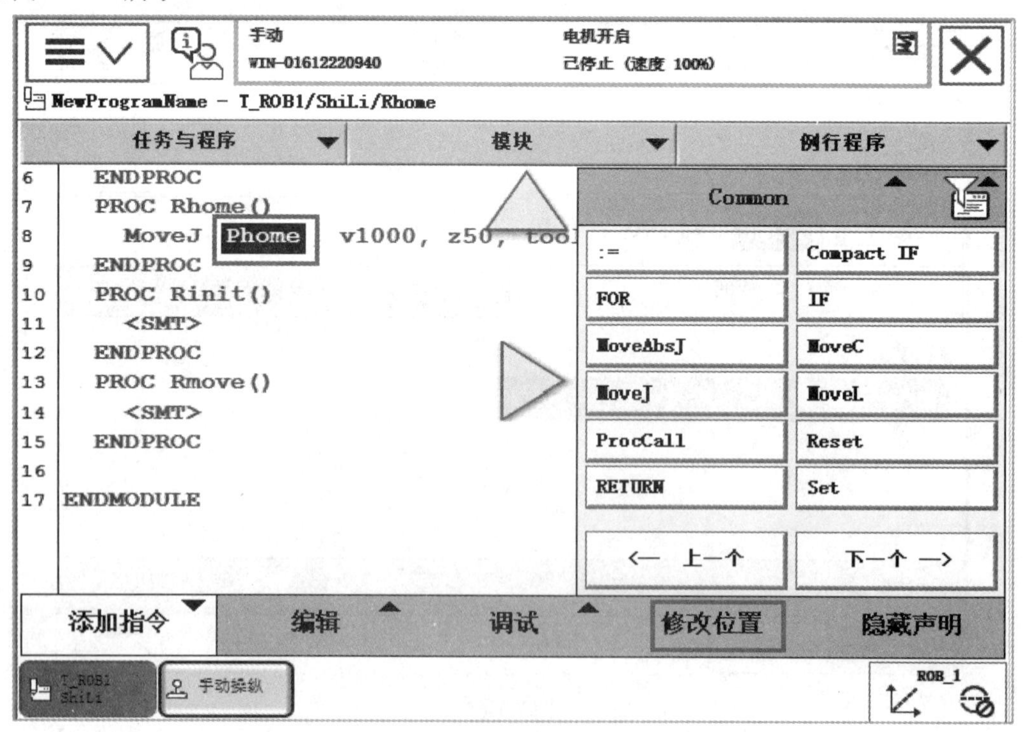

图 7-1-67

⑰ 在弹出的界面中单击“修改”进行确认，如图 7-1-68 所示。

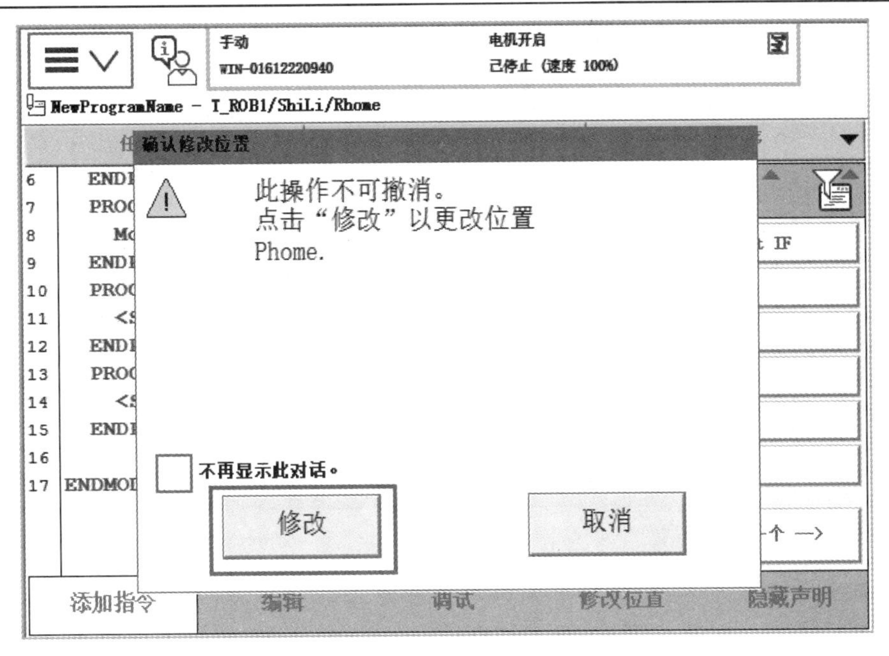

图 7-1-68

⑱ 单击“例行程序”标签，选中“Rmove”例行程序，单击“显示例行程序”，如图 7-1-69 所示。

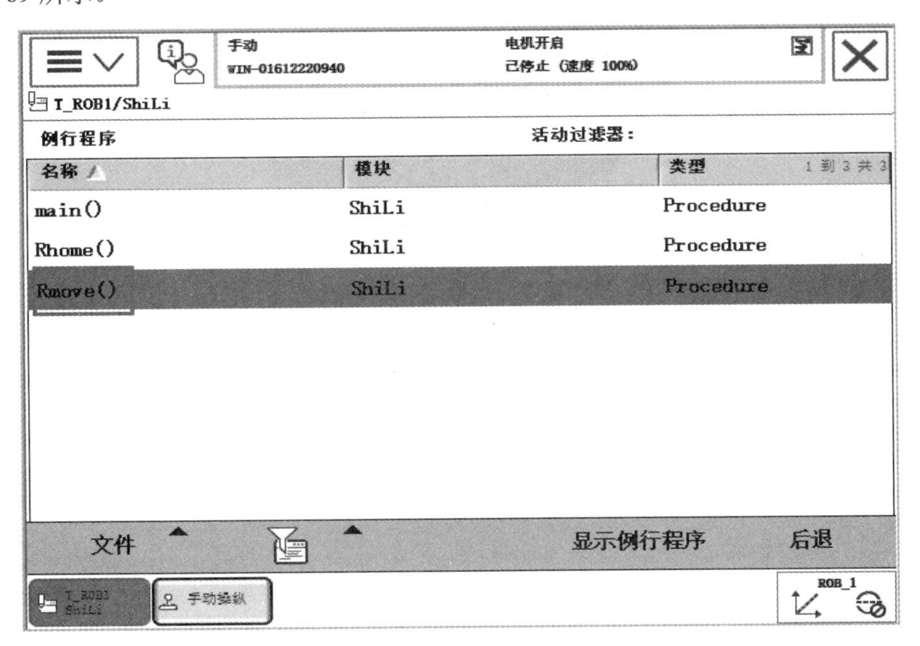

图 7-1-69

⑲ 添加“MoveL”指令，并将“ToPoint”参数设定为“P10”，如图 7-1-70 所示。

⑳ 选择合适的动作模式，使用摇杆将机器人运动到图中的 P10 点，如图 7-1-71 所示。

㉑ 选中“P10”点，单击“修改位置”，将机器人的当前位置记录到 P10 中去，如图 7-1-72 所示。

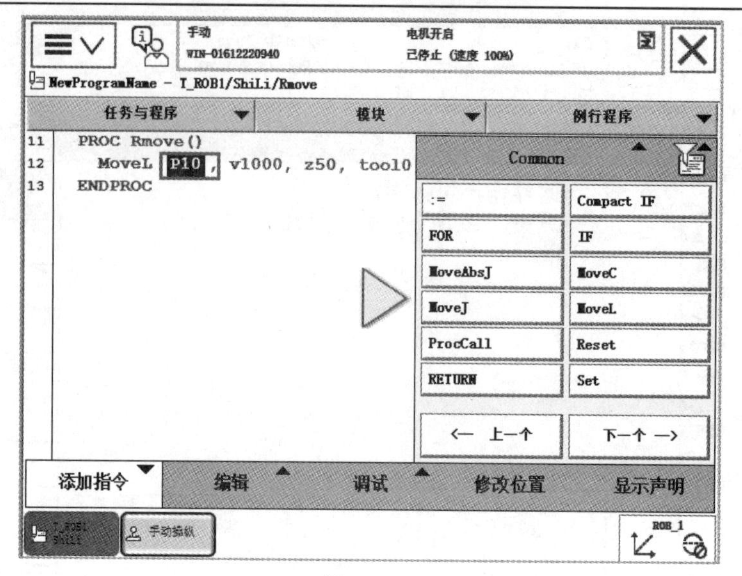

图 7-1-70

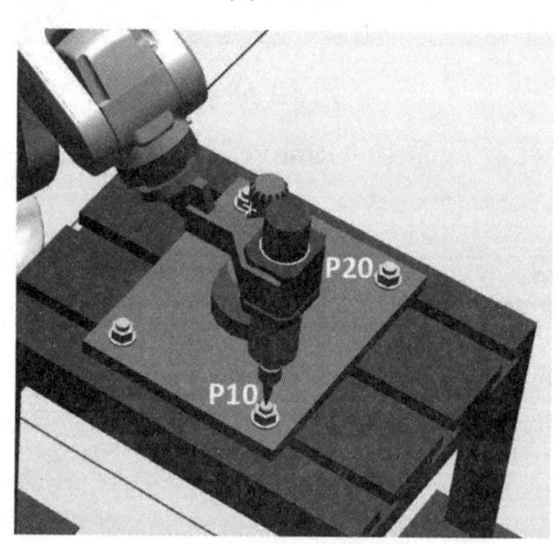

图 7-1-71

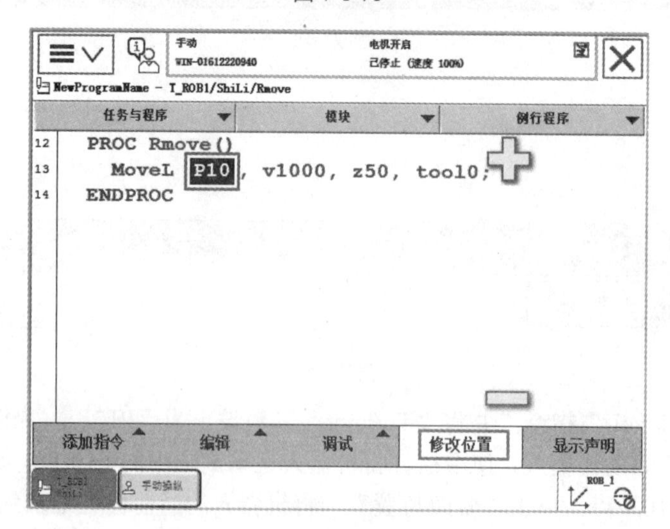

图 7-1-72

㉒ 添加“MoveL”指令，并将“ToPoint”参数设定为“P20”，如图 7-1-73 所示。

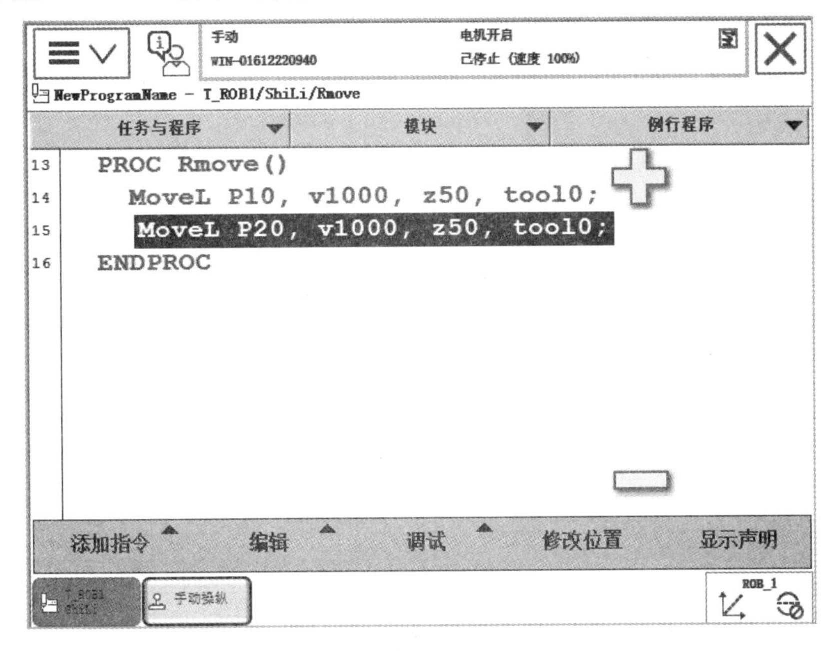

图 7-1-73

㉓ 选择合适的动作模式，使用摇杆将机器人运动到图中 P20 点，如图 7-1-74 所示。

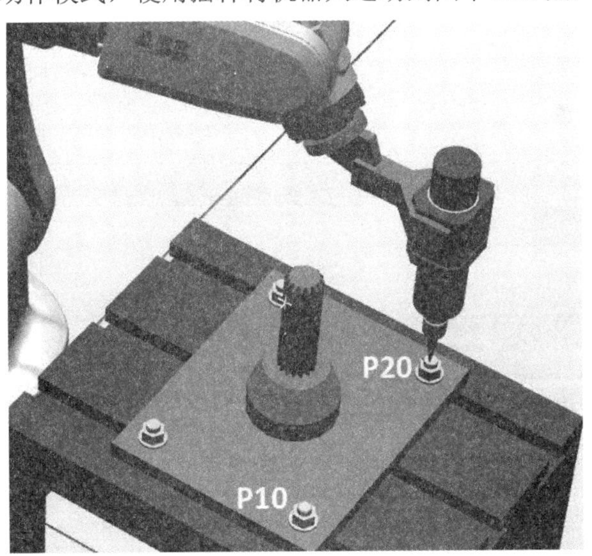

图 7-1-74

㉔ 选中“P20”点，单击“修改位置”，将机器人的当前位置记录到 P20 中去，单击“例行程序”标签，如图 7-1-75 所示。

㉕ 选中“main”主程序，进行程序执行主体架构的设定，如图 7-1-76 所示。

㉖ 进入“main”主程序后单击“SMT”，选择“ProcCall”指令调用例行程序，如图 7-1-77 所示。

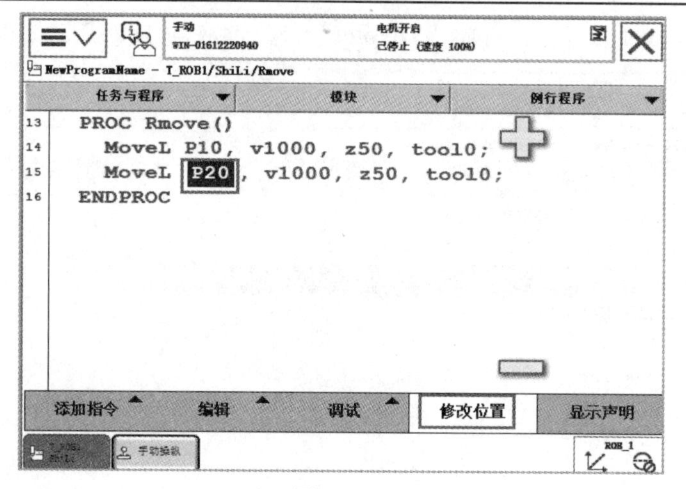

图 7-1-75

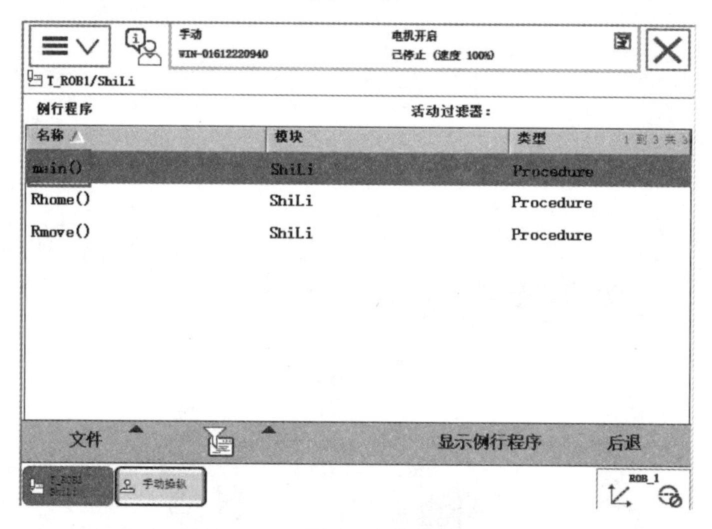

图 7-1-76

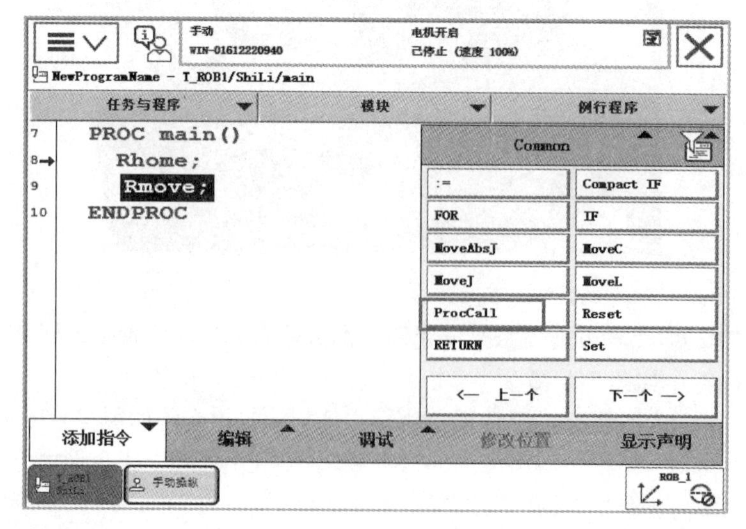

图 7-1-77

㉗ 打开“调试”菜单，单击“检查程序”，检查程序是否存在问题，如图 7-1-78 所示。

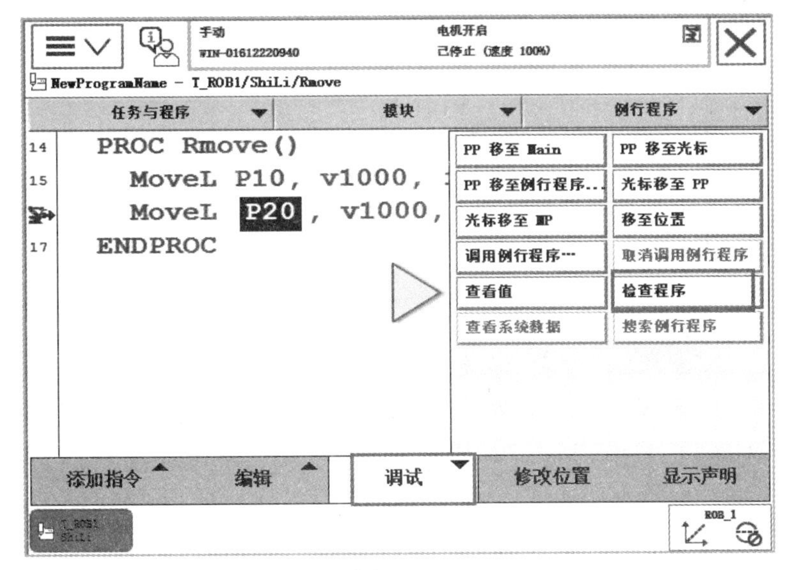

图 7-1-78

㉘ 单击“确定”按钮，完成检查，如图 7-1-79 所示。

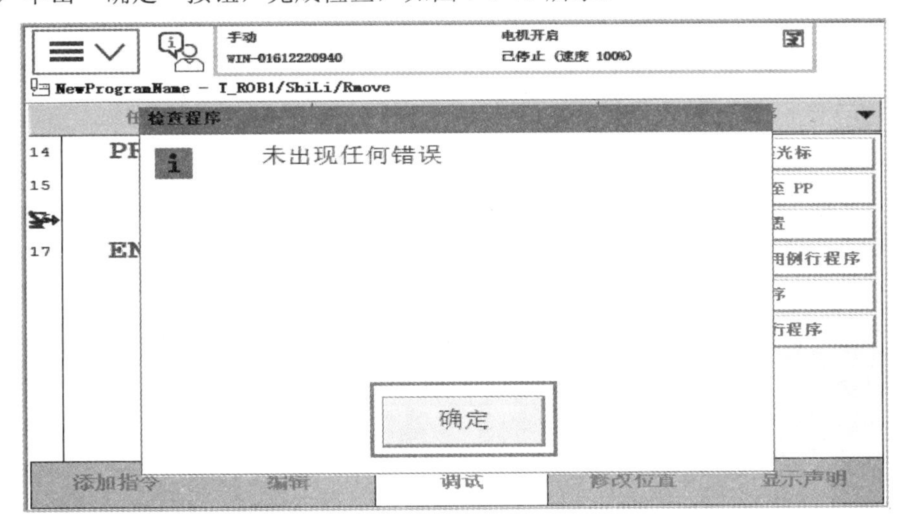

图 7-1-79

2) 程序的运行调试

在完成了程序的编辑之后，接下来需要对这个程序进行调试，调试的目的有：

① 检查程序的位置点是否正确。

② 检查程序的逻辑控制是否有不完善的地方。

(1) 子程序的调试步骤。

① 选择需要调试的子程序，下面以调试“Rhome”例行程序作为示范。在“程序辑器”菜单中打开“调试”菜单，选择“PP 移至例行程序”，如图 7-1-80 所示。

② 选中“Rmove”例行程序，然后单击“确定”，如图 7-1-81 所示。

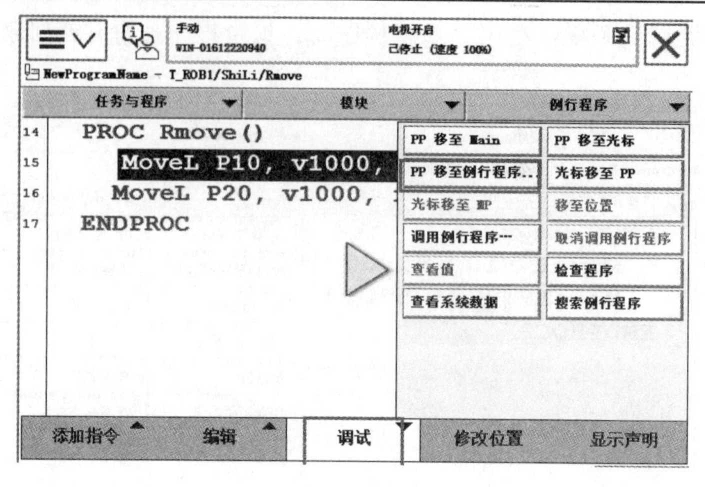

图 7-1-80

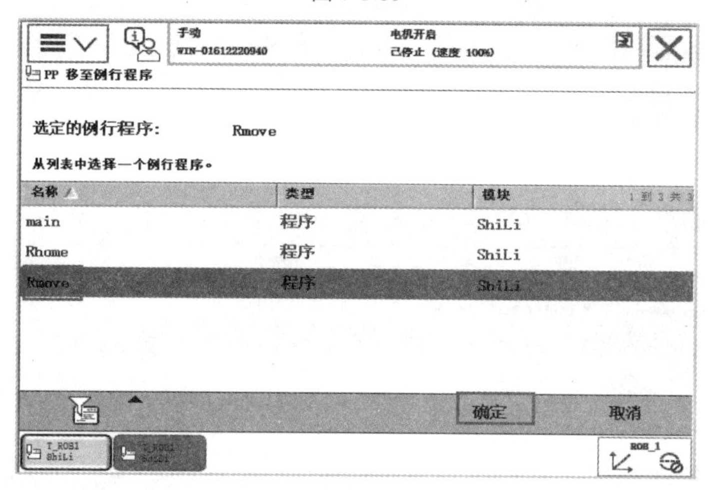

图 7-1-81

③ PP 是程序指针(黄色小箭头)的简称。程序指针永远指向将要执行的指令，所以图 7-1-82 的指令将会是被执行的指令。

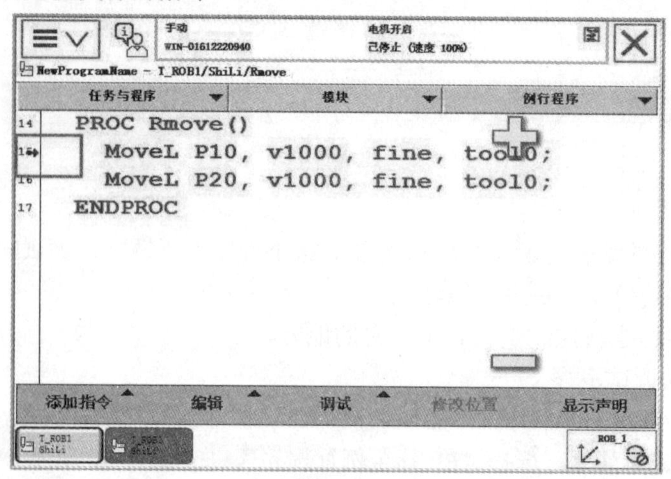

图 7-1-82

④ 左手按下使能键，进入“电动机开启”状态；按下方“单步前进”按键，并小心观察机器人的移动；在按下“程序停止”键后，才可以松开使能键，如图 7-1-83 所示。

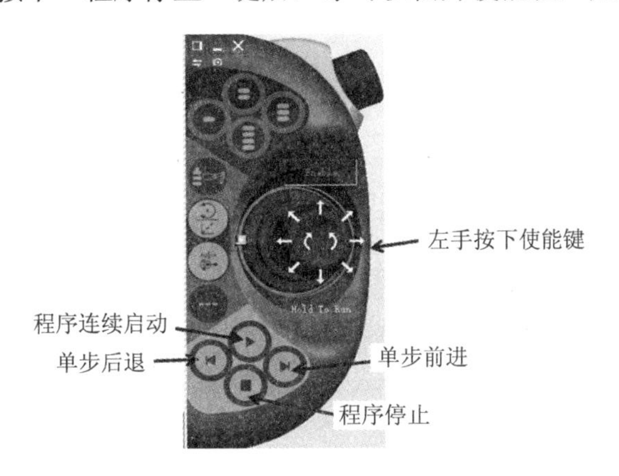

图 7-1-83

⑤ 当指令左侧出现一个小机器人时，说明机器人已到达“P10”这个等待位置，如图 7-1-84 所示。

⑥ 如图 7-1-85 所示，机器人移动到了“P10”这个等待位置。

图 7-1-84　　图 7-1-85

(2) 主程序的调试步骤。

主程序的调试与子程序的具体调试方法一致，只需注意把光标移到主程序中即可，如图 7-1-86 所示。打开主程序，单击“调试”菜单，在打开的对话框中选择“PP 移至主程序 Main”，接下来的步骤与子程序的具体调试方法一致，请参考子程序的运行调试。

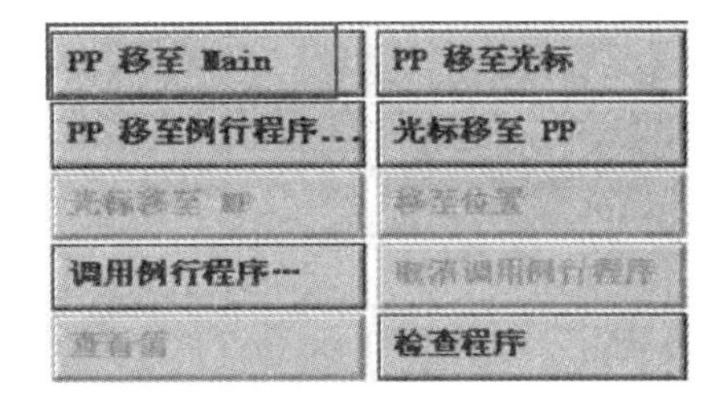

图 7-1-86

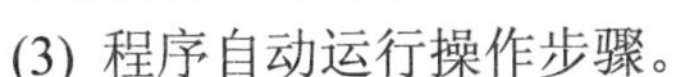
(3) 程序自动运行操作步骤。

在手动模式下完成程序的调试，确认机器人的运行轨迹和控制正确后，就可以将机器人切换为自动运行模式，以下是程序自动运行模式的操作步骤：

① 在控制柜上将状态钥匙逆时针旋转至左侧的自动模式，如图 7-1-87 所示。

② 先单击“确认”，再单击“确定”，如图 7-1-88 所示。

图 7-1-87

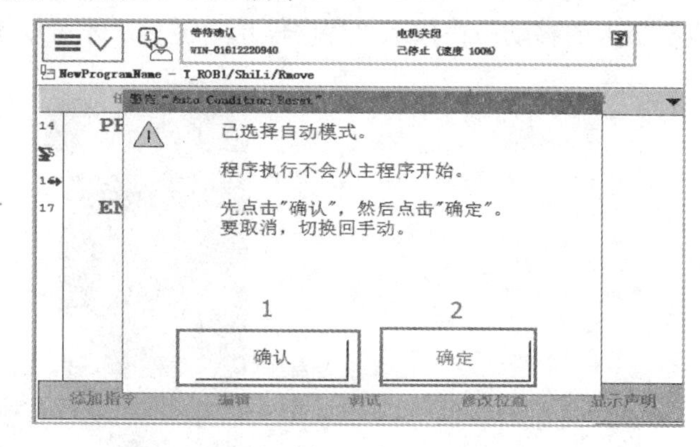

图 7-1-88

③ 单击“PP 移至 Main”，将 PP 指向主程序的第一条指令，如图 7-1-89 所示。

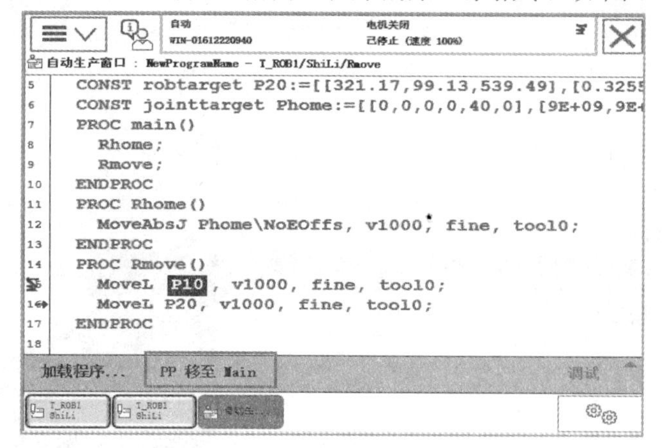

图 7-1-89

④ 单击“是”，如图 7-1-90 所示。

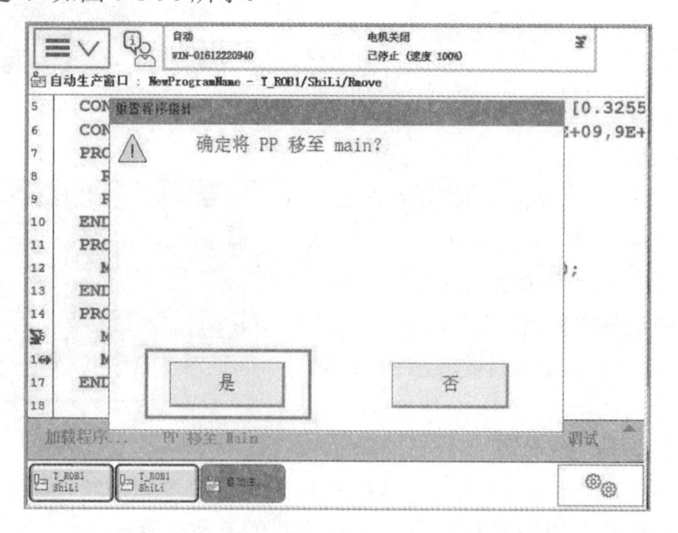

图 7-1-90

⑤ 按下控制柜上白色的“通电/复位”按钮，开启电动机，再按下“程序连续启动”按钮，程序开始自动运行，如图 7-1-91 所示。

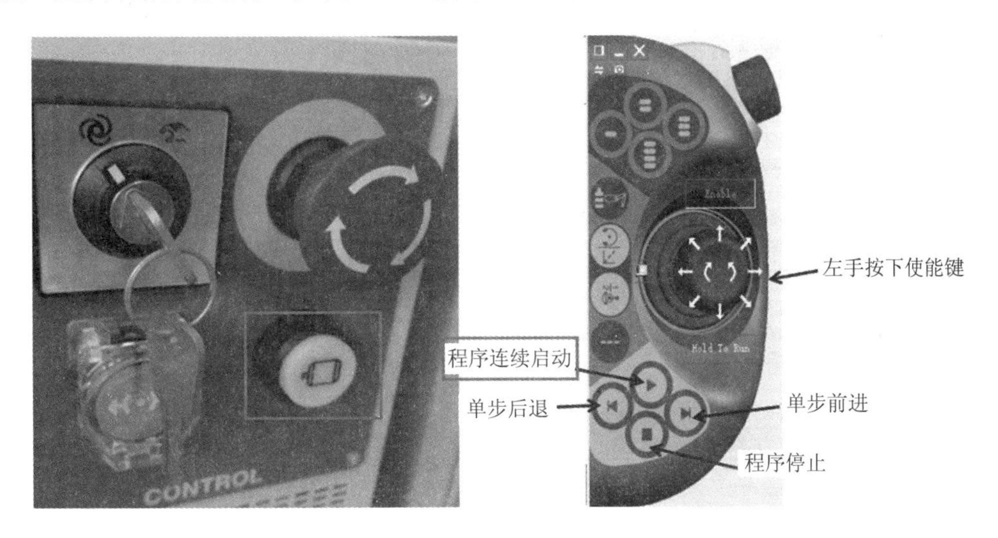

图 7-1-91

⑥ 接下来可以观察程序自动运行，如图 7-1-92 所示。

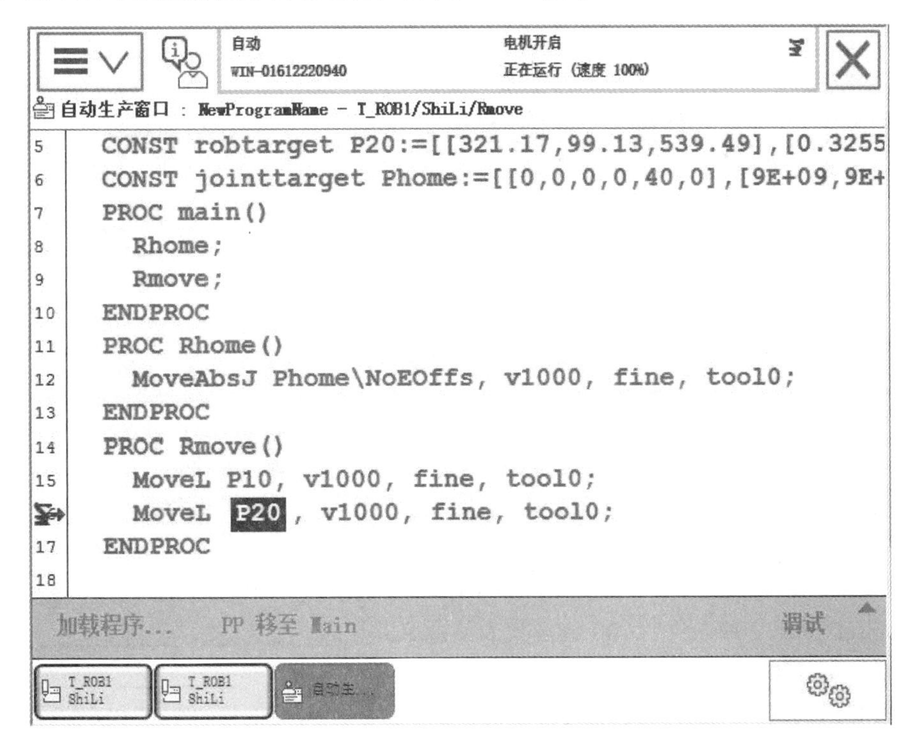

图 7-1-92

⑦ 单击右下角的“速度”按钮，可以设置机器人的运行速度，如图 7-1-93 所示。

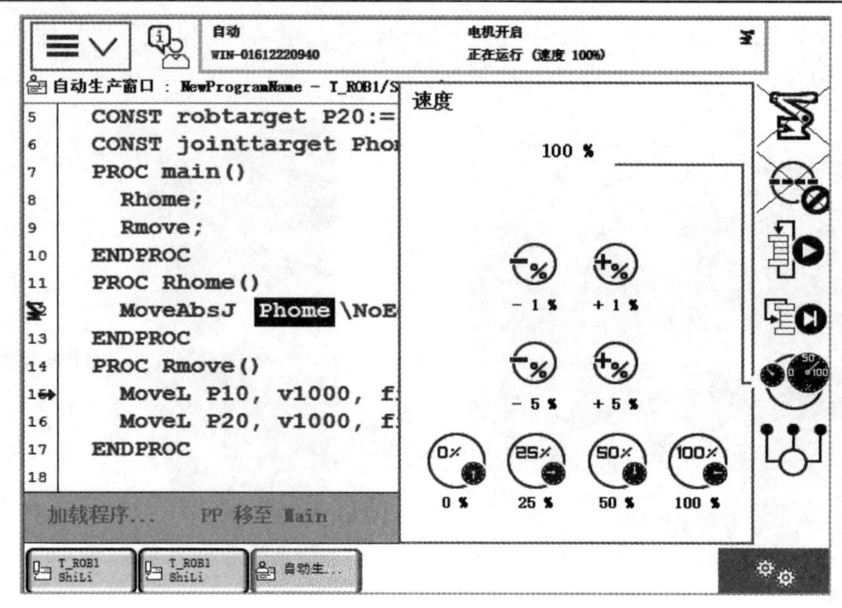

图 7-1-93

习　　题

一、填空题

1. 赋值指令用于对程序数据进行赋值，符号为________，赋值的对象是________或________。

2. 工业机器人在空间中的运动主要有______、________、_______和______四种方式。

3. 绝对位置运动指令用六个内轴和外轴的______来定义机器人的目标位置数据。

4. MoveJ P20，v1000，z50，tool1\Wobj:=wobj1。其中，P20 的含义是_________，v1000 的含义是_________，z50 的含义是___________，tool1 的含义是_____________，Wobj1 的含义是___________。

5. 圆弧运动指令在机器人可以到达的控件范围内定义三个位置点，第一个点是________，第二个点用于定义圆弧的________，第三个点是圆弧的__________。

6. I/O 控制指令用于控制 I/O 信号，以达到与机器人周边设备进行_________的目的。

7. FOR i FROM 1 TO 7 DO，Routine1；END FOR 程序的含义是___________。

8. WHILE reg1>reg2 DO，reg1:=reg1－1;ENDWHILE 程序的含义是____________。

9. Velset 200、200。两个 200 分别代表的意义是____________、___________。

10. Accset 100、4000。其中 100 和 4000 分别代表的意义是_________、__________。

11. 功能指令 Offs 的作用是定义目标点在 X、Y、Z 方向的偏移。例如“P50”: =Offs(P40，150，230，300)是指 P50 点相对于 P40 点在 X 方向偏移_______，在 Y 方向偏移_________，在 Z 方向上偏移_________。

12. 示教器是进行机器人的__________、__________、__________以及__________手持装置。

二、选择题

1. 手动操作机器人一共有三种模式，下面选项中不属于这三种运动模式的是(　　)。

A. 单轴运动　　B. 线性运动　　C. 圆弧运动　　D. 重定位运动

2. 手动操作机器人的时候，机器人的速度与操纵杆的(　　)有关。

A. 幅度　　B. 大小　　C. 颜色　　D. 方向

3. 下面四个运动指令中，哪一个运动指令一定走的是直线(　　)。

A. MoveJ　　B. MoveL　　C. MoveC　　D. MoveAbsJ

4. 机器人默认的 TCP 点的位置在(　　)。

A. 法兰盘中心　　B. 末端执行器中心

C. 末端执行器尾部　　D. 以上说法都不正确

5. 如果在程序执行的过程中，想要让末端执行器到达指定的目标点位置，那么机器人转弯数据应该是(　　)。

A. Zone　　B. z50　　C. fine　　D. z1

6. 程序数据的存储类型有三种，下列不属于程序数据存储类型的是(　　)。

A. 变量　　B. 常量　　C. 可变量　　D. 赋值量

7. WaitTime5 中的“5”指(　　)。

A. 5 s　　B. 5 min　　C. 5 h　　D. 无意义

8. 编制程序时，程序模块的建立和例行程序的数量是根据(　　)确定的。

A. 任务的复杂性　　B. 工作对象的个数

C. 工作的环境　　D. 随意确定的

9. 编制程序示教点的时候，运行路径的准确度取决于(　　)。

A. 示教点个数　　B. 示教点之间的距离

C. 示教点高度　　D. 程序的精简

10. 程序数据 robtarget 指的是(　　)。

A. 机器人与外轴的速度数据　　B. 机器人与外轴的位置数据

C. 机器人轴角度数据　　D. 外轴位置数据

三．判断题

1. 使能器按钮是工业机器人为保障操作人员人身安全而设置的(　　)。

2. 机器人备份的数据是具有唯一性的，不能将一台机器人的备份恢复到另一台机器人中去，否则会造成系统故障(　　)。

3. 程序数据是指在程序模块和系统模块中设定的值和定义的一些环境数据(　　)。

4. 创建好的程序数据只能在同一模块中进行引用，不能在其他模块中进行引用(　　)。

5. 可变量的特点是无论程序的指针如何，都会保持最后赋予的值(　　)。

6. 建立工具数据时，如果使用五点法，则会改变 tool0 的 x 方向(　　)。

7. 运动指令 MoveL 不一定走直线(　　)。

8. 机器人的加速度百分比最小是 20，小于 20 以 20 计算(　　)。

9. 通过“MoveL P10,v1000,z50,tool0”指令，可以指导机器人末端执行器能够到达目标点位置(　　)。

10. 三个关键的程序数据分别是工具数据、工件坐标、有效载荷(　　)。

四、简述题

1. 简述工具数据的建立过程和步骤。
2. 简述 WHILE TRUE DO 在程序中的作用。
3. 简述数据存储类型为常量的数据特点。
4. 简述程序语句“Movel P30，v200，fine，tool1\Wobj：=wobj1；”的含义。

项目八　ABB 工业机器人技术典型应用

任务 1　ABB 工业机器人轨迹运行任务实训

1. 任务描述

(1) 安装机器人绘图笔夹具。

(2) 运用机器人的四个基本运动指令编写程序，调试运行程序，使机器人绘图笔沿着模型上刻画的图形轨迹运动。图形轨迹如图 8-1-1 所示。

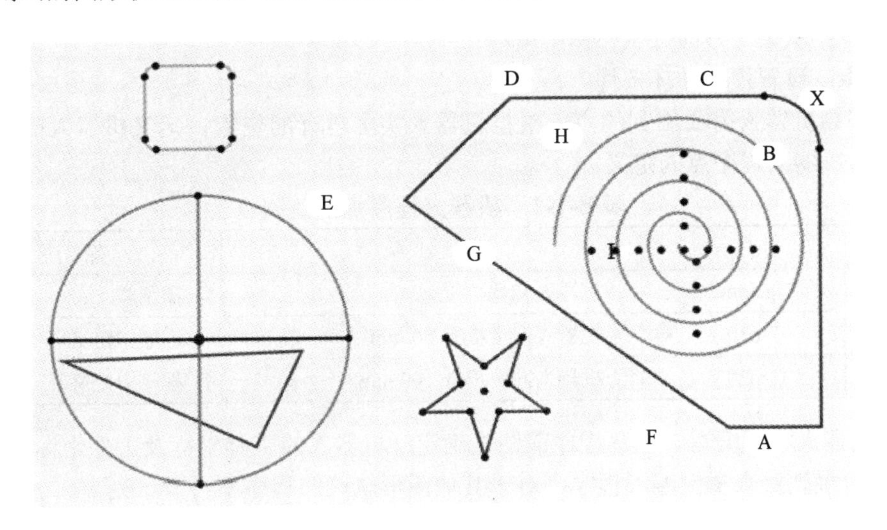

图 8-1-1

2. 知识技能准备

(1) 机器人基本运动指令的应用参照项目一里程序指令的相关内容。

(2) 设备、模型、夹具、工具准备。

3. 任务实施

(1) 绘图笔夹具安装。绘图笔夹具上有四个螺丝安装孔，用内六角 M4×15 螺丝将其固

定，再安装到机器人 J6 轴上，如图 8-1-2 所示。

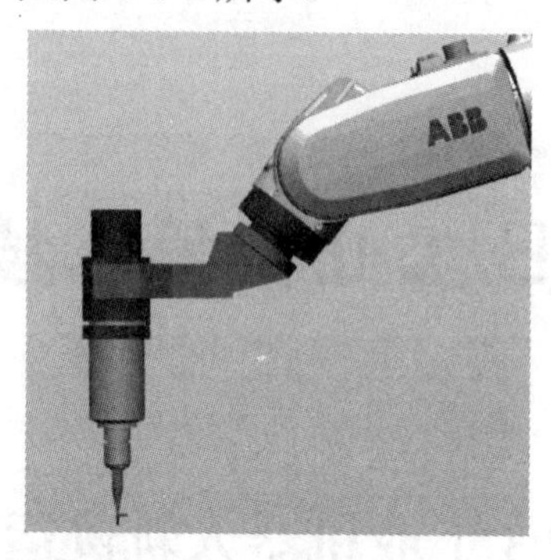

图 8-1-2

(2) 连接机器人 I/O 接口电气线路。将机器人的输入接口 dill 连接到按钮上，并在机器人示教器上对输入信号机型进行配置。

(3) 制定工艺流程图：机器人控制柜上电→复位→画绿色框→画黄色圆弧→画红色星星→画蓝色圆→画红色三角形→画绿黑色十字→画蓝色多边形→复位。

(4) 编程思路。

第一步：先回原点；

第二步：从某一方向依次按图形编程；

第三步：设置程序循环条件。

(5) 规划机器人需要用到的点。根据机器人实际运行的位置，定义机器人的程序点。表 8-1-1 为机器人程序点的定义。

表 8-1-1　机器人程序点的定义

序号	点序号	注　　释	备　注
1	pHome	机器人初始位置	需示教
3	p10	机器人向上提升 50 mm	程序中定义
4	p20	机器人向上提升 100 mm	程序中定义

(6) 机器人程序编写。编写程序前请先确定好机器人的工具坐标及工件坐标。

以五角星轨迹来举例编写程序，对于其他图形轨迹的程序不再一一列举。

子任务——五角星图案轨迹编程

主程序：

```
PROC main ()
  rIntiall;
  WHILE TRUE DO
    IF di1=1 THEN
  rP;
  rHome;
ENDIF
WaitTIME 0.3;
 ENDWHILE
```

```
ENDPROC
```

轨迹子程序：

```
PROC  rP()
  MoveJ p10, v300, z1, tool1\Wobj:=wobj1;
  MoveL p11, v300, z1, tool1\Wobj:=wobj1;
  MoveL p12, v300, z1, tool1\Wobj:=wobj1;
  MoveL p13, v300, z1, tool1\Wobj:=wobj1;
  MoveL p14, v300, z1, tool1\Wobj:=wobj1;
  MoveL p15, v300, z1, tool1\Wobj:=wobj1;
  MoveL p16, v300, z1, tool1\Wobj:=wobj1;
  MoveL p17, v300, z1, tool1\Wobj:=wobj1;
  MoveL p18, v300, z1, tool1\Wobj:=wobj1;
  MoveL p19, v300, z1, tool1\Wobj:=wobj1;
  MoveL p10, v300, fine, tool1\Wobj:=wobj1;
ENDPROC
```

回初始点子程序：

```
PROC  rHome()
  MoveJ pHome, v300, fine, tool1\Wobj:=wobj1;
ENDPROC
```

初始化子程序

```
PROC  rIntial1()
  Accset 100, 100;
  Velset 100, 500;
  rHome;
ENDPROC
```

(7) 示教点。五角星图形轨迹需要示教点，如图 8-1-3 所示为五角星图案轨迹示教点。

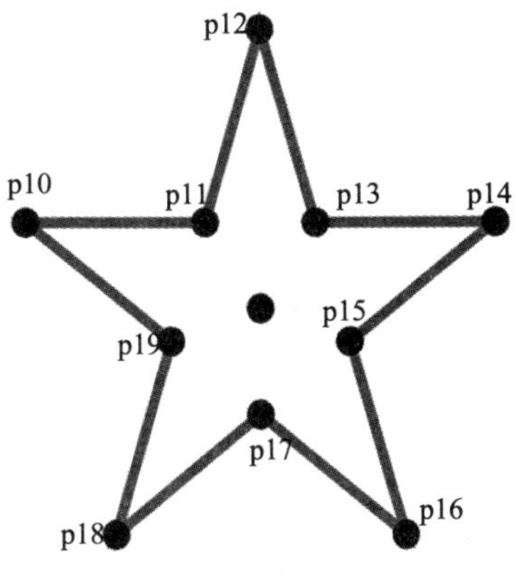

图 8-1-3

(8) 调试运行程序，观察机器人绘图笔的运行轨迹。

任务 2　ABB 工业机器人搬运任务实训

1. 任务描述

图块搬运模型如图 8-2-1 所示，有两个正方形形状的物料底盘，底盘的每个物料间的距离是 50 mm。要求安装好机器人的夹具，然后编写程序，调试机器人，对两个物料底盘内的物料进行搬运。

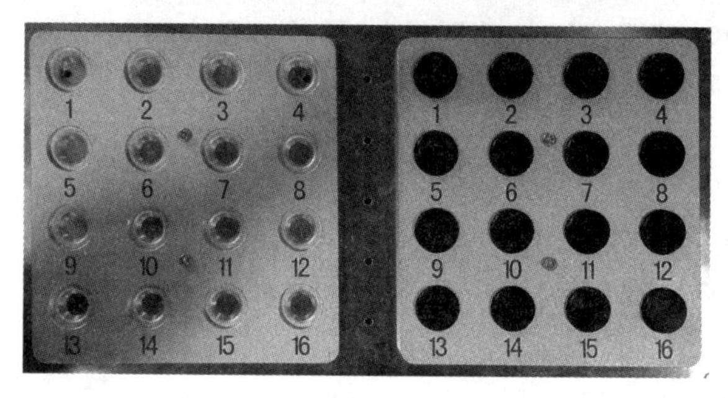

图 8-2-1

2. 知识技能准备

(1) 机器人基本运动指令的应用参照项目一程序指令的相关内容。

(2) 设备、模型、夹具、工具准备。

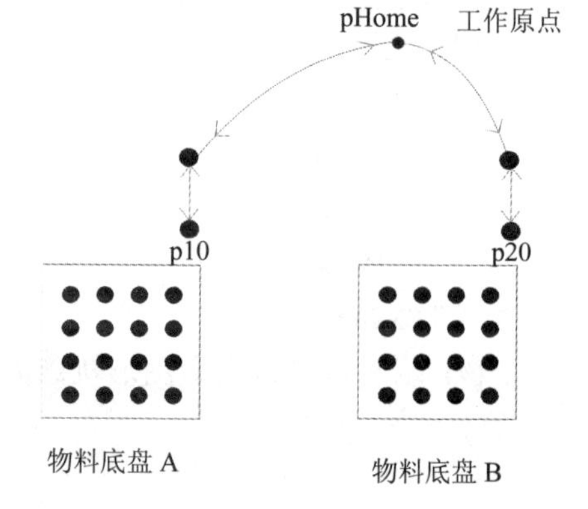

图 8-2-2

3. 任务实施

(1) 安装机器人的搬运工具。

(2) 连接机器人 I/O 接口电气线路。

(3) 制定工艺流程图：复位→从物料底盘 A 吸取物料并提升→放到物料底盘 B 同样位置并提升→复位→从物料底盘 B 吸取物料并提升→放到物料底盘 A 同样位置并提升→复位。

(4) 根据机器人实际运行的位置，定义机器人的程序点。图 8-2-2 所示为机器人程序定点示意图，表 8-2-1 是机器人程序点的定义，可供参考。

表 8-2-1　机器人程序点的定义

序号	点序号	注　释	备　注
1	pHome	机器人初始位置	需示教
2	p10	物料底盘 A 里吸 1、2 位置	需示教
3	p20	物料底盘 B 里吸 1、2 位置	需示教

(5) 规划机器人跑点，如图 8-2-3 所示。

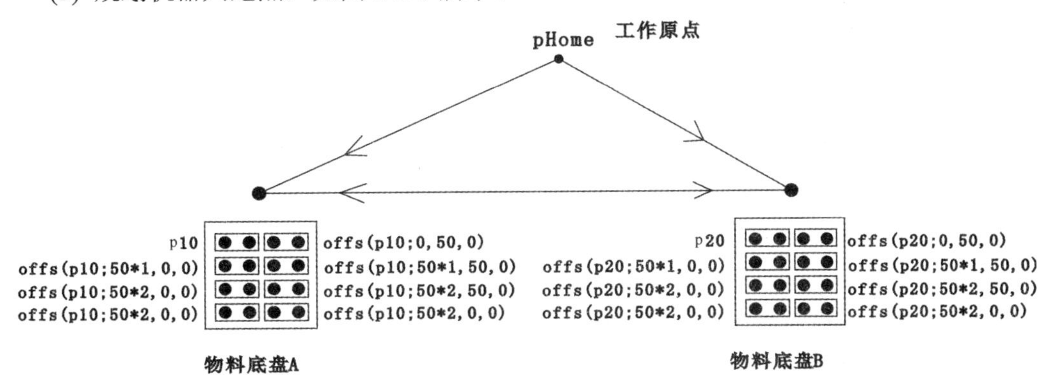

图 8-2-3

(6) 机器人程序编写如下：

```
PROC MAIN()
  rIntiall(); (复位子程序)
  AB ();(物料底盘 A 到物料底盘 B 程序)
  BA ();(物料底盘 B 到物料底盘 A 程序)
ENDPROC
```

下面具体介绍各个子程序以及子程序中所调用的功能子程序。

① 复位子程序。具体程序如下：

```
PROC rIntiall()
  AccSet   100,100;
  VelSet   100,500;
  Reset    DO10-1;          //复位电磁阀
  Reset    DO10-2;          //复位电磁阀，小工件夹具松开
  reg1=1;
  reg2=1;
  rHome;                    //机器人回归原点
ENDPROC
```

② 复位子程序又调用了回原点子程序。具体程序如下：

```
PROC rHome()
    MoveJ   phome, v500,fine, tool0;
ENDPROC
```

③ 物料底盘 A 到物料底盘 B 程序。具体程序如下：

```
PROC AB()
    MoveJ   offs(P10, 0,0,50),v500,z50 ,tool0;
    MoveL   P10,v50,fine,tool0;
    Xq;
```

```
        MoveL   offs(P10, 0,0,50),v500,z50 ,tool0;
        MoveJ   offs(P20, 0,0,50),v500,z50 ,tool0;
        MoveL   P20,v50,fine,tool0
        Fq;                                                      //调用吸盘工作程序
        WHILE   reg1<4   and   reg2=1 DO                         //机器人移动到当前位置
            MoveJ   offs(P10,50*reg1,0,50),v500,z50 ,tool0;      //机器人移动到当前位置
            MoveL   offs(P10,50*reg1,0,0),v50,fine,tool0;
            Xq;
    MoveL   offs(P10, 50*reg1,0,50),v500,z50, tool0;             //吸盘缓慢下降至位置点
    MoveJ   offs(P20, 50*reg1,0,50),v500,z50, tool0;             //吸盘缓慢下降至位置点
    MoveL   offs(P20, 50*reg1,0,0),v50,fine, tool0
    Fq;                                                          //调用吸盘停止程序
     reg1=reg1+1
        ENDWHILE
         reg2=reg2+1
         reg1=1;
       WHILE   reg1<4   and   reg=2   DO
          MoveJ   offs(P10, 50*reg1,50,50),v500,z50,tool0;
          MoveL   offs(P10,50*reg1,50,0),v50,fine,tool0;
          Xq;
          MoveL   offs(P10, 50*reg1,50,50),v500,z50,tool0;
          MoveJ   offs(P20, 50*reg1,50,50),v500,z50,tool0;
          MoveL   offs(P20, 50*reg1,50,0),v50,fine,tool0
          Fq;
          reg1=reg1+1
       ENDWHILE
       rHome;
         ENDPROC
```

④ 物料底盘 B 到物料底盘 A 程序。具体程序如下：

```
   PROC BA()
      reg1=1;
      reg2=1
     MoveJ   offs(P20, 0,0,50),v500,z50,tool0;
   MoveL   P20,v50,fine,tool0;
   Xq;
   MoveL   offs(P20, 0,0,50),v500,z50,tool0;
   MoveJ   offs(P10, 0,0,50),v500,z50,tool0;
   MoveL   P10,v50,fine,tool0
   Fq;
```

```
WHILE  reg1<4  and  reg2=1 DO
    MoveJ  offs(P20,50*reg1,0,50),v500,z50,tool0;
    MoveL  offs(P20,50*reg1,0,0),v50,fine,tool0;
    Xq;
    MoveL  offs(P20, 50*reg1,0,50),v500,z50,tool0;
    MoveJ  offs(P10, 50*reg1,0,50),v500,z50,tool0;
    MoveL  offs(P10, 50*reg1,0,0),v50,fine,tool0
    Fq;
    reg1=reg1+1
ENDWHILE
  reg2=reg2+1
  reg1=1;
WHILE  reg1<4  and  reg=2  DO
    MoveJ  offs(P20, 50*reg1,50,50),v500,z50,tool0;
    MoveL  offs(P20,50*reg1,50,0),v50,fine,tool0;
    Xq;
    MoveL  offs(P20, 50*reg1,50,50),v500,z50,tool0;
    MoveJ  offs(P10, 50*reg1,50,50),v500,z50,tool0;
    MoveL  offs(P10, 50*reg1,50,0),v50,fine,tool0
    Fq;
    reg1=reg1+1
  ENDWHILE
  rHome;
ENDPROC
```

(7) 机器人程序运行调试，实训任务功能实现。

任务 3　ABB 工业机器人工件装配任务装调实训

1. 任务描述

工件装配模型如图 8-3-1 所示，有两个支架模型，还配有两个立体模具。机器人需要完成的任务是把排列支架上的大小工件放到组装支架上，完成组装过程后，机器人再把组装支架上的大小工件拆解，还回到排列支架上。

2. 知识技能准备

(1) 机器人基本运动指令的应用参照项目一程序指令的相关内容。

(2) 设备、模型、夹具、工具准备。

3. 任务实施

(1) 安装机器人的搬运工具。

(2) 连接机器人 I/O 接口电气线路。

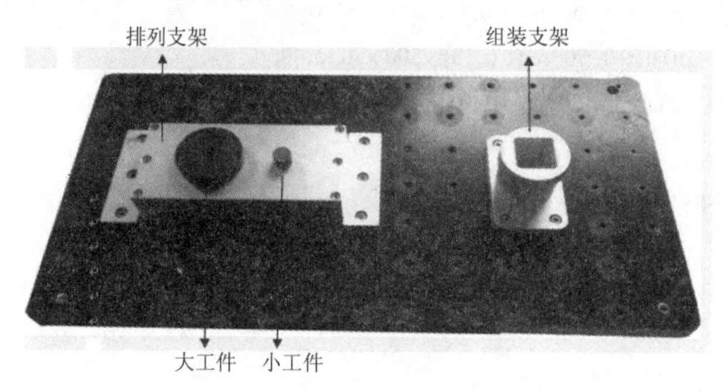

图 8-3-1

4. 制定工艺流程图

上电启动→复位→开始组装(从排列支架上取大工件，放到组装支架上的大工件位→从排列支架上取小工件，放到组装支架上的小工件位)→复位→开始拆解(从组装支架上取小工件，放到排列支架上的小工件位→从组装支架上取大工件，放到排列支架上的大工件位)→复位。

5. 规划编程思路

第一步，观察工件装配模型的工作流程，结果如下：

(1) 将夹具从原点移动到排列支架上大工件上方合适距离，然后从排列支架上夹住大工件，提升至合适距离。

(2) 将大工件移动到组装支架放置位置的正上方合适位置，然后移动到放置位置，再松开夹具，提升至合适距离。

(3) 将夹具运动到排列支架上小工件上方合适距离，然后从排列支架上夹住小工件，提升至合适距离。

(4) 将小工件移动到组装支架放置位置的正上方合适位置，然后移动到放置位置，松开夹具，提升至合适距离。

(5) 回到工作原点。

(6) 将夹具运动到组装支架上小工件上方合适距离，然后从组装支架上夹住小工件，再提升至合适距离。

(7) 将小工件移动到排列支架放置位置的正上方合适位置，然后移动到放置位置，再松开夹具，提升至合适距离。

(8) 将夹具运动到组装支架上大工件上方合适距离，然后从组装支架上夹住大工件，再提升至合适距离。

(9) 将大工件移动到排列支架放置位置的正上方合适位置，然后移动到放置位置，再松开夹具，提升至合适距离。

(10) 回到工作原点。

第二步，设计程序的整体框架。

根据观察，此模型工作流程的特点是有很多的重复动作及点位。

子程序命名：

(1) 组装子程序“ZZ”。

(2) 拆解子程序“CJ”。

(3) 夹具夹紧子程序“JJ”。

(4) 夹具松开子程序“SK”。

第三步，定义机器人程序点(如表 8-3-1 所示)。

表 8-3-1　定义机器人程序点

序号	点序号	注　　释	备　注
1	pHome	机器人初始位置	需示教
2	P10-50	排列支架上大工件位置上方 50 mm	程序中定义
3	P10	排列支架上大工件位置	需示教
4	P11-50	组装支架上大工件位置上方 50 mm	程序中定义
5	P11	组装支架上大工件位置	需示教
6	P20-50	排列支架上小工件位置上方 50 mm	程序中定义
7	P20	排列支架上小工件位置	需示教
8	P21-50	组装支架上小工件位置上方 50 mm	程序中定义
9	P21	组装支架上小工件位置	需示教
10	P30	排列支架中间点	需示教
11	P40，P50	组装支架中间点	需示教

第四步，画出机器人跑点图(如图 8-3-2 所示)。

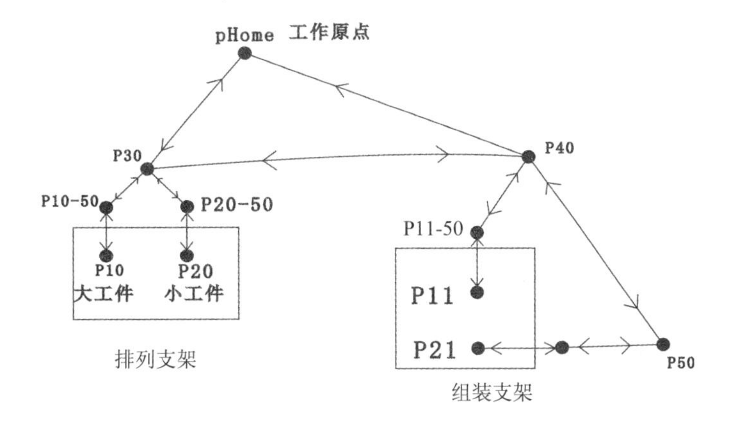

图 8-3-2

(1) 编写机器人程序，参考程序如下：

```
PROC MAIN()
  rIntiall(); (复位子程序)
  ZZ ();(组装子程序)
  CJ ();(拆解子程序)
ENDPROC
```

下面具体介绍各个子程序以及子程序中所调用的功能子程序。

① 复位子程序，具体程序如下：

```
PROC rInitAll()
    AccSet  100,100;
    VelSet  100,5000;
    Reset   DO10-1;            //复位电磁阀，大工件夹具松开
    Reset   DO10-2;            //复位电磁阀，小工件夹具松开
    rHome;                     //机器人回归原点
ENDPROC
```

复位子程序又调用了回原点子程序，具体程序如下：

```
PROC rHome()
    MoveJ  phome, v500,fine, tool0;
ENDPROC
```

② 组装子程序：

```
PROC ZZ()
MoveJ  P30,v500,fine,tool0;                     //机器人移动至排列支架中间点
MoveJ  offs(P10, 0,0,50),v500,z50, tool0;       //移动至排列支架上大工件位置上方 50 mm
MoveL  P10,v50,fine,tool0;                      //吸盘缓慢下降至大工件位置
JJ;                                             //调用夹具夹紧子程序，夹紧工件
MoveL  offs(P10, 0,0,50),v500,z50, tool0;       //返回放置点上方
MoveJ  P40,v500,fine,tool0;                     //移至组装支架中间点
MoveJ  offs(P11, 0,0,50),v500,z50, tool0;       //移至组装支架上大工件位置上方 50 mm
MoveL  P11,v50,z50,tool0;                       //缓慢下降至组装支架上大工件位置
SK;                                             //调用夹具松开子程序，松开工件
MoveL  offs(P11, 0,0,50),v50,z50, tool0;        //移至组装支架上大工件位置上方 50 mm
MoveJ  P40,v500,fine,tool0;                     //移至组装支架中间点
MoveJ  P30,v500,fine,tool0;                     //机器人移至排列支架中间点
MoveJ  offs(P20, 0,0,50),v500,z50, tool0;       //移至排列支架上小工件位置上方 50 mm
MoveL  P20,v50,fine,tool0;                      //吸盘缓慢下降至小工件位置
JJ;                                             //调用夹具夹紧子程序，夹紧工件
MoveL  offs(P20, 0,0,50),v50,z50, tool0;        //返回放置点上方
MoveJ  P40,v500,fine,tool0;                     //移至组装支架中间点
MoveJ  P50,v500,fine,tool0;                     //移至组装支架中间点
```

```
MoveJ  offs(P21, 0,0,50),v500,z50, tool0；  //移至组装支架上小工件位置右方 50 mm
MoveL  P21,v50,z50,tool0；                 //缓慢移至组装支架上小工件位置
SK；                                       //调用夹具松开子程序，松开工件
MoveL  offs(P21, 0,0,50),v50,z50, tool0；   //移至组装支架上小工件位置右方 50 mm
MoveJ  P50,v500,fine,tool0；               //移至组装支架中间点
MoveJ  P40,v500,fine,tool0；               //移至组装支架中间点
rHome；                                    //回原点
ENDPROC
PROC  JJ()                                 //夹具夹紧子程序
Set DO10-1;
Set DO10-2;
WaitTime 0.3;
ENDPROC
PROC  SK()                                 //夹具松开子程序
Set DO10-1;
Set DO10-2;
WaitTime 0.3;
ENDPROC
```

③ 拆解子程序：

```
PROC  CJ ()
MoveJ  P40,v500,fine,tool0；               //移至组装支架中间点
MoveJ  offs(P11, 0,0,50),v500,z50,tool0；   //移至组装支架上大工件位置上方 50 mm
MoveL  P11,v50,z50,tool0；                 //缓慢下降至组装支架上大工件位置
JJ；
MoveL  offs(P11, 0,0,50),v50,z50,tool0;     //返回放置点上方
MoveJ  P40,v500,fine,tool0；               //移至组装支架中间点
MoveJ  P30,v500,fine,tool0；               //机器人移至排列支架中间点
MoveJ  offs(P10, 0,0,50),v500,z50,tool0；   //移至排列支架上大工件位置上方 50 mm
MoveL  P10,v50,fine,tool0；                //吸盘缓慢下降至大工件位置
SK；
MoveL  offs(P10, 0,0,50),v500,z50,tool0;    //移至排列支架上大工件位置上方 50 mm
MoveJ  P30,v500,fine,tool0；               //机器人移至排列支架中间点
MoveJ  P40,v500,fine,tool0；               //移至组装支架中间点
MoveJ  P50,v500,fine,tool0；               //移至组装支架中间点
MoveJ  offs(P21, 0,0,50),v500,z50,tool0；   //移至组装支架上小工件位置右方 50 mm
MoveL  P21,v50,z50,tool0；                 //缓慢移至组装支架上小工件位置
JJ；
MoveL  offs(P21, 0,0,50),v50,z50,tool0；    //移至组装支架上小工件位置右方 50 mm
MoveJ  P50,v500,fine,tool0；               //移至组装支架中间点
```

```
MoveJ  P40,v500,fine,tool0;                 //移至组装支架中间点
MoveJ  P30,v500,fine,tool0;                 //机器人移至排列支架中间点
MoveJ  offs(P20, 0,0,50),v500,z50,tool0;    //移至排列支架上小工件位置上方 50 mm
MoveL  P20,v50,fine,tool0;                  //吸盘缓慢下降至小工件位置
SK;
MoveL  offs(P20, 0,0,50),v50,z50,tool0;     //返回放置点上方
MoveJ  P30,v500,fine,tool0;                 //机器人移至排列支架中间点
rHome;                                      //回原点
ENDPROC
```

(2) 示教点，调试程序，实现拆装功能。

任务 4　ABB 工业机器人检测排列任务控制实训

1. 任务描述

检测排列模型的组成如图 8-4-1 所示，有物料检测点、物料仓、物料 1 排列、物料 2 排列。在检测排列模型中，要求机器人先去物料仓拾取物料，拾取后把物料放在检测点进行检测。如果是物料 1，则放置在物料 1 排列点；如果是物料 2，则放置在物料 2 排列点。放置完物料后，再移动至物料仓，拾取下一个物料进行检测排列。

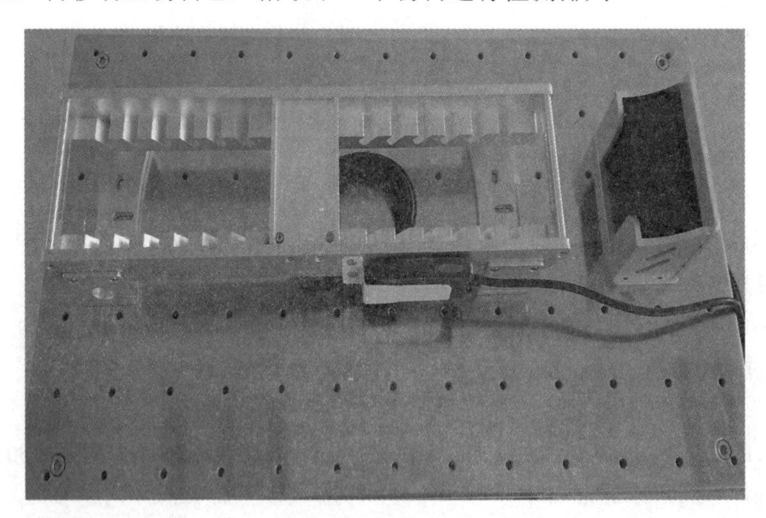

图 8-4-1

2. 知识技能准备

(1) 机器人基本运动指令的应用参照项目一里程序指令的相关内容。

(2) 设备、模型、夹具、工具准备。

3. 任务实施

(1) 安装机器人的搬运工具。

(2) 连接机器人 I/O 接口电气线路。

(3) 制定工艺流程图，如图 8-4-2 所示。

(4) 制定机器人跑点图，图 8-4-3 可供参考。

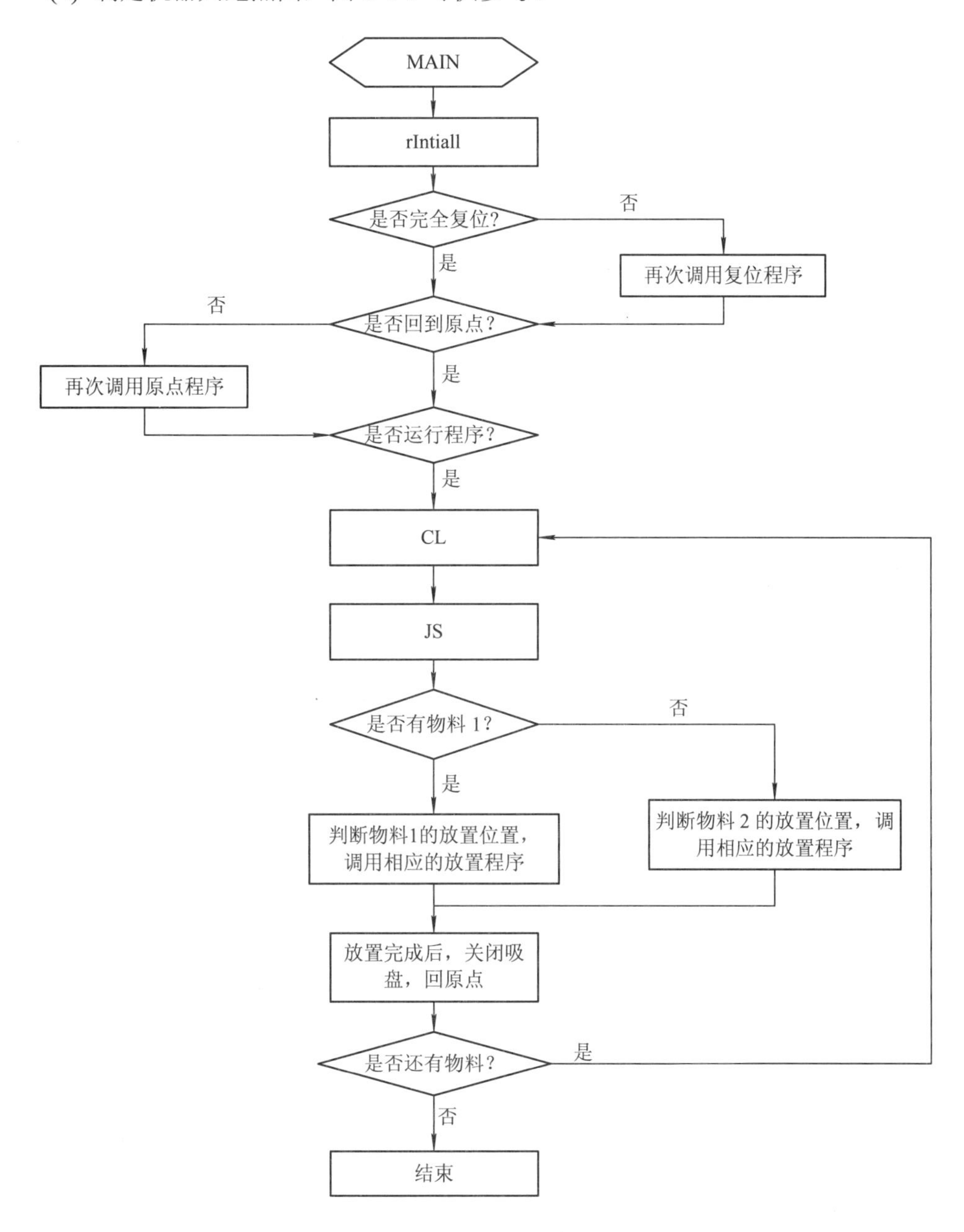

图 8-4-2

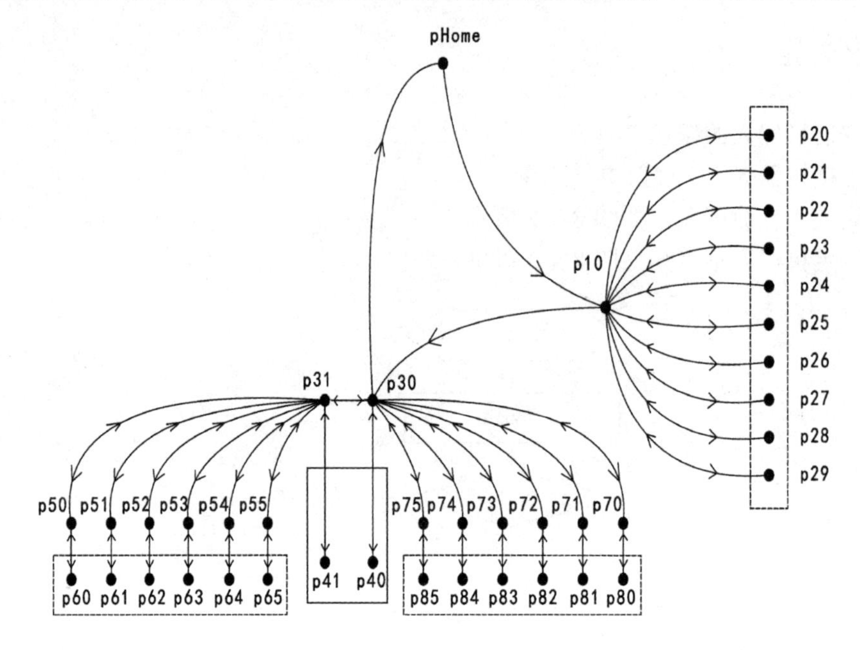

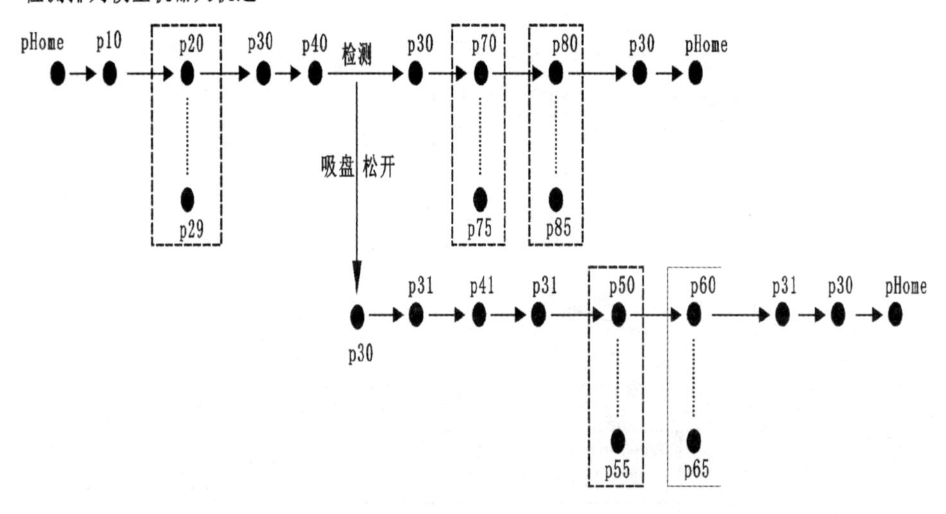

图 8-4-3

(5) 机器人程序编写，参考程序如下：

```
PROC main()
    rIntiall;
    WHILE TRUE DO
        IF DI10_7 = 1 THEN                //按钮开关 7 接通，进行复位
            rIniall;
        ENDIF
        IF DI10_5 = 0 THEN
            Reset DO10_1;
```

```
ENDIF
IF DI10_5 = 1 THEN              //按钮开关 5 接通，机器人 DO10-1 输出“1”
    Set DO10_1;
ENDIF
IF DI10_8 = 1 THEN              //按钮开关 8 接通，机器人回原点
    rHome;
ENDIF
IF DI10_11 = 1   And   reg3 < 11 THEN
    Reset DO10_12;              //机器人开始工作，黄色警示灯灭
    Set DO10_11;                //机器人开始工作，绿色警示灯亮
    cl;                         //调用取料子程序
    reg3 := reg3 + 1;           //reg3 加 1，计算下一个物料拾取
    js;                         //调用检测子程序
    WaitTime 1;
    IF DI10_10 = 1 THEN         //检测到是物料 1
        Reset DO10_7;
        WaitTime 0.5;
        MoveL p30, v50, z1, tool0;
        MoveJ p31, v100, z1, tool0;
        MoveL p41, v150, fine, tool0;
        Set DO10_7;
        WaitTime 0.5;
        MoveL p31, v150, fine, tool0;
        IF reg1 = 1 THEN        //判断 reg1，调用物料 1 相应的放置子程序
            fl11;
        ENDIF
        IF reg1 = 2 THEN
            fl12;
        ENDIF
        IF reg1 = 3 THEN
            fl13;
        ENDIF
        IF reg1 = 4 THEN
            fl14;
        ENDIF
        IF reg1 = 5 THEN
            fl15;
        ENDIF
        IF reg1 = 6 THEN
```

```
                fl16;
            ENDIF
            Reset DO10_7;           //吸盘停止工作，放置物料
            WaitTime 0.5;
            reg1 := reg1 + 1;       //物料 1 放置一次 reg2 加“1”，为下次放置做准备
            MoveJ p31, v300, fine, tool0;
            MoveJ p30, v300, fine, tool0;
            rHome;
        ENDIF
        IF DI10_9 = 1   And   reg2 <= 6 THEN        //检测到是物料 2
            MoveL p30, v100, fine, tool0;           //机器人回到检测中间点
            IF reg2 = 1 THEN              //判断 reg1，调用物料 2 相应的放置子程序
                fl21;
            ENDIF
            IF reg2 = 2 THEN
                fl22;
            ENDIF
            IF reg2 = 3 THEN
                fl23;
            ENDIF
            IF reg2 = 4 THEN
                fl24;
            ENDIF
            IF reg2 = 5 THEN
                fl25;
            ENDIF
            IF reg2 = 6 THEN
                fl26;
            ENDIF
            Reset DO10_7;           //吸盘停止工作，放置物料
            WaitTime 0.5;
            reg2 := reg2 + 1;       //物料 2 放置一次 reg2 加“1”，为下次放置做准备
            MoveJ p30, v300, z1, tool0;
            rHome;                  //回原点子程序
        ENDIF
    ENDIF
    WaitTime 0.3;
  ENDWHILE
ENDPROC
```

```
PROC rHome()                          //回原点子程序
    MoveJ pHome, v300, fine, tool0;
ENDPROC
PROC rIniall()                        //复位子程序
    AccSet 75, 50;
    VelSet 100, 100;
    rHome;
    reg1 := 1;                        //reg1-5 赋值为“1”
    reg2 := 1;
    reg3 := 1;
    reg4 := 1;
    reg5 := 1;
    Reset DO10_1;
    Reset DO10_7;
    Reset DO10_11;
    Set DO10_12;                  //复位完，黄色警示灯亮
ENDPROC
PROC cl()                         //取料子程序
    MoveJ p10, v1000, z1, tool0;  //移动到取料仓上方中间点
    IF reg3 = 1 THEN              //判断当前应该吸取哪一个物料，并移动至相应位置
        MoveL p20, v200, fine, tool0;
    ENDIF
    IF reg3 = 2 THEN
        MoveL p21, v200, fine, tool0;
    ENDIF
    IF reg3 = 3 THEN
        MoveL p22, v200, fine, tool0;
    ENDIF
    IF reg3 = 4 THEN
        MoveL p23, v200, fine, tool0;
    ENDIF
    IF reg3 = 5 THEN
        MoveL p24, v200, fine, tool0;
    ENDIF
    IF reg3 = 6 THEN
        MoveL p25, v200, fine, tool0;
    ENDIF
    IF reg3 = 7 THEN
        MoveL p26, v200, fine, tool0;
```

```
        ENDIF
        IF reg3 = 8 THEN
            MoveL p27, v200, fine, tool0;
        ENDIF
        IF reg3 = 9 THEN
            MoveL p28, v200, fine, tool0;
        ENDIF
        IF reg3 = 10 THEN
            MoveL p29, v200, fine, tool0;
        ENDIF
        Set DO10_7;                        //接通电磁阀，吸取物料
        WaitTime 0.5;
        MoveL p10, v100, fine, tool0;
        WaitTime 0.3;
    ENDPROC
    PROC fl12()                            //排列放置点子程序
        MoveJ p51, v300, z1, tool0;
        MoveL p61, v300, fine, tool0;
    ENDPROC
    PROC fl21()
        MoveJ p70, v300, z1, tool0;
        MoveL p80, v300, fine, tool0;
    ENDPROC
    PROC fl22()
        MoveJ p71, v300, z1, tool0;
        MoveL p81, v300, fine, tool0;
    ENDPROC
    PROC fl23()
        MoveJ p72, v300, z1, tool0;
        MoveL p82, v300, fine, tool0;
    ENDPROC
    PROC fl24()
        MoveJ p73, v300, z1, tool0;
        MoveL p83, v300, fine, tool0;
    ENDPROC
    PROC fl25()
        MoveJ p74, v300, z1, tool0;
        MoveL p84, v300, fine, tool0;
    ENDPROC
```

```
PROC fl26()
    MoveJ p75, v300, z1, tool0;
    MoveL p85, v300, fine, tool0;
ENDPROC
PROC fl11()
    MoveL p50, v300, fine, tool0;
    MoveJ p60, v300, z1, tool0;
ENDPROC
PROC fl13()
    MoveJ p52, v300, z1, tool0;
    MoveL p62, v300, fine, tool0;
ENDPROC
PROC fl14()
    MoveJ p53, v300, z1, tool0;
    MoveL p63, v300, fine, tool0;
ENDPROC
PROC fl15()
    MoveJ p54, v300, z1, tool0;
    MoveL p64, v300, fine, tool0;
ENDPROC
PROC fl16()
    MoveJ p55, v300, z1, tool0;
    MoveL p65, v300, fine, tool0;
ENDPROC
PROC js()                              //检测子程序
    MoveJ p30, v1000, z1, tool0;       //检测点上方中间点
    MoveL p40, v300, fine, tool0;      //物料放置在检测台上
    Set DO10_8;                        //DO10-8 输出“1”，PLC 的 I1.7 接通检测
    WaitTime 1;                        //等待 1 秒
ENDPROC
ENDMODULE
```

(6) 示教点，调试运行程序，实现任务。

习　题

如图 8-4-4 所示，ABB 工业机器人处于合适的位置，现需要将 A 物料盘中的物料一一对应地搬运到 B 物料盘中，物料与物料左右、上下的距离均为 40 mm。当机器人空闲时，在位置点 pHome 等待。(在编制程序之前，已经建立了 board10 和数字输入信号 DI1，以及

数字输出信号 DI0。)试根据要求编制程序。

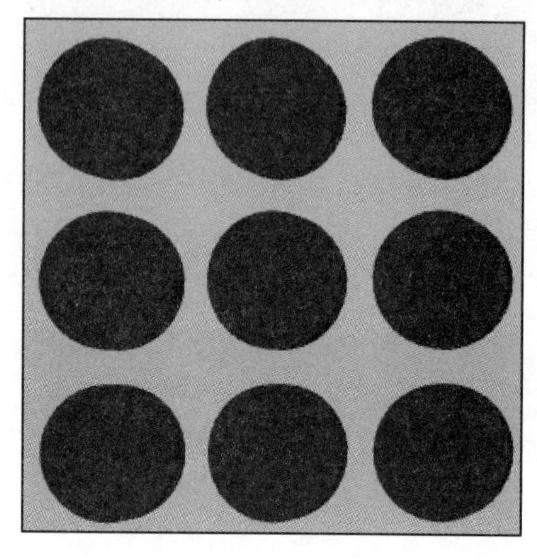

A

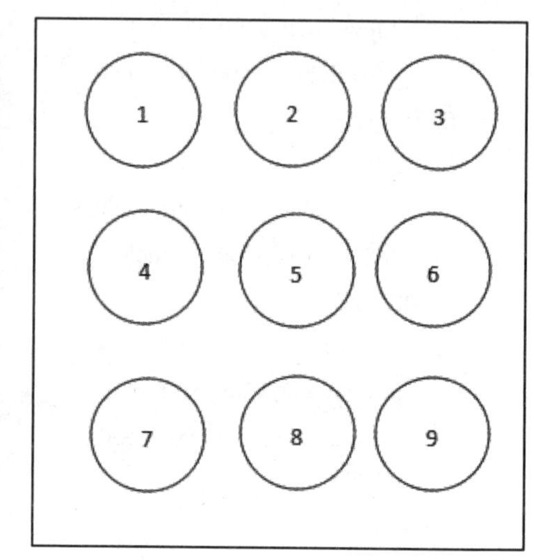

B

图 8-4-4

参 考 文 献

[1] 叶晖，管小清. 工业机器人实操与应用技巧[M]. 北京：机械工业出版社，2010.
[2] 叶晖，何智勇. 工业机器人工程应用虚拟仿真教程[M]. 北京：机械工业出版社，2014.
[3] 蒋正炎，郑秀丽. 工业机器人工作站安装与调试(ABB)[M]. 北京：机械工业出版社，2017.
[4] 张明文. 工业机器人编程及操作(ABB 机器人)[M]. 哈尔滨：哈尔滨工业大学出版社，2017.
[5] 张明文. ABB 六轴机器人入门实用教程[M]. 哈尔滨：哈尔滨工业大学出版社，2017.
[6] IRB120 用户手册. ABB(中国)有限公司，2012.
[7] IRC5 用户操作手册. ABB(中国)有限公司，2012.

参考文献